电力工程施工技术与电力自动控制研究

刘 伟 林 飞 李武峰 主编

文化发展出版社
Cultural Development Press

图书在版编目（CIP）数据

电力工程施工技术与电力自动控制研究 / 刘伟，林飞，李武峰主编．—北京：文化发展出版社有限公司，2019.9

ISBN 978-7-5142-2692-8

Ⅰ．①电… Ⅱ．①刘… ②林… ③李… Ⅲ．①电力工程－工程施工－研究②电力工程－自动控制系统－研究 Ⅳ．①TM7

中国版本图书馆 CIP 数据核字（2019）第 124847 号

电力工程施工技术与电力自动控制研究

主　　编：刘　伟　林　飞　李武峰

责任编辑：张　琪　　　　责任校对：岳智勇
责任印制：邓辉明　　　　责任设计：侯　铮
出版发行：文化发展出版社有限公司（北京市翠微路 2 号　邮编：100036）
网　　址：www.wenhuafazhan.com　www.printhome.com　www.keyin.cn
经　　销：各地新华书店
印　　刷：阳谷毕升印务有限公司

开　　本：787mm×1092mm　1/16
字　　数：308 千字
印　　张：16.25
印　　次：2019 年 9 月第 1 版　2021 年 2 月第 2 次印刷
定　　价：42.00 元
I S B N：978-7-5142-2692-8

编委会

作　者	署名位置	工作单位
刘　伟	第一主编	国网北京市电力公司
林　飞	第二主编	广东电网有限责任公司湛江徐闻供电局
李武峰	第三主编	中国水利水电第八工程局
王占超	副 主 编	国网山东省电力公司昌邑市供电公司
储建新	副 主 编	国网浙江海盐县供电有限公司
樊升堂	副 主 编	神华福能发电有限责任公司
陈　军	副 主 编	国网湖北省电力公司黄冈供电公司项目管理中心
陈学斌	副 主 编	福建省送变电工程有限公司
刘小俞	编　　委	中国能源建设集团广东电力工程局有限公司
徐钰哲	编　　委	江南水务市政工程江阴有限公司
季岩涛	编　　委	国网黑龙江省电力有限公司齐齐哈尔供电公司

前言

电力工程施工技术对电力工程企业持续发展有着极其重要的作用，电力工程施工技术包括施工前期的准备技术、施工流程管理技术和质量检验评估技术等。积极引进先进的施工技术和管理技术，使用高科技的施工机械设备，减少人力投入的同时也减少了人工安全威胁，才能使电力施工技术的安全管理和施工质量得到保证。通过标准化的施工和高效率的施工管理，全面改进电力施工中的操作与管理不足问题，积累有效的施工技术经验和管理经验，推动电力企业的安全、高效发展。

一般来说，电力系统的组成相对简单，规模和容量不断扩大，其结构与运行方式日益复杂，电能的生产与消费连续、瞬间完成。从电力生产企业到用户，可以简单地分为发电设备、变压器、输电线路和开关设备、配电设备和最后的用电设备，这些设备连接，相互组合成可以由电力人员管理和控制的整个电力网络，是电力系统的基本结构。与此同时，电力资源的合理配置，不仅节约企业生产经营的成本，并确保电力系统的安全、稳定运行，还需要添加在电力系统监控保护和自动化装置，确保电力网络的正常运行，防止安全事故的发生。电力系统自动化主要是针对测量装置和保护装置。 测量装置可以为应用程序和操作提供实时检测，利用计算机智能技术监控数据和信息的分析与处理，自动判断，合理地监控电力与电量，最大效率地利用有限的电力资源，实现优化配置，从而节省电力企业的成本，减少浪费。保护装置是使用相同的计算机技术，异常数据收集和分析电力网络，一旦确定为安全故障，立即发送指令到失败的节点，电网断开连接或采取必要的保护措施，然后向工作人员报告，在最短的时间内对事故进行检查和处理，防止故障风险扩大。

本书在编写过程中参考了大量的国内外专家和学者的专著、报刊文献、网络资料，以及铁路工程与公路工程施工的有关内容，借鉴了部门国内外专家、学者的研究成果，在此对相关专家、学者表示衷心的感谢。

虽然本书在编写时各作者通力合作，但因编写时间和理论水平有限，书中难免有不足之处，我们城诚恳希望读者给予批评指正。

《电力工程施工技术与电力自动控制研究》编委会

目　录

第一章 电力设备技术的发展

第一节 绝缘材料和导磁材料的发展

一、绝缘材料的发展

绝缘材料是发电机的主要材料之一。最初的电机绝缘材料几乎全是天然材料，如纤维素、丝、麻、棉、毛及石棉等纤维，木沥青、虫胶、松香、亚麻籽油和精炼石油、石蜡和沥青等树脂，由砂、云母、石棉、石英和其他材料碾碎或磨成粉做成的填料等，这些材料原本都是工业制造中用作其他用途的普通材料，后被用于电机绕组线圈的股线绝缘、对地绝缘、绑扎、固定及浸渍等。天然材料——云母，在电机绝缘中一直占有重要的地位。云母的主要成分是铝硅酸盐，具有极好的基面剥离性，很容易从一个方向剥离成大量薄而韧的弹性叠层。电机绝缘中主要采用以下两种云母材料：①白云母，其耐热温度约550℃；②金云母，其耐热温度可达980℃。

1949年美国西屋公司研制出连续包绕少胶片云母带，真空压力浸渍（VPI）无溶剂聚酯浸渍树脂、模压固化的连续式绝缘。1954年美国通用公司研制出以双酚A环氧多胶云母带连续包绕、酸性聚酯、真空液压固化的连续式绝缘。以这两种绝缘为代表的绝缘（第一代绝缘）系统被世界各国广泛应用。

20世纪70年代初期出现的第二代绝缘系统，力学性能（特别是冲击强度和弯曲强度）、耐热性（F级）和可靠性进一步提高，从而为百万千瓦级的现代大型电机的发展提供了可靠保证。第二代新绝缘系统的共同特点是选用了长期耐电性能优良和厚度均匀的粉云母带；胶黏剂为力学性能、电气性能和耐热性能良好的环氧树Ⅱ；补强材料为薄型玻璃纤维布，以连续式绝缘制造绕组绝缘。

现代大型高压发电机定子绕组主绝缘系统主要有以下两条技术线路：一条是以美国西屋公司Thermalstic绝缘体系和瑞士ABB公司Micadur绝缘体系为代表的环氧少胶粉云母、真空压力浸渍（VP1）的连续式绝缘（简称少胶绝缘体系）；另一条是以美国通用电气公司Mieapal Ⅱ绝缘体系和法国lsotenax-N绝缘体系为代表的环氧多胶粉云母、真空模压（或液压）固化的连续式绝缘（简称多胶模压绝缘体系）。现今这两种绝缘体系并存，分别应用在低煤耗的超超临界发电机组，27kV、百万千瓦级汽轮发电机，核电24kV、百万千瓦级汽轮发电机，水电20kV、800MW水轮发电机等。2010年11月，1000MW水力发电机组24kV/26kV级线棒

绝缘材料、结构、制造工艺及装备研究的圆满完成，标志着绝缘材料的发展已进入了一个新的台阶。而大型高压交流电动机和变频调速电机的绝缘技术目前处于多胶型和少胶型两种绝缘体系并存的局面，但以西门子公司Micalastic绝缘体系为代表的少胶粉云母VPI浸渍环氧酸酐无溶剂的绝缘体系更受到人们的青睐。

二、导磁材料的发展

汽轮发电机的主要导磁材料是硅钢片，它占发电机总重量的30% ~ 35%。由于铁损在整个电机损耗中所占比重较大（15% ~ 20%），因此铁损一直作为衡量硅钢片技术经济的主要指标，需要降低铁损来提高发电机的效率。20世纪60年代国外厚0.35mm（毫米）冷乳单取向硅钢片铁损一般在0.6W/kg以上（最低0.51W/kg），到20世纪70年代已降到0.4W/kg以下（最低0.36W/kg）。20世纪80年代以来新日铁、川崎、NKK、住友和德国EBG等公司都先后推出了高效电机用的无取向电工钢系列，通过加入特殊合金元素和改善工艺进一步降低铁损和提高磁感应强度，上述几家产品的性能见表1-1。这些生产厂家推出的产品包括全工艺型产品和半工艺型产品。

表1-1 日本几家钢铁公司无取向电工钢性能

企业	类别	厚度（mm）	P1.5/50（w/kg）	B5000（T）	牌号	产品工艺特点
住友	全工艺	0.5	4.65	1.75	SX23H	加入特殊元素，控制产品结构，减薄产品厚度
		0.5	5.73	1.76	SX30H	
		0.5	6.85	1.77	SX40H	
		0.27			27SXH	
JFE钢管	全工艺	0.5	5.5	1.80	BF-1	调整Si、A1成分，降低夹杂物含量，最佳化冷轧前组织以控制再结晶结构
		0.5	4.7	1.77	BF-2	
		0.5	3.5	1.75	BF-3	

续表

企业	类别	厚度（mm）	P1.5/50（w/kg）	B5000（T）	牌号	产品工艺特点
JFE（川崎）	半工艺	0.5	3.08	1.75	50RMA350	A1和稀土元素的复合添加、改变夹杂物大小及分布以控制晶粒尺寸
		0.5	4.61	1.73	50RMA350	
		0.5	5.15	1.75	50RMA350	
新日铁	半工艺	0.47	3.85	1.75	NC-B1	在极纯净钢质的基础上，采用低Si高Mn及一次冷轧法
		0.47	3.29	1.71	NC-M1	
		0.47	2.86	>1.72	NC-M2	
		0.47	2.64	>1.72	NC-M3	

我国生产冷乳无取向电工钢的钢厂主要有武汉钢铁集团公司、宝钢集团有限公司、太原钢铁（集团）有限公司、鞍山钢铁集团公司和马钢（集团）控股有限公司，节能降耗的紧迫性促使各个生产厂家不断提高产品性能，降低铁损和提高磁感应强度。我国在高效电机开发上明显落后于日本，但也取得了不少成绩，典型的高效电机用硅钢片是武汉钢铁集团公司自行开发的三个系列高磁感冷乳无取向硅钢，即无Si低Si含P系列、Si-Al-Mn系列和多元合金化系列，并分别在不同类型电机、电器产品上进行了应用。

武汉钢铁集团公司开发的三个系列高效电工钢产品，每个系列产品的性能特点如下：

①无Si低Si含P系列中，磁感B5000均较相应牌号高0.05T以上，虽然其硬度远低于同铁损级别的热轧电工钢片（Hv=134 ~ 164），但因钢中含磷，钢质软而脆，仍具有理想的冲片性能；②Si-Al-Mn系列铁损P1.5/50的取值在4.0 ~ 4.7W/kg范围内，相当于日本的H18 ~ H14牌号，磁感B5000较相应牌号高0.05T以上；③多元合金化系列的平均铁损与50W350相当，磁感B5000则比50W350高0.072T。

第二节　发电机技术的发展

一、发电机的发明和发展

发电机是一种能量转换的电力设备，在电工技术中占有极其重要的地位。物理学家奥斯特、安培和法拉第通过一系列实验和发现，确认了电磁感应现象，为发电机的发明提供了理论基础。尤其是法拉第，他曾用圆铜盘置于永久磁铁两极之间，在圆铜盘边缘装上摩擦接片。当圆盘旋转时，切割磁力线感生的电流，流过伏特计。这就是发电机的雏形。

世界上第一台发电机是由法国比齐创制成功的，于1832年在巴黎展出。这台发电机用手轮转动马蹄形磁铁，线圈固定。1833年，比齐又在他创制的发电机上安装了整流子，把发出的交流电转变为直流电。

实验室用发电机，是由英国仪器制造者克拉克于1834年创制成功的，也是用手轮转动线圈，其电压高于一般电池组，还配置各种线圈，可按需要换用。约于1846年，出现了由利珀齐格创制的实用手轮转动发电机。

1855年，阿利亚斯研制成多极发电机。次年，霍姆斯用多极永久磁铁制成世界上第一台商用发电机，1862年被邓吉尼斯灯具厂购用。这台发电机5英尺（1.5m）见方，重2t，用蒸汽带动，转速600r/min（转每分钟），功率不到1.5kW。随后又制造多台容量不到2kW的同类型发电机。这种发电机直到1900年还为灯塔照明服务。

1866年，英国瓦特利用自励原理创制成新型发电机。同年，德国西门子在柏林科学院论述了用发电机自身产生的电流来供给电磁铁，并制成自励直流发电机。翌年，他的兄弟查尔斯西门子把手轮转动的自励发电机模型送到伦敦皇家协会展出。

1870年，在法国工作的比利时人格兰姆试制成环形电枢的自励直流发电机。格兰姆于1875年将它进一步改成速度高、质量较轻、实用价值较大的发电机，安装在巴黎北火车站发电厂（世界第一座发电厂），作为车站附近弧光灯电源。

1881年在巴黎电气展览会上陈列出爱迪生创制的当时容量最大的直流发电机，功率150HP（1HP=735.499W），电压110V，重27t，可供1000 ~ 1200盏标准电灯使用。1881 ~ 1882年间，比尔金直流发电机问世，采用复式环形电枢。

1884年，英国帕尔森试制成第一台汽轮发电机，转速1800r/min，直流电源100V，功率7.5kW，没有凝汽机。同年，费伦蒂单相交流发电机创制成功。

1885年，爱迪生创制成双极高速（3000r/min）直流发电机。同年，根据意大利弗兰利斯提出的旋转磁场现象制造的两相交流发电机问世。1888年，帕森斯试制出带高低压汽缸的汽轮发电机，功率75kW。1889年，他又相继制造出60kW、100V、6000r/min直流汽轮发电机和单相、75kW、100V、4800r/min、80Hz交流汽轮发电机。1891年，他为剑桥电灯公司制造了带有凝汽机的汽轮发电机，功率100kW。

1888年，南斯拉夫特斯拉发明了旋转磁场的感应电机，美国威斯汀豪斯买下专利后，于1893年在芝加哥展出了第一台相位差90°的两相发电机。较早的发电机，磁场在静止的电枢外旋转，直到1895年后才改为磁场在电枢内旋转，即当今还在官方使用的交流发电机。

1. 汽轮机的发展

在汽轮发电机问世以前，带动发电机的原动机主要是蒸汽机，它的功率传递必须使用不同长短的轴、皮带轮、绳轮、齿轮等。用这种低速的蒸汽机驱动转速高的发电机，显然是不合理的。但蒸汽机的发明，却促进了对蒸汽性质和热力学理论的研究，使适合于大功率发电机的高速汽轮机的出现成为可能。

汽轮机的发明和发展，为发电机提供了强大而又经济的原动力，直到现在，火电厂和核电站均采用汽轮发电机。不过目前的机组容量，技术参数和经济指标的先进性，与百年以前已不可同日而语。

进入20世纪后，按照卡诺等理论研究提出的“动力机械的循环最高温度和最低温度的差值越大，热效率越高”的热力学原理，不断提高蒸汽温度和压力，可以提高蒸汽的热效率。汽轮机采用耐热合金钢材料和经过结构改进，它的蒸汽温度和压力明显提高，到20世纪50年代末，蒸汽温度最高达650℃，蒸汽压力最高超过临界压力，达3452×10^4Pa，热效率因而提高到40%以上。

汽轮发电机制造技术的发展，体现在单机容量的不断增大。1901年，瑞士勃朗・鲍威利公司（BBC）制成第一台5000kW、750r/min汽轮发电机，1902年又制成15000kW、3相、40Hz、1200r/min汽轮发电机。1903年，美国威斯汀豪斯电气公司制造出5000kW汽轮发电机，热效率14.5%，次年该厂又生产10000kW机组，每千瓦耗汽5.7kg。1912年汽轮发电机的容量提高到2.5万kW，1925年10万kW机组问世。1930年美国第一台20万kW汽轮发电机投入运行。20世纪50年代中期开始，汽轮发电机技术水平提高更快，1955年、1960年分别投入运行的最大机组容量为30万kW和50万kW。20世纪六七十年代，法国、英国、联邦德国等国家先后投入60万kW、70万kW级大型机组，而美国、日本和苏联则分别投入130万kW、100万kW和80万kW大机组。

各大制造厂对600MW及以上容量汽轮发电机定子绕组采用水内冷，转子绕组用氢内冷的较多，西门子、BBC等公司在大容量汽轮发电机也有转子绕组用水冷却。在当今可能提供转子锻件及护环材料尺寸下，定子、转子绕组都用水直接冷却的汽轮发电机容量，就有可能做到2极1200MW，4极2000MW。如果发电机转子采用超导磁场绕组，使励磁损耗接近于零，可大大提高发电机磁通密度，从而在现有转子尺寸下就有可能制造出单机容量更大的汽轮发电机来。

早在1965年，美国AVCO公司就试制成一台立式旋转电枢的8kVA超导电机。紧接着于1969年，美国麻省理工学院试制成功一台45kVA超导发电机模拟机组，从而证明了在发电机上采用超导励磁绕组的现实可能性。1972年美国西屋公司研制出一台5000kVA超导发电机。1973年麻省理工学院又研制出一台2000kVA的超导电机。在此基础上，美国西屋公司在美国电力协会的支持下，提出试制300MVA实用化超导发电机的计划。与此同时，苏联、日本和德国也都积极开展超导发电机的研制工作。苏联曾制成一台300MVA超导同步发电机，并进行了低温实验，但发现低温容器有泄漏问题，致使超导电机实验未获成功。日本从20世纪70年代开始就着手发展超导发电机的试制工作，先后研制了6250kVA、30MVA和50MVA的超导发电机。

2. 水轮机的发展

我国是最早利用水力作为原动力的国家之一，不仅有水磨，还有东汉杜诗（?-公元38年）于公元31年任南阳太守时创造的水排（水力鼓风机），它以江河之水为动力，通过传动机械，使皮制鼓风箱连续开合，将空气送入冶铁炉，铸造农具。随后又有人创制水转筒车、水轮翻车等水力扬水机械，用以灌溉和排水。元代农学家王桢撰写的《农书》有“水转大纺车”的记载，这就是利用水能作原动力以带动纺纱机的原始水轮机。

18世纪中叶，英国巴克斯于1745年、匈牙利辛格涅尔于1750年先后提出了类似现代水轮机的原动机。1827 ~ 1834年，法国富聂隆研制成功第一台离心式水轮机。1847 ~ 1849年，美国法兰西斯研制出向心式水轮机，这就是首创的混流式水轮机。1880年，美国倍尔顿研制出水斗式水轮机。1912年出现轴流式水轮机。同年，美国卡普兰创制出转桨式水泵水轮机和贯流式水轮机，以适应抽水蓄能电站的需要。

随着世界矿物能开发的枯竭，人们将眼光投向了水能的开发，与此同时带动了水轮机械朝着提高单机容量、比转速和应用水头的方向发展，从而使水轮机进入一个多品种、大容量的时代。

（1）水轮机应用水头向着较宽的范围发展，以适应不同形式存在的水能开发。从水头2m到水头1000 ~ 2000m都有相应的品种，繁多品种的水轮机大体可归纳为冲击式和反击式两大类。反击式水轮机根据水流在转轮区域流动方向不同又分为混流式、轴流式、斜流式和贯流式以及可逆式水泵水轮机，分别适用于不同水头和流量。而每种类型的水轮机又有很多品种，如贯流式水轮机，它又包括有灯泡贯流、全贯流、轴伸贯流、虹吸贯流、潮汐双向贯流等。

（2）单机容量不断提高。自20世纪60年代，世界上第一台50万kW混流式水轮机在苏联克拉斯诺亚尔斯克电站投入运行以来，以提高水轮机比转速、增大单机容量的风潮在全球兴起。其中，我国第三大电站向家坝水电站设计的左、右岸各装80万kW混流式水轮发电机组4台，是目前世界上最大水轮机组单机容量，向家坝水电站总装机容量640万kW，多年平均发电量307.47亿kW·h，工程计划2012年首台机组发电，2013年年底全部投产。

（3）能量特性、气蚀特性不断优化，比转速又有较大提高。水轮机要同时具有良好的能量特性和空化特性以及高的比转速显然是不可能的，这三个指标是矛盾的统一体。因此，现代水轮机从设计方法、制造工艺、材料性能等多方面进行了深入的研究，找到了合理解决的方法。

（4）在制造材料和制造工艺上，现代水轮机也有了长足的发展，从铸铁、铸钢到不锈钢，材料的优选一方面改进了强度，同时也改善了抗空蚀的能力；为了减轻泥沙磨损，采用陶瓷涂层新技术；为了提高水轮机转轮叶片的材质和线型的一致性，采用模压叶片新技术，叶片模压后，上冠、下环焊接口，进、出水边及正、背面还采用数控加工等工艺；除此之外，在转轮焊接和热处理技术、叶片几何线型测量技术以及微焊成型等一系列技术上都有所突破。所有这些都有力地保障了水轮机性能的提高。

上述各种类型水轮发电机组单机容量的增大，机组性能改善以及效率提高，使用寿命延长，其关键是水力设计结构、材料、工艺和发电机冷却方式等各方面技术有所突破。例如，在水力设计方面最突出的进步是水轮机比转速的提高，增加了过流能力，从而增大了单机容量，减小了机组尺寸，降低了造价。美国大古力第三水电站安装的后三台机组，由于提高了比转速，同样尺寸的机组，单机容量由60万kW增加到70万kW。现代水轮机主要部件采用焊接结构，与过去铸件水轮机相比较，可节省造价12%～20%，减少设备加工量25%～35%，相同水头的单位千瓦重量约减轻35%。在发电机制造上，由于采用伞形或半伞形结构，进一步发展为无轴结构，以降低厂房高度和造价。

3. *发电机的励磁方式*

由于大型汽轮发电机单机容量的不断增大，励磁功率也随之增大（励磁功率与主机容量之比达0.5%～1%），这给提供相应励磁的系统带来许多困难，但同时也促进了励磁技术的进步。

励磁系统结构的种类繁多，就其构成形式，大致可分为直流励磁、离子（水银整流器）励磁和半导体励磁三类（见表1–2）。

表1-2　励磁系统结构类型

类别	内容
离子励磁	这种励磁方式早在20世纪40年代就开始采用。苏联在TTB-500-2型双水内冷汽轮发电机上采用这种励磁系统。捷克曾在20万kW汽轮发电机上采用可控水银整流器和晶体管电压调整器相结合的励磁系统。美国、联邦德国等国家也曾采用过这种励磁系统，但长期以来并没有推广
直流励磁	这是一种长期以来沿用的励磁系统，一般应用于中、小型发电机。直流励磁又可分为直接、减速和电动机驱动三种方式。直接励磁方式的同轴励磁机励磁极限功率：对转速为3000r/min和3600r/min的发电机，分别为600kW和500kW。1985年，世界上最大的同轴直流励磁机为瑞士勃朗·鲍威利公司制作的530kW励磁机（转速3000r/min）。减速励磁方式的转速一般为750 ~ 1000r/min，转速750r/min的励磁极限功率为3000kW，转速1000r/min时励磁极限功率降为2000kW。电动机驱动励磁方式很少采用
半导体励磁	这种励磁方式是用半导体整流器替代励磁机换向器，因此也称无换向器的半导体（整流器）励磁。它是近二十年来发展起来的新型励磁系统。半导体励磁可分为静止半导体励磁和无刷励磁（旋转半导体励磁）两种方式。静止半导体励磁系统的交流励磁机极数选择自由度较大，通常其频率选择100 ~ 120Hz，可以减少时间常数，提高反应速度。这种励磁方式的优点是没有换向器，可靠性高，维护方便。在美国，这种励磁系统的发展已有约六十年的历史，随后逐渐应用于大容量的50万kW汽轮发电机上，励磁机功率达2000kW。目前在各工业发达国家已被广泛应用，最大励磁功率为4000kW，配装于90.7万kVA（2级）和133.3万kVA（4级）汽轮发电机上；无刷励磁系统的旋转整流器转速高达3600（3000）r/min或1800（1500）r/min，必须具有足够的机械强度，以确保其电气与机械性能。这种励磁方式的优点是无换向器、滑环和电刷，可靠性高，便于维护

二、发电机的冷却技术及经济指标

1. 冷却技术

汽轮发电机的冷却方式经历了丰富的发展变化过程。从最早的空气冷却发展到氢气冷却，再到液体冷却，继而到目前研究的热点——蒸发冷却。每一种冷却方式都各有其优缺点。

（1）空气冷却。20世纪30年代末期以前，汽轮发电机基本上处于单一的空气冷却阶段。空气冷却在结构上最简单，费用最低廉，维护最方便，这些显著的优点使得空气冷却首先得到了应用和发展。随着电网容量的增大，要求提高汽轮发电机的容量。为了提高容量，需要增加电磁负荷，导致电磁损耗增大，从而引起电机发热量的增加，要强化冷却就必须加大通风量，这必然引起通风损耗的增大，而通风损耗（含风摩耗）占总损耗的40%，这就使得电机的效率降低。另外，空气冷却的定转子绕组的温升也较高，降低了绝缘的寿命。

（2）氢气冷却。当电机的单机容量达到一定水平时，空冷技术在效率和温升等方面逐渐暴露出了不足，为了寻求更加有效的冷却方式，人们发展了氢冷技术。从20世纪30年代末，容量大于50MW的汽轮发电机逐步过渡到氢气冷却。氢气的比重小，纯氢的密度仅为空气的1/14，导热系数为空气的7倍，在同一温度和流速下，放热系数为空气的14 ~ 15倍。由于密度小，因此，在相同气压下，氢气冷却的通风损耗、风摩耗均为空气的1/10，而且通风噪声亦可减小。氢冷电机的效率提高了，而且温升明显下降。由于电机内氢气必须维持规定纯度，为此必须额外设置一套供氢装置，给设计和安装带来了困难。另外，密封防爆问题始终是氢气冷却电机安全运行的一个隐患。

（3）液体冷却。早在1917年，匈牙利网次茨工厂就曾用变压器油作牵引电机的冷却介质。20世纪30年代后，又曾从事水外冷的研究，但长期以来没有取得重大进展。1956年，英国开始采用净化水冷却电机定子绕组。目前定子绕组采用水冷已相当普遍。液体的比热，导热系数比气体大，所以液冷的散热能力较气冷大为提高。水是很好的冷却介质，它具有很大的比热和导热系数，价廉无毒，不助燃，无爆炸危险。通过水冷却的部件冷却效果极为显著，允许承受的电磁负荷比空冷、氢冷高，提高了材料的利用率。但是，由于水垢的产生及空心铜线被水中的氧离子氧化产生的氧化铜和氧化亚铜等沉积造成水路堵塞，继而产生绕组局部过热而烧毁。同时，水接头及各个密封点处由于承受水压漏水的问题会造成短路和漏电危险。 近年来，各地的水内冷机组都发生了一种新的漏水现象，被称为水力钻孔。这是由于水中的微小颗粒在空心导线的转弯或粗糙点慢慢沉积下来，由于受到水流的冲击，微小颗粒以空心导线的接触处为支点旋转起来，日积月累就会将这一点钻穿。这种现象会造成绕组漏水漏电，烧毁绝缘的危险。因此，水冷电机的堵和漏成为困扰水冷电机发展的致命弱点。全液冷电机的研制同样受到了各国的重视。全液冷主要以油冷为主，这种电机的定子浸在油中，绝缘大为简化。电机槽满率高，材料消耗少，效率高于同容量的其他冷却方式的电机，但维护不方便，要考虑防火防爆问题，结构较复杂。

（4）蒸发冷却。蒸发冷却所采用的冷却介质，均是经劳保部门测试为化学稳定性好、无毒、无腐蚀性、不燃不爆的介质。其液态的绝缘性能与变压器油相当，即使稍有泄漏，也不会引起绝缘的损坏而引发事故。蒸发介质还具有灭火灭弧的能力，可以抑制其他电气故障的扩大，消除了水内冷因泄漏而引发大事故的根本性缺点。

蒸发冷却技术所采用的冷却介质属于氟利昂类产品，由于氟利昂中所含的CL元素对大气的臭氧层有破坏作用。为了提高冷却效果，并出于保护环境的考虑，新型无毒、无污染的冷却介质正在开发研制之中，并已经通过了实际机组的使用。

2. 经济指标

汽轮发电机的技术经济效益，主要反映在发电机容量等级、额定电压、功率因数和短路比、损耗和效率、材料消耗率以及冷却方式等几个方面（见表1–3）。

表1–3 汽轮发电机的技术经济效益

项目	内容
额定电压	发电机的额定电压随发电机的容量增大而提高。各工业发达国家的大型汽轮发电机电压一般在20kV及以上，最高达45kV。选择发电机额定电压时，要考虑到定子绕组绝缘的可能性以及汇流母线、开关设备的工作条件等，且相应于各种容量的发电机有其最佳的电压值
容量等级	增大发电机单机额定容量，可以降低造价。例如，安装4台50万kW汽轮发电机的发电厂，每千瓦造价要比安装5台20万kW的发电厂降低约25%。世界各国发电机的容量等级不统一。按照国际电工委员会（IEC）推荐，大型汽轮发电机组的容量增大系数为1.26。美国机组容量等级最多，在10万～40万kW之间的就有十二种。苏联机组容量分为15万、20万、30万、50万、80万kW和120万kW六个等级。英国机组容量分为12万、20万、35万、50万、66万kW和90万kW六个等级。法国分为12.5万、25万、60万kW和90万千瓦四个等级
损耗和效率	大型汽轮发电机的损耗对效率影响极大，如何从设计结构和冷却方式来进一步减少发电机损耗以提高效率，是汽轮发电机制造部门所追求的一个重要技术经济指标。现代大型汽轮发电机转子直径和有效长度有适当比例，轴承消耗的比重不大；铁损约占发电机总损耗的15%～20%；定子、转子铜损约占发电机总损耗的50%～60%，如果合理选择导体截面和精心设计绕组，铜损还可进一步降低；风损约占发电机总损耗的15%；其他附加损耗占发电机总损耗的20%左右，这与端部材料、结构有关，短路漏磁是附加损耗的主要来源
功率因数和短路比	发电机的功率因数和短路比与其容量、造价、质量及运行稳定度密切相关。提高发电机功率因数或减小短路比，可以增大发电机容量、减轻质量和降低造价，但其稳定度有所下降。当短路比不变时，将功率因数由0.8提高到0.925，可使发电机容量从40万kW增大到50万kW（增加25%），而其静态稳定度降低较小（降低7%）。如果短路比由0.6减小到0.3，功率因数提高到0.90，则发电机容量可由50万kW增大到64万kW，对电网仍能保持稳定运行。苏联80万kW汽轮发电机功率因数由0.85提高到0.90，可使转子长度缩短200～300mm，总损耗减少800～1100kW，质量减轻，造价降低4万～5万卢布。发电机效率与功率因数、短路比的关系是：提高功率因数，效率略有增加，但短路比减小，效率也随之降低。对一台30万kW汽轮发电机的研究测试表明：发电机短路比由0.8减到0.4，其效率降低0.08%

续表

项目	内容
材料消耗率	材料消耗率是衡量汽轮发电机技术经济的主要指标之一，它与发电机的技术参数、冷却方式及材料种类直接相关。发电机容量不断增大，由于采用了先进的设计、优质材料、先进合理的冷却方式，因此材料消耗降低，造价下降

三、几种新型发电机的发展

（1）磁流体发电机。磁流体发电机（MHD）是以天然气、石油、煤的燃烧，或核燃料产生高温等离子导电气体，高速通过强磁场时，热能直接转变成电能的发电装置。它分为两级，第一级高温部分（2700 ~ 2000℃）就是磁流体发电机，第二级低温部分（540 ~ 300℃）为常规汽轮发电机。

（2）超导发电机。超导发电机与常规发电机相比较，它具有以下突出优点：

单机容量大；质量轻，体积小；消除了磁场线圈的损失，效率可提高0.5% ~ 1%；稳定性好；输出电压高，可以不需要升压变压器而将发电机直接并入电网；经济性要比常规发电机高。

（3）无槽发电机。大型汽轮发电机的气隙长达150mm以上，可以把定子或转子绕组放置在气隙内。定子采用气隙绕组后，避免了磁通的磁饱和问题，从而气隙磁通密度可提高到20000Gs左右，导体在气隙内能够均匀分布，使导线形状选择有更大的自由度。转子采用气隙绕组后，转子上无齿，消除了齿根部的高应力区，可使转子直径增大10% ~ 15%。

第三节　电力变压器技术的发展

一、变压器的发明及其类型的发展

变压器的雏形是1851年由列姆勒夫提出的感应线圈。一直到19世纪80年代，在探索变压器的研制中不断有所突破。1876年，俄国雅勃洛契柯夫发明了单相电力变压器，把变压器低压侧的交流电供给照明用的“电烛”。1882年，莫斯科全球展览会上，乌萨金首次展出了有升压、降压变压器的高压变电装置。翌年，法国高拉德和英国吉布森创制了一台具有实用价值的电力变压器，容量为5kVA，并在伦敦展览会上陈列出来。这种早期变压器，当时被人们称为“二次发电机”。1884年，在意大利都灵举行的博览会上，曾举行过用“二次发电机”输送40km远的交流输电表演。

与此同时，美国威斯汀豪斯预见到交流输电将是日后主要发展方向，于是买下了高拉德、吉布森两人于1881年发明“交流配电”的专利，对他俩创制的开磁路式变压器结构进行了革新，1885年制成具有现代实用性能的电力变压器。威斯汀豪斯采用这种变压器，在马萨诸塞州装设了首套交流配电装置，高压为1000V。19世纪80年代末以后三相交流输配电系统的发明和发展，使变压器在电网中的重要性更为明显。

变压器问世之后，经过近百余年的技术改进和发展，用途十分广泛，品种规格随着用电种类的增加也越来越多。目前可分为电力变压器和特种变压器两大类。电力变压器按用途又可分为升压、降压、配电、厂用电变压器和联络变压器等多种；按相数可分为单相、三相变压器两种；按线圈数可分为双线圈、三线圈和自耦变压器三种；按冷却方式可分为油浸自冷、油浸风冷、油浸水冷、强迫油循环风冷、强迫油循环水冷和干式变压器等多种；按调压方式可分为无励磁调压和有载调压变压器两种。特种变压器是根据冶金、矿山、化工、交通等部门的不同用途的要求，提供各种特殊用电的电源。特种变压器有整流变压器（交、直流电能变换）、电炉变压器（电能与热能交换）、电焊变压器、试验变压器、矿用变压器（矿井下配电）、船用变压器（船舶上配电）、中频变压器（1000 ~ 8000Hz）、大电流变压器等多种。由于电压互感器、电流互感器以及调压器，其基本原理和结构，与变压器相同，也属变压器类产品。

随着电网的扩大、发电机单机容量的增大、输电电压的提高以及输电功率的加大，20世纪30年代开始，要求发展电压等级更高的大型电力变压器。同时为了加强电网联网和集中控制，适应负载变化和改善供电质量的需要，还积极要求发展技术比较复杂、工业水平较高的有载调压变压器和自动调压变压器。

二、大型电力变压器的发展

1905年，德国勃朗·鲍威利公司试制成第一台容量为1000kVA（当时属大型）的变压器。20世纪30年代初，随着220kV输电系统的采用，大型变压器的制造技术得以迅速发展，包括采用控制油流进行冷却的技术。1930年，该公司已能制造7万kVA变压器。1941年，生产出容量为10万kVA的变压器。又经过14年（1955年），试制出220kV、绕组中性点装有有载调压开关的10万kVA降压变压器。同年还试制出20万kVA升压变压器。勃朗·鲍威利公司变压器技术的发展，在世界变压器技术发展中具有一定的代表性。

电网中所装设的升压变压器和降压变压器各有其特点。升压变压器的变比大，输入侧的电流大，电网侧的电压高。为了维持电网电压，升压变压器的高压侧应与电网电压相配合。在联邦德国，通常把升压变压器的阻抗电压选为16% ~ 18%，并带有有载调压开关；而另一些国家仅装无载调压开关，或不装调压开关，因此绕组排列简单，但阻抗电压必须很低。

降压变压器几乎毫无例外地配有有载调压开关，以便在不同负荷调节下，调节电网电压和无功功率的潮流。大型变压器用来连接相邻的电压等级电网时，其变比小，通常采用自耦变压器较为合适。这从保持电压和电网稳定的观点来考虑是有利的；若从短路电流所造成的机械应力的观点来考虑则是不利的。电力需求的不断增长，意味着更高输电电压的出现。在500kV以上的电网中，一般只制造、安装单相变压器，其基本原因是：

受到运输问题的限制；变压器引出线的绝缘套管之间的空气绝缘距离，与变压器内部绝缘距离的要求不相适应；单相变压器作为备用，要比三相变压器投资低得多。

三、几种新型电力变压器的发展

自从1891年第一台油纸绝缘变压器问世以来，这种绝缘结构一直统治着整个变压器制造业。但由于用电量日益增多，配电变压器深入负荷中心，原来以碳烃族可燃变压器油为绝缘的变压器已不再应用，因为在安全上会造成威胁。因此，在新型变压器发展中的结构多趋向于难燃或不燃。下面简介几种不燃性及其他新型电力变压器。

（1）蒸汽冷却气体绝缘电力变压器。这是一种采用高电压气体绝缘技术和冷却液蒸发潜热的冷却技术相结合的新型变压器。它是利用汽化物质在汽化时吸收潜热，能有效地冷却变压器元件。变压器箱内充入SF_6气体作为相间绝缘、对地绝缘和线圈内部绝缘，用喷射冷却液进行冷却。此外，还有将线圈和铁心浸在冷却液中直接冷却和用SFdt主绝缘，在线圈和铁心内安装冷却管道，冷却液在其中循环。前一种冷却方式用于高电压、大容量变压器，后一种冷却方式适用于小型变压器。

（2）非晶态磁性合金材料电力变压器。采用非晶态磁性合金（或称无定型磁性合金）制作变压器铁心，可以大大减少变压器损耗（可降低空载损耗近40%）。在制造这种新型变压器时，由于非晶态磁性合金材料硬，有弹性，不易形成矩形，美国联合公司采用特别的设计和制造工艺，先制成铁心，然后穿过铁心的孔绕线圈，线圈成为一个肋状的笼，保护和支撑铁心。这样的变压器使用材料比常规设计少，适合自动化生产，更重要的是铁心无尖锐的角，不产生损耗。

（3）标准化组合式电力变压器。联邦德国联合公司（DVG）纽伦堡的一家工厂，试制了一台标准化组合式大型变压器，其额定电压为415±11%/27kV，额定容量为85万kVA。它的特点是各部件采用组装式结构，通用性和互换性好，便于运输、安装和维护。

（4）移动式电力变压器。日本中部电力公司与爱知电力公司共同研制成一台带负荷调压的15.4万kVA移动式变压器，提高了紧急事故的机动性。其结构特点是：

采用可拆卸式套管，安装简单，便于运输和移动；装有带负荷调压开关；体积小、质量轻，采用轻型线圈和铁心；套管底部油箱不必采用真空注油方式，可直接在大气压下注油，因而在现场组装不需要电源；装有自动电压调整继电器和冷却装置的电源变压器，当主变压器受电后，即可满载运行。这种变压器搬运方便，工作效率高，处理紧急事故及时，经济效益大。

四、我国电力变压器的发展

（1）旧中国电力变压器的发展。我国自行制造电力变压器开始于1917年。上海私营华生电器制造厂（创办于1916年）在1917年生产过一台小型变压器。该厂兴盛期间，变压器生产能力年产2000kVA（1936年）。

我国第一台容量较大的变压器是1923年制造的。留美回国的周琦、刘锡祺合作，自行设计试制成功的变压器，额定功率50kVA、三相、3300-6600/380-220V。

1922～1936年，益中公司共生产2～600kVA变压器2424台，总容量78256kVA。1932年，该公司制成国内首创的50kVA试验变压器。1948年制造的13.8kV、12.50kVA变压器是该厂生产容量最大的变压器，安装于上海浦东电灯公司。旧中国在上海还有华通电业机器厂、中建电机厂等十多个民营电工厂先后从事生产变压器，其中1919年创办的华通电业机器厂规模较大，在1937年“八一三”事变前，变压器年产2.5万kVA。该厂1947年制成的6.6kV、2500kVA变压器，是旧中国容量最大的变压器，安装在塘沽新港变电所。

（2）新中国电力变压器的发展。生产能力随着电力工业的发展，国内电力变压器厂家按计划需求进行了建设和改造。据不完全统计，2000年共生产各种变压器30多万台，容量约1.8亿kVA（其中10kV、35kV电压等级占总台数的90%以上），相当于世界总产量的1/5以上。可以说，中国是世界上电力变压器的生产大国，也是电力变压器的应用大国。国内有500kV级生产能力的厂家7家，其中能批量生产的有5家，年生产能力已超过3000万kVA，最近两年大约每年生产2000万kVA容量，占总产量的11%左右；能生产220kV级的厂家有25家左右，最近两年大约每年生产3000

万kVA，占总容量的近18%；能生产110kV级的厂家有100家左右，最近两年每年大约生产1000台，3000万kVA容量，亦占总容量的近18%，其中年产100台以上的厂家有新疆特变电工、衡变、沈变、保变、华鹏等；生产干式配电变压器的厂家约有100家，生产能力在100MVA以上的厂家有顺德、金乡、许继、华鹏等。

据2000年统计，全国共生产干变1600万kVA，占电力变压器总产量的近9%（全国生产干变能力为3000万kVA）；生产SF6绝缘介质变压器的厂家有3家，主要是生产10kV电压等级的产品，且产量很少，更高电压等级的正在开发。为适应城网及住宅小区要求，地埋变压器也有一些厂家开始生产；生产箱式变压器的厂家很多，据不完全统计约有600个厂家，年生产约7000台，其中年生产量200台以上的约有20家。

电子变压器需求旺盛，近年来，电子变压器技术发展目标是轻量、高效、高密度。由于家用电器以及电子设备的不断发展，对低压电子变压器的需求量越来越大。因此，高清晰度电视和高频显示器用回扫变压器成为生产企业关注的主要领域，其中无环回扫变压器的需求量将有较大的增长；高频、低损耗、小尺寸、低价位的电源变压器也将占有大量市场；高压电源变压器市场前景令人鼓舞。

第四节　高压断路器技术的发展

一、高压断路器发展综述

自从1891年为欧洲慕尼黑明兴国际电工展览会而兴建的世界第一条三相交流高压输电线后，就急需解决高压输电线路接通和断开的技术问题，于是各国开始研制高压断路器。

高压断路器是输变电系统中最重要、最复杂的开关设备，它在1000V以上的中、高压和超高压电网中担负着控制和保护的双重任务，既要在正常负载下接通或断开线路，又要在线路发生短路故障时，起继电保护装置的作用，自动断开故障线路。因此，高压断路器要求有高度的可靠性，能够承受电网故障电流的能力，并且动作时间要短。可以说，高压断路器的发展水平，标志着电网的发展水平。

目前高压断路器的分、合闸操作都是借助电弧过程来完成的。因此，高压断路器的主要技术问题是如何熄灭触头分开瞬间所产生的电弧，也就是说必须具有可靠的灭弧装置。按灭弧介质的不同，高压断路器已发展有多油、少油、压缩空气、SF_6、真空、固体产气和磁吹等多种类型。

第二次世界大战后，电力工业迅速发展。随着输电电压的提高、电网的扩大和装机容量的增长，促使高压断路器在技术上不断进步。通常用下列参数表征高压断路器的基本工作性能。

（1）额定电压（标称电压）。它是表征断路器绝缘强度的参数，是断路器长期工作的标准电压。为了适应电力系统工作的要求，断路器又规定了与各级额定电压相对应的最高工作电压。对3 ～ 220kV各级，其最高工作电压较额定电压约高15%左右；对330kV及以上，最高工作电压较额定电压约高10%。断路器在最高工作电压下，应能长期可靠地工作。

（2）额定电流。它是表征断路器通过长期电流能力的参数，即断路器允许连续长期通过的最大电流。

（3）额定开断电流。它是表征断路器开断能力的参数。在额定电压下，断路器能保证可靠开断的最大电流，称为额定开断电流，其单位用断路器触头分离瞬间短路电流周期分量有效值的千安数表示。当断路器在低于其额定电压的电网中工作时，其开断电流可以增大。但受灭弧室机械强度的限制，开断电流有一最大值，称为极限开断电流。

（4）动稳定电流。它是表征断路器通过短时电流能力的参数，反映断路器承受短路电流电动力效应的能力。断路器在合闸或关断瞬间，允许通过的电流最大峰值，称为动稳定电流，此时断路器不能因电动力作用而损坏。

（5）关合电流。它是表征断路器关合电流能力的参数。因为断路器在接通电路时，电路中可能预伏有短路故障，此时断路器将关合很大的短路电流。这样，一方面由于短路电流的电动力减弱了合闸的操作力，另一方面由于触头尚未接触前发生击穿而产生电弧，可能使触头熔焊，从而使断路器造成损伤。断路器能够可靠关合的电流最大峰值，称为额定关合电流。额定关合电流和动稳定电流在数值上是相等的，两者都等于额定开断电流的2.55倍。

（6）热稳定电流和热稳定电流的持续时间。热稳定电流也是表征断路器通过短路电流能力的参数，但它反映断路器承受短路电流热效应的能力。热稳定电流是指断路器处于合闸状态下，在一定的持续时间内，所允许通过电流的最大周期分量有效值，此时断路器不应因短时发热而损坏。国家标准规定：断路器的额定热稳定电流等于额定开断电流。额定热稳定电流的持续时间为2s，需要大于2s时，推荐4s。

（7）合闸时间与分闸时间。这是表征断路器操作性能的参数。各种不同类型的断路器的分、合闸时间不同，但都要求动作迅速。合闸时间是指从断路器操动机构合闸线圈接通到主触头合上这段时间，断路器的分闸时间包括固有分闸时间和熄弧时间两部分。固有分闸时间是指从操动机构分闸线圈接通到触头分离这段时间，熄弧时间是指从触头分离到各相电弧熄灭为止这段时间。

（8）操作循环。这也是表征断路器操作性能的指标。架空线路的短路故障大多是暂时性的，短路电流切断后，故障即迅速消失。因此，为了提高供电的可靠性和系统运行的稳定性，断路器应能承受一次或两次以上的关合、开断或关合后立即开断的动作能力。这种按一定时间间隔进行多次分、合的操作称为操作循环。我国规定断路器的额定操作循环如下：

自动重合闸操作循环：分—t’—合分—t—合分

非自动重合闸操作循环：分—t—合分—t—合分

其中，分表示分闸动作；合分表示合闸后立即分闸的动作；t’为无电流间隔时间，即断路器断开故障电路，从电弧熄灭起到电路重新自动接通的时间，标准时间为0.3s或0.5s，也即重合闸动作时间；t为运行人员强送电时间，标准时间为180s。

二、各种类型高压断路器

（1）多油断路器。多油断路器是灭弧介质与对地、相间绝缘都用油的落地罐式油断路器。它结构简单，容易制造，易于加装单匝环形电流互感器和电容分压装置，在输电电压220kV以下，电网容量不大的20世纪40年代以前，曾广泛使用。但它不能实现装配式结构，虽然几经改进，用油量和耗钢量仍是很大。多油断路器额定电流难以做大，开断电流小，燃弧时间长，动作速度慢，还需要一套油处理装置。

（2）少油断路器。少油断路器是仅在触头间的绝缘和灭弧介质用油，而对地绝缘采用固体绝缘件的油断路器。

（3）空气断路器。空气断路器是触头在大气压力下的空气中分合的断路器。

（4）SF_6断路器。SF_6断路器是用气体SF_6作为灭弧和绝缘介质的断路器。它与空气断路器同属于气吹断路器，不同之处在于：①工作气压较低；②在吹弧过程中，气体不排向大气，而在封闭系统中循环使用。

SF_6的分子和自由电子有非常好的混合性。当电子和SF_6分子接触时几乎100%的混合而组成重的负离子，这种性能对剩余弧柱的消电离及灭弧有极大的使用价值，即SF_6具有很好的负电性，它的分子能迅速捕捉自由电子而形成负离子。这些负离子的导电作用十分迟缓，从而加速了电弧间隙介质强度的恢复率，因此有很好的灭弧性能。在1.01×10^5Pa气压下，SF_6的灭弧性能是空气的100倍，并且灭弧后不变质，可重复使用。

SF_6气体优良的绝缘和灭弧性能，使SF_6断路器具有如下优点：开断能力强，断口电压做得较高，允许连续开断次数较多，适用于频繁操作，噪声小，无火灾危险，机电磨损小等，是一种性能优异的“无维修”断路器。在高压电路中应用越来越多。常用的SF_6断路器有LN1-35型、HB36型两种。

（5）SF_6全封闭组合电器。SF_6封闭式组合电器即GIS，是由英文GasInsulated Switchgear的缩写，意思是“气体绝缘开关”，顾名思义是以气体为绝缘介质的开关设备。GIS的中文意思也可以称为“高压全封闭组合电器”，是20世纪60年代以后迅速发展起来的高压组合电器设备。由于SF_6气体具有良好的绝缘性能，所以GIS的体积可以做得很小，同时也可以将变电站若干功能集成制作到一起，有效地缩小占地面积。其包含断路器、隔离开关、接地开关、电流互感器、电压互感器、母线、避雷器等。

（6）真空断路器。真空断路器的灭弧介质和灭弧后触头间隙的绝缘介质都是高真空。它具有体积小、质量轻、适用于频繁操作、灭弧不用检修的优点，在配电网中应用较为普及。

三、我国高压断路器的发展

近年来，高压开关行业出现了一些亮点和热点，形成了一批附加值高、科技含量高、市场需求大、效益好的产品。这些产品主要是126 ~ 252kVGIS和自能式SF_6断路器、12kV真空断路器、12kVSF_6环网柜和预装式变电站等。下面简单介绍这几种产品。

（1）126 ~ 252kVGIS。根据高压开关行业统计资料，2002年126kVGIS产量为1162间隔，而2003年增加到1494间隔，特别是252kVGIS，2002年产量为227间隔，而2003年达到511间隔，翻了一番还多。同时126 ~ 252kVGIS生产厂家激增。首先，国外企业纷纷在中国建立合资企业，利用国外技术，本土生产，占领市场。另外，国内民营企业也纷纷走进这个行列，专门生产126 ~ 252kV成套开关设备。

126 ~ 252kVGIS产量的猛增是市场需求增大的结果。在“十五”期间我国提出了大力发展水电的计划，水电需要占地面积小且可靠性高的GIS产品。此外，我国都市大发展，使城网用电量占全国总量超过2/3。城市寸土寸金，征用土地费用昂贵，这就使其在城网需求量大增。其次，我国许多大型工矿企业，使用GIS也日益增多。

（2）126kVSF_6断路器。126kVSF_6断路器原来为压气式，最初制造厂家也不过五六家，而现在126kVSF_6断路器的制造厂家猛增到19家，产量也从2002年的2702台，增加到2003年的4010台，增加了近50%。这就大大减少126kVSF_6断路器的进口量，同时抑制了国外进口产品的价格。从我国发展需求看，2005年，126kVSF_6断路器的市场容量约为6500台，2010年，市场容量约为8000台。当前的任务是要将126kV自能式SF_6断路器做精做大做强。

（3）12kV真空断路器。我国12kV真空断路器的产量一路攀升，从2000年89680台、2001年93465台、2002年133519台到2003年200786台。12kV真空断路器在该电压等级各类断路器所占比例已从2002年的92.27%上升到2003年的95.76%。从世界看，我国已进入真空断路器大国的行列。在40.5kV级，真空断路器所占比例也在攀升，从2002年的57.51%上升到2003年的62.24%。真空断路器生产厂家约140家，其中产量超过1万台以上的有3家，产量超过3000台以上的有21家。

（4）12kVSF_6环网柜和预装式变电站。由于在城网建设中，推行环网供电，于是环网柜和预装式变电站应运而生。近年来，环网柜与预装式变电站在我国有了很大发展。2003年12kV环网柜产量达49265面，预装式变电站18888面，这两种产品产量未来发展空间很大。预装式变电站2003年的产量相比2002年增长约92%，今后也会成倍地增长。

第二章　发电技术与新能源发电技术的发展

第一节　火电技术的发展

一、单机容量的发展

世界火电机组容量的发展历史表明，美国一直处于领先地位。美国自1950年投入第一台12.5万kW机组以来，以约每五年翻一番的速度增大单机容量，直到1965年第一台100万kW机组投入运行。在这以后，机组容量发展速度放慢。

促使火电机组单机容量停止向更大发展的主要原因之一是大机组运行可用率比较低，每年故障和计划检修停机的时间较长。据美国爱迪生电气协会多年来的统计，美国10万～20万kW机组的平均可用率为86%，30万～60万kW机组的平均可用率为80%左右，而80万kW以上机组的平均可用率仅为72.5%。据日本统计，6.6万～12.5万kW机组事故停机率为1.0%，15.6万～26.5万kW机组为1.4%，32.5万～60万kW机组为2.1%。但这并不意味着机组容量越小越好，因为选择最佳机组容量时，除可用率因素外，还必须结合机组的单位造价、效率、建设速度以及电网情况等全面考虑。由于在20世纪60年代以前，机组容量还不大，可用率问题并不突出，主要考虑的是单位造价等因素。进入20世纪70年代以后，机组容量越来越大，可用率问题就引起重视，但也并未忽视其他因素，正是这些因素多年来起了促进大机组发展的作用。当机组容量增大到一定程度时，这种其他因素的作用也有达到饱和的趋势。现在从以下几方面进行说明。

（1）造价。各级容量火电机组相对单位造价见表2-1。

由表2-1可以看出，对于100万kW及以上的机组来说，单位造价的趋势接近饱和（核电机组情况不同，不在此例）。

表2–1 各级容量火电机组相对单位造价

容量（万kW）	20	30	60	80	100	130
相对造价（%）	100	90	80	77	74	72

（2）效率。蒸汽参数是决定机组效率的主要因素。一般地说，蒸汽参数相同时，较大容量的机组效率应该稍高一些。但是效率与设备的设计、制造和电厂的设计、施工质量以及运行维护水平等有关，因此，机组容量较大的电厂效率不一定较高。

（3）建设速度。对于总容量相同的电厂来说，单机容量较大、台数较小的电厂，建设速度较快。例如，一座两台60万kW机组电厂的建设工期大约是6台20万kW机组电厂的60%～70%。对于总容量相同的年度装机计划来说，机组和电厂容量越大，建设项目就小，比较容易完成。但是近年来美国出现了另一种意见，认为机组和电厂容量太大，厂址选择困难，环境污染问题不易解决，还不如建设几座较小机组的中型电厂有利。

（4）电网情况。一个电网采用多大机组合适，过去主要从电网的容量和发展速度来考虑。容量较大和发展较快的电网，机组可以选用大一些。但是，目前一些工业发达国家的电网容量已大大超过1000万kW。日本，德国、英、法等电网的容量也已达到0.5亿～1亿kW以上，但目前最大机组容量都只有电网容量的1%左右。虽然如此，一台60万～100万kW机组事故停机时，对电网和用户的影响还是很大的，必须要在规划设计中充分考虑。

上述各种因素的综合影响，促使火电机组容量在世界范围内基本上稳定在50万～100万kW。随着核电比重的迅速增长，火电将逐渐退居到中间或尖峰负荷的地位，这可能成为稳定机组容量的一个新因素。

二、蒸汽参数的发展

大机组的发展和蒸汽采用高参数是相辅相成的。在火电的发展过程中，逐步提高蒸汽参数，一直作为提高火电厂经济性的重要措施。在近六十年中，各工业发达国家的火电机组的蒸汽参数经历了相当大的变化。在美国，从20世纪50年代后期投入第一批超临界压力机组起，在60年代曾经大量采用2354×10^4Pa左右的超临界压力机组，但以后逐渐减小。在每年投入运行的机组中超临界压力机组的比重，从1971年的63%，下降到20世纪70年代末的10%左右；蒸汽温度也从565℃下降到538℃。

20世纪80年代，英、法两国的大型火电机组都采用亚临界压力，英国20万kW以上机组普遍采用1599×10^4Pa，法国25万kW及以上机组都采用1628×10^4Pa。德国是发展超超临界技术最早的国家之一，早期追求高参数，后来蒸汽参数降低并长期稳定在25MPa/545℃的水平上，但其后蒸汽参数逐步提高。2003年投产的Niederaussen电厂参数为965MW/26MPa/580℃，设计热效率为44.5%。日本因能源短缺，燃料主要依赖进口，因此采用超超临界发电机组（占总装机容量的60%以上）。1989年和1990年，日本的川越（Kawagoe）电厂先后投运两台参数为700MW/31MPa/566℃。这是日本发展超超临界发电技术的标志性机组。近年来，一批百万千瓦级超超临界发电机组相继投入运行，除达到很高可靠性外，其循环效率可达到45%左右。丹麦亦十分重视高参数超临界机组的发展，在提高机组蒸汽参数的同时利用低温海水冷却大幅提高机组效率。1998年投运的Ordjylland电厂，其机组参数为400MW/28.5MPa/580℃，机组效率高达47%。2001年投运的AW2电厂一台超超临界机组，其机组效率高达49%，这是目前世界上超超临界机组中运行效率最高的机组。

三、电厂容量的发展

火电厂容量的增大是与机组容量的增大分不开的，但一般来说，火电厂的容量增大在很长一段时间内落后于机组容量的增大。美国在1930年就有一台20万kW机组（双轴）投入运行，但并未得到广泛应用。当时美国火电厂的平均容量只有2万kW。到20世纪30年代末，美国火电厂的规模在30万kW左右的只有9座。20世纪50年代以前，各国火电厂的规模都较小，超过50万kW的火电厂不多，并且采用的机组容量均较小，每座较大容量火电厂中安装的机组台数较多。主要原因是电网容量小，大容量机组即使已制造出来，也不能广泛采用。20世纪60年代初、中期，各国电网容量增大，已有许多超过100万kW的火电厂，但一般都有一个特点，即较大容量机组和中等容量机组安装在一个电厂内。不仅美国有这种情况，联邦德国、法国等也有这种情况。其原因是较大容量机组技术上已成熟，某些原装有中等容量机组的电厂厂址条件较好，还可以发展，从而装进了较大容量的机组。近年来，各国电网容量不断扩大，所建设的大容量火电厂大多采用30万、50万kW以及100万kW等级的机组。每座电厂中安装机组的台数不多，一般2、4、6台。例如，英国建设了10座容量为200万kW的火电厂，均各采用4台50万kW机组。美国的肯勃兰和加纹火电厂各安装2台130万kW机组；芒罗电厂安装4台80万kW机组。日本的轴浦电厂安装1台60万kW和3台100万kW机组。

第二节 水电技术的发展

一、水资源开发和大坝建设

全球水资源总量约为55万亿m^3，由于水资源时空分布的不均衡性，全球可利用的水资源总量仅为9万亿m^3。按照国际大坝委员会对大坝的定义（坝高大于15m或者坝高在5 ~ 15m，水库库容大于300万m^3），到目前为止，全世界已经建造了5万多座水库大坝。这些水库大坝控制着大约3.5万亿m^3水资源，约占全球可利用水资源量的38%。对于水资源的综合利用和管理发电，在全球库容超过250亿m^3的水库中，有44座水库的总库容在1.3万亿m^3（大约占世界库容总量的37%），它们提供了超过500TW·h/年，大约占世界总水电总发电量的20%。2007年，在全球在建的坝高超过60m的370座大坝中，有217座大坝的主要或唯一功能是发电。表2-2为世界前十大已建、在建高坝。

表2-2 世界前十大已建、在建高坝

序号	坝名	坝高（m）	国家
1	镜屏一级	305	中国
2	Nurek	300	塔吉克斯坦
3	小湾（云南）	292	中国
4	Grandedixence	285	瑞士
5	溪洛渡	278	中国
6	Inguri	272	格鲁吉亚
7	Vajont	262	意大利
8	Manuelm.Torres	261	墨西哥
9	Tehri	261	印度
10	AlvaroObregon	260	墨西哥

二、水电站的建设

水电作为技术最成熟、供应最稳定的可再生清洁能源，在全球能源供应中占有重要地位。2007年全球水电装机达到848400MW，发电量3045000GW·h/年，约占全球电力供应量的20%，水电开发程度按发电量与经济可开发量的比值综合计算达到了35%，其中非洲为11%，亚洲为25%，大洋洲为45%，欧洲为71%，北美为65%，南美为40%。表2–3和表2–4分别为2008年世界各大洲水电发展概况和世界前十大已建水电站情况。

表2–3　2008年世界各大洲水电发展概况

州名	水电理论蕴藏量（GW·h/年）	技术可开发量（GW·h/年）	经济可开发量（MW）	水电装机（GW·h/年）	水电发电量（MW）	在建水电装机（MW）
非洲	2590234	1303246	848434	21486	94124	7489
亚洲	19701583	7654565	4487377	329737	1107622	130479
大洋洲	633384	195987	88644	13470	40259	160
欧洲	2900767	1120541	752348	178814	530999	2408
北美	7574535	1763478	1014910	167042	664244	5940
南美	5696000	2615299	1536197	137908	607577	11327
世界	39096600	14653115	8727911	848456	3044825	157803

表2–4　世界前十大已建水电站情况

序号	坝名	完工年	装机容量（MW）	年平均发电量（GW·h）	国家
1	三峡	2009	22500	84000	中国
2	伊泰普	1991	12600	90000	巴西/巴拉圭
3	溪洛渡	2010	12600	57120	中国
4	古里	1986	10000	52000	委内瑞拉
5	图库鲁伊	1984	8370	—	巴西
6	萨扬舒申斯克	1990	6400	22800	俄罗斯
7	向家坝	2011	6000	30747	中国
8	克拉斯诺雅尔斯克	1967	6000	19600	俄罗斯
9	龙滩（广西）	2001	5400	18710	中国
10	布拉茨克	1964	4500	22500	俄罗斯

三、发展水电的主要经验

第二次世界大战后近四十年，世界各国水电建设的发展相当快，其主要经验有下列几点。

（1）国土面积较大、水能资源较丰富的国家，如苏联、美国、加拿大、巴西和我国，都存在水能资源分布不均的情况，而且都远离经济中心。因此，离用电中心较近地区的水能资源，都尽先开发利用；离用电中心较远地区的水电，利用它发电成本较低的优势，就地发展耗电大的工业，由此带动这些地区的经济发展；边远地区水电很丰富，就地用不了，采用远距离输电，把强大电力输送到缺乏发电能源的经济发达地区。目前许多国家已有长达1000km左右的输电线路，更长的有1100 ~ 1300km（加拿大），1400 ~ 1500km（美国、莫桑比克），1700km（扎伊尔）、1780km（中国）、2500km（巴西）。

（2）为了充分、合理地利用水能资源，一些国家对其中的许多大河流进行了流域规划和梯形开发。在梯形开发中，一般在上游居民和耕地较少的峡谷山区建设高坝大水库，在下游居民和耕地较多地区建设低坝径流电站，既可减小淹没损失，又可使上游水库调节径流后放下的水，通过下游各梯形水电站都能受益。

（3）为了加快水电站建设的速度，一些国家对水能资源丰富的河段进行集中开发，安排几座水电站连续开工，进度不同地建成发电。例如，苏联早期对伏尔加河的开发，后来对叶尼塞河的开发；美国早期对田纳西河的开发，后来对哥伦比亚河的开发。对一个河段集中开发，有利于建立施工基地，使各座水电站的勘测设计、施工准备、导流工程、基础开挖、坝体填筑、机组安装等各个工序相互衔接，各专业施工队伍逐步转移，流水作业，效率较高。

（4）由于早一天发电，就早一天取得投资的效益，所以国外对大型水电站的施工，很重视施工进度的安排，采用系统工程研究最优的施工程序。一些大工程分成许多专业小包合同，按照严格的进度表及时完成。1984年投入运行的巴西和巴拉圭合建的世界最大的伊泰普水电站，施工实行现代化管理和奖励制度，在施工过程中不断提前工期。这种办法现在正在逐步推广中。但实行这种施工承包的办法，必须有较好的定额工作基础。

第三节　核电技术的发展

一、核电发展综述

出生于新西兰、长期在英国工作的原子核物理学家卢瑟福，是原子世界的开拓者。1911年，他根据粒子的散射实验，首先发现原子核的存在，并以人为的方法，促使原子核内部发生变化。1919年，他用粒子轰击氮原子而获得氧的同位素，同时释放出一个质子，实现了元素的人工嬗变，在世界上第一次分裂了原子。1932年，卢瑟福在英国皇家学会的报告中宣布采用特制“原子捣碎机”将原子分裂的惊人成果时，轰动了整个世界舆论，科学家们预感到一个新的时代——原子时代的即将到来。

1938年，哈恩和斯特拉斯曼在利用慢中子轰击铀原子核的核反应实验中，发现其裂变成两个较小质量的原子核。随后又发现在铀分裂过程中，同时释放出两三个新中子以及巨大能量。这种新能源——原子核能的发现，预示着世界发电能源的结构将引起重大的改变。但是它首先被利用为制造战争核武器，从此揭开了核能应用的序幕。后来核电技术也是在军用的基础上发展起来的。

原子核能应用的主要方面是在可控制的链式反应中，长期持续地获得能量。这在技术上要比释放能量于一瞬间的原子弹更要困难得多。美国于1942年建成的世界第一座核反应堆，虽然实现了受控裂变链式反应，但并不能从反应堆中取得有用的能量，需要解决许多工程技术问题后，才能成为实际应用的动力。第二次世界大战结束后，美国研制成核潜艇用的动力反应堆，1945年建成第一艘核潜艇，在核潜艇反应堆的基础上，才发展出核电站动力反应堆。苏联的核电站动力反应堆也是在军用堆的基础上发展起来的。

核电技术和核电工业的发展方兴未艾，它将是一种电能供应的主要来源。这是因为核能发电具有下列一些特点。

（1）燃料能量高度集中。1kg铀235全部裂变释放出的热能，相当于2500 ~ 2700t标准煤或2000t石油的热量。一座100万kW火电厂，每年约需200万t标准煤，运输这些煤，平均每天要有一艘万吨轮船，或3列40节车皮的列车。而100万kW核电站，每年只需补充约30t核燃料，运输量很少。

（2）污染环境较轻。燃烧煤炭或石油有机燃料的火电厂，要向大气排放大量烟灰（二氧化碳、一氧化碳、二氧化硫、氧化氮等有害气体和固体颗粒），严重污染环境，为工业造成大气污染总量的12.5% ~ 14.5%。一座60万kW火电厂，每天燃煤5000t，要向大气排放200多吨二氧化碳等烟气和煤灰。而核电站的放射性废气与废液的排放量很少，并可以做到不含放射性。核聚变更不产生放射性废物。

（3）燃料储藏量极为丰富。随着人口大量增长和经济的迅速发展，能源需求量越来越大。1978年世界能源需求量为260Q（1Q相当于3600万t标准煤），到2015年，估计达到960Q。世界上有机燃料（煤、石油、天然气）贮量有限，而自然界核燃料贮量丰富，目前已探明的天然铀可利用的能量，相当于55500亿 ~ 76800亿t煤的能量。轻核聚变的基本燃料氘和氚，可以从海水中提取。每立方米海水中约有氘30g，能得到约300万kW·h的能量。地球上约有氚10^{13}t，因此，核聚变燃料可以说是取之不尽的。

利用核动力反应堆释放出来的热能发电，是现代核裂变应用中最为重要的方面，也是当前和今后解决许多国家能源问题的主要途径之一。

核动力反应堆是核电站的关键设备，核电技术的发展，主要是动力反应堆技术的发展。核燃料、慢化剂和冷却剂是反应堆的主要组成部分，这三部分组合不同，就会产生不同的堆形。20世纪50年代后期和60年代初期，各国普遍地研究多种堆形，其中美国研究和试验了二十多种堆形，有十多种堆形建造了实验室。20世纪60年代后，淘汰了许多堆形（如液态金属堆、融盐堆等），把研究发展的堆形逐渐简化到几种。近年来，发展到成熟阶段的慢（热）中子堆形只有轻水堆（又分压水堆和沸水堆两种）、重水堆和石墨堆（又分石墨气冷堆和石墨水冷堆两种）三种，正在研究和发展的先进堆形有高温气冷堆和快中子增值堆（简称快堆）。

下面对各核动力反应堆的技术发展作简要介绍。

（1）轻水堆技术的发展。轻水堆是以低浓度二氧化铀（含2%～4.4%铀235）作为燃料，其中压水堆以高压水作为慢化剂和冷却剂，而沸水堆以中压沸腾水作为慢化剂和冷却剂。压水堆技术已发展了五代，其燃料元件组件已发展了六代。在美国杨基核电站（1961年投入运行，电功率为17.5万kW）设计中，部分组件带有十字形控制棒，限制了功率密度，单堆功率提高后，布置困难。采用化学补偿控制和以直径相同的控制棒组成棒栅代替十字形控制棒等技术后，不仅可以提高单堆功率，而且提高了热效率。到20世纪70年代中期，压水堆技术进入第三代后，核电发电成本已大幅低于常规火电，这标志着慢中子反应堆的经济技术已经成熟，压水堆技术的发展就重点转入安全技术方面。压水堆技术经过五十多年的发展，单堆功率由最初的17.5万kW，发展到130万kW，热效率由28%提高到33%，比功率由19kW/kg铀提高到35kW/kg铀，功率密度由52kW/L提高到100kW/L，平均燃耗由780万kW·天/t提高到3300万kW·天/t。面对世界核扩散的严峻形势，从21世纪初开始，美国牵头和主要核电国家酝酿开发满足21世纪核能需要的第四代核电技术。为此成立的第四代核能系统论坛（GIF）推荐了包括超临界压水堆在内的6种堆型。其主要特征除了比目前的技术有更高的安全性、更好的经济性、更少的放射性废物产生量外，特别强调不易通过商用核燃料循环获得军用核材料。专家预期，第四代核电将在2035年前后投入商用。我国也加入了这个研发行列，已在973项目中安排了超临界压水堆关键科学问题的基础研究项目，共有上海交通大学等四所高校和中国核动力研究设计院等四所研究院参与该项基础研究。

压水堆体积小、质量轻、结构简单、建造周期短、容易控制、便于操作和维修，而且其技术最接近常规火电技术。因此，这种堆形较早形成了工业体系，很快成为核电站反应堆的主要堆形。

沸水堆是20世纪50年代中期由美国爱达荷国家实验室和通用电气公司开发成功的。目前的主要供应商是通用日立核能公司（专业进行沸水堆的设计与建造）。

沸水堆和压水堆同属轻水堆。不同之处在于，沸水堆在堆芯中产生的蒸汽直接进入汽轮机发电，而无须经过蒸汽发生器，也没有一回路与二回路之分，系统特别简单。其次，通过冷却剂的热量在压水堆中仅使水温升高（显热），而在沸水堆中主要使水汽化（潜热）。因此，对于同样的热功率，通过沸水堆堆芯的冷却剂流量小于压水堆。然而，沸水堆的蒸汽带有放射性，需将蒸汽—给水系统的设备加以屏蔽和把汽轮机大厅划入放射性控制区。这增加了检查和维修的困难，并需采取措施减少放射性气体的逸出和防止凝汽器渗漏。

沸水堆使用脱盐水作为冷却剂和中子慢化剂，在堆芯中，水是沸腾状态。冷却水维持在75atm（7.6MPa，1000 ~ 1100psi），堆芯水温大约为285℃。

一个现代化的沸水堆燃料组件通常由74 ~ 100根燃料棒组成，一座沸水堆堆芯装入的燃料组件最高达800个，包含大约140t铀。沸水堆共有6种类型：第一代沸水堆：BWR—1，采用马克Ⅰ型安全壳结构；第二代沸水堆：采用马克Ⅰ型安全壳结构的BWR水循环泵—2、BWR—3和部分BWR—4以及BWR—5；第三代沸水堆：采用马克Ⅱ型安全壳结构的BWR—6。

沸水堆在发展初期遇到控制的稳定问题，发展速度比压水堆缓慢，目前，世界上正在运行的沸水反应堆有92座，总装机容量83.853GW。世界上已关闭的沸水反应堆有23座，总装机容量6.656GW。与压水堆比较，各有优缺点，但压水堆早已形成工业体系，因此，沸水堆的应用不如压水堆广泛。

（2）重水堆技术的发展。重水堆一般采用天然铀（含0.7%铀235）作为燃料，以重水作为慢化剂和冷却剂，它也是发展较早的核电站动力反应堆之一。重水具有中子吸收截面小、慢化性能好的特点。用重水作慢化剂，使反应堆内中子的损失很少，中子利用率高，可直接以天然铀作为燃料。采用重水堆不需要建设扩散厂，这对于未掌握燃料浓缩技术和天然铀资源丰富的国家是可取的。但重水初装容量很大，如一座100万kW重水核电站的重水约800t，加上运行中泄漏补充，需建设投资较大的重水工厂，而且重水堆的燃料的燃耗较浅，约为压水堆的1/3。为了减少泄漏损失和放射性污染，反应堆和重水回路密封性要好，制造复杂。因此，重水堆的应用不如轻水堆普遍。近来由于重水生产技术的改进和运行经验的积累，尤其是一些国家对铀资源的有效利用十分重视，对燃料成本较低，可用率较高的重水堆颇感兴趣，一些发展中国家，由于不愿在浓缩铀方面依赖别国，选择了发展天然铀重水堆的道路。

（3）石墨堆技术的发展。石墨气冷堆和石墨水冷堆是用低浓铀作燃料，石墨作慢化剂，分别以二氧化碳和水作冷却剂。苏联核电站采用石墨水冷堆是在军用生产堆的基础上发展起来的，至今没有别的国家采用。英国在1956年建成电功率为50MW的气冷堆核电站。气冷堆的特点是石墨中子吸收截面小，慢化性能好，能利用天然铀作为燃料。另外，与水冷比较，气冷却剂能在不高的压力下得到较高的出口温度，可提高电站的二回路蒸汽参数，反应堆热工性能进一步提高，还可以在带功率运行时连续换料，提高电站利用率。气冷堆的燃料元件较特殊，采用球形元件和柱形元件，堆芯结构基本分为球床堆和棱柱堆。

（4）钠冷快中子堆。钠冷快中子堆是目前使用较多的一种快中子堆，这种反应堆里核燃料裂变由100keV以上的快中子引起，所以不用慢化剂，从而使得堆芯内有害吸收减少，有更多的中子用于转换新的核燃料，转换比增大。快中子堆堆内燃料的易裂变核素富集度越大越好，因此尽量减少结构材料和冷却剂，其堆芯比压水堆小得多。为了把如此小体积中产生的大量热量传输出去，冷却剂必须有很好的传热性能，因此这种反应堆冷却剂主要是采用液态金属钠。虽然钠冷快中子增值堆有很多优点，但尚有一系列技术上的问题没有解决，主要是在高能中子区，核燃料的裂变截面很小，因此为使链式反应能进行，快中子堆内必须有较高的核燃料富集程度，而且初装量很大。因此，到目前为止快中子反应堆还未能获得很大的发展。

综上所述，任何堆形的推广应用，都要考虑安全性、可靠性和经济性，压水堆、沸水堆在技术经济上已获得成功，是当今应用于大型核电站的主要堆形，其中压水堆更占优势。

从核电站动力反应堆技术发展趋势看，未来将着重推广应用高温气冷堆和快堆，但预计在相当长的时期内，仍将建设上述两种慢中子反应堆核电站。

二、核电的经济性、安全性、可靠性

1. 核电的经济性

核电站经过近五十年的研究、改进和发展，在设计、制造和运行、维修方面取得了不少经验，电站的单机容量越来越大，发电效率越来越高，系统设备逐渐配套成型，反应堆功率密度不断提高，核燃料的燃耗深度进一步提高，冷却剂比流量日益减小，不断降低了核电发电成本。

核电站的造价是发电成本的主要因素，而造价除与工程内容有关外，与建设工期密切相关。当今欧洲核电站的建设工期（包括前期工作）平均为7 ~ 9年，而在20世纪七八十年代只要5年左右。在美国，现在建设工期平均约11年，有时长达15年以上。

在可比条件下（设备进口、工程承包等），对中国“九五”期间投建的四座核电站与引进的燃煤电站的建成价和平均建成价进行了比较。表2–5表明，核电站平均建成价比投资为1742美元/kW，燃煤电站平均建成价比投资为899美元/kW，核电与煤电建成价比投资之比为1.94。中国的核/煤建成价投资比处在国际上核/煤建成价投资比的高值区域，这主要是因为中国核电产业尚处于起步阶段，国产化程度低，没有形成规模效益。

表2–5 “九五”期间投建的核电站与同期燃煤电站基建投资比较

项目名称	装机容量（MW）	建成价	建成比投资（美元/kW）
核电站			
秦山二期	2×642	150亿人民币	1407
岭澳核电站	2×984	40.2亿美元	2043
秦山三期	2×728	28.8亿美元	1978
田湾核电站	2×1060	32.62亿美元	1539
核电站平均建成价比投资1742			
燃煤电站			
合肥二电厂	2×350	46.39亿人民币	798
九江三期	2×350	6.02亿美元	960
广东沙角C	2×660	—	940
广东来宾B厂	2×350	6亿美元	857
湄洲湾一期	2×350	6.25亿美元	893
山东日照电厂	2×350	6.6亿美元	943
燃煤电站平均建成价比投资899			
核/煤投资比1.94			

尽管核电站的造价比火电厂高，上涨速度也较快，但由于核燃料价格比较稳定，而有机燃料价格不断上涨，因此核电站的发电成本一般比燃煤电厂低，比燃油电厂更低。表2–6为国际能源署2000年对新建的核电站和燃煤、燃油火电厂的发电

成本比较。核电站建设投资高度密集，极易受建设工期长短、利率高低的影响。例如在表2-6中，建设工期为6年，核电发电成本为5.49美分/kW·h。建设工期为10年，在其他条件相同的情况下，发电成本为6.8美分/kW·h，提高了24%。若利率由15%降至10%，建设工期为6年，则单位造价由1521美元/kW降至1331美元/kW，发电成本由5.49美分/kW·h降至3.90美分/kW·h。

表2-6 新建核电站和燃煤、燃油火电厂发电成本比较

项目	压水堆核电站（万kW）		燃煤火电厂（万kW，装除硫装置）			燃油火电厂（万kW）	
	工期6年	工期10年	美国	欧洲	日本	低硫	高硫
投资费用（美分/kW·h）	4.07	5.38	2.7	2.7	2.8	1.65	1.98
运行费用（美分/kW·h）	0.42	0.42	0.51	0.51	0.51	0.25	0.42
燃料费用（美分/kW·h）	1	1	1.6	2.6	2.6	5.46	4.78
发电成本（美分/kW·h）	5.49	6.8	4.81	5.81	5.91	7.36	7.16
建设工期（年）	6	10	4	4	4	3	3
利率（%）	15	15	15	15	15	15	15
造价（美分/kW）	1521	2011	1005	1005	1045	617	740

为了进一步降低核电站的造价和发电成本，世界各国采取了以下一些措施。

建设更大的反应堆和制造更大的单机容量。据估计，150万kW石墨沸水堆机组，要比100万kW同类型机组的每千瓦投资少25%，发电成本低12%；建设投资在核电成本中所占比重很大，必须从设计标准化，精简设计项目，减少现场施工工作量以及改进施工方法等方面尽量降低造价；核电站建设工期长短，对发电成本影响很大，要千方百计缩短工期。苏联扎波罗日核电站采用标准化设计和流水作业法，第一台BBRP—1000型（电功率为100万kW）压水堆核电机组，从1980年4月1日开始浇灌反应堆机组厂房，到正式投入运行，不到四年时间，打破了法国建一台核电机组花五年半时间的纪录，创世界核电建设最快的新纪录；加深燃耗，延长换料周期，以减小燃料成本。

2. 核电的安全性

20世纪60年代末，核电就已进入工业应用和迅速推广阶段。其重要原因之一，是核电站的反应堆本身安全和环境安全已达到相当可靠程度。

自从第一台核电机组投入运行的近五十年以来，由于核电站的设计和建设标准比常规电站要高得多，管理措施也严密得多，核电站严格控制放射性物质的排放，在正常情况下，附近居民每人每年接受核电站释放出稀有气体和微量放射性物质的辐射剂量只有（1 ~ 2）$\times 10^{-8}$Sv（希），而每人每年从天然本体（来自宇宙空间、大地和各种食物的自然射线的辐射）中所接受的辐射剂量约为1×10^{-3}Sv，一座100万kW燃煤火电厂通过烟囱排放出放射性元素，使附近居民每人每年受到辐射剂量将近5×10^{-5}Sv，比核电站还大3倍。一个人戴夜光表一年接受的辐射剂量为1×10^{-5}SV，看彩色电视每年约接受1×10^{-5}SV，做一次胸透X光透视至少接受2×10^{-4}Sv。国际放射防护委员会提出的允许辐射剂量为每人每年5×10^{-3}Sv（自然界固有的辐射和医疗照射除外）。由此可见，正常运行的核电站，对人无危害。越是低等生物，对辐射越不敏感，因而对核电站周围生物，自然也就毫无影响。

据苏联资料，火电厂附近居民的致癌率，比核电站附近居民的致癌率高30倍。据美国资料，核工业辐射致癌危险不到社会上其他因素致癌危险的十万分之一。

核电站反应堆的结构和特性，与原子弹完全不同，原子弹使用的是近100%的高浓度铀235，核电站使用2% ~ 4%的低浓度铀235，而且反应堆设有完备的安全控制手段，使能量释放缓慢进行，并有自稳定特性，即使核能意外地释放太快，堆芯温度上升太高时，链式反应会自行减弱，乃至停止，不会发生爆炸。

而在2011年3月11日下午，日本东北部海域发生里氏9级强烈地震，福岛第一核电站1号、2号、3号机组紧急停堆，电站的外电网由于地震全部瘫痪，各机组自身的应急柴油发电机紧急启动，但遭遇随之即到的巨大海啸袭击而失去所有电源供应，反应堆堆芯丧失强迫冷却手段，堆芯核燃料衰变产生的余热无法导出，导致部分堆芯熔化。随后部分厂房氢气聚集引发爆炸、起火，大量放射性物质外泄。在此次福岛核电站事故之前，世界上曾发生过两次重大的核电站事故：1979年3月美国三哩岛核电站事故和1986年4月苏联切尔诺贝利核电站事故。

这三次核电事故暴露了核电站设计方案、管理理念及安全文化等方面存在的一些缺陷，随着核电站的设计、运行和安全管理的进一步改善，核电事故产生的机会只能是越来越少。

3. 核电的可靠性

世界技术先进、工业发达国家的发电设备运行可靠性的主要指标是运行可用率，强迫停运率和设备利用率。根据美国全国电力可靠性协会统计分析资料，全部核电机组（70%以上为60万～118万kW机组）与以燃煤为主的火电大机组（40万kW及以上机组）相比较，可靠性不相上下，运行可用率均为70%左右。

第三章　输电技术的发展

第一节　交流输电技术

一、输电电压的发展

输电技术发展的特点是努力减少线路损失，要减少线损有两种方法：一种是增加导线截面，另一种是提高输电电压。经济合理地减少线损的方法是提高电压。输电技术的全部发展史就是持续不断地提高电压等级，从而输送功率就不断加大，输送距离也就不断加长。

提高输电电压，与线路、变压器、断路器的绝缘密切相关。在输电技术发展初期，变压器、断路器的制造技术的发展超过了线路技术的发展，线路绝缘问题成为输电发展的极限。1898年第一条120km长的33kV交流输电线在美国加利福尼亚州投入运行。由于当时线路采用针式绝缘子，应用范围限于导线截面不超过50mm^2，电压不超过60kV。在20世纪初，输电电压就达到了极限（80kV）。直到1906年，美国休伊特（E.Hewlett）和巴克（H.Buck）共同研制出悬式绝缘子，输电技术才有了新的突破，使输电电压可以提高到110～120kV。美国于1908年建成第一条110kV输电线路。电压提高后，又出现导线截面不够大时产生电晕现象。由于电晕损耗与线电压和电晕临界电压差的平方成正比，所以电压提高，电晕损失迅速增加，使输电技术发展遇到新的困难。1910～1914年，美国皮克、怀特海和苏联沙特林、米特开维奇、高列夫等研究发现：电晕临界电压与导线直径成比例增加。这就促使人们采用铝线和钢芯铝线作为输电导线。铝的电阻率比铜大，要使铜铝导线有相同的电导，也即其线损保持不变，铝导线的截面约为铜导线的两倍，铝导线比铜导线的直径约大40%。因此在保持线损不变前提下，采用铝导线就能提高电晕临界电压，输电电压也就可以提高到150kV。

美国于1912年首先建成150kV高压输电线路，输电距离可达150～250km。当输送功率增大时，感应压降迅速增加，使受端难以保持正常电压，如果在受端安装同步调相机就可以克服这一难题。当输电电压提高到200 ~ 220kV时，又出现了一串绝缘子中电压分布不均的现象。在电压为220kV时，靠近导线的一个绝缘子上的电压要比临界电压高得多，就会产生电晕。虽然绝缘子的电晕损耗不大，但其化学作用，使绝缘子金属部分、金具以及靠近绝缘子一段的导线发生氧化而损害其强度。绝缘子上的电晕现象还引起对无线电的干扰。经过多年实验研究，终于获得解决问题的技术措施：用两个金属环加在一串绝缘子的上端和下端，使绝缘子串电压分布均匀，从而使220kV或更高电压的输电线路能够获得合乎要求的绝缘。当电压等级提高到330kV及以上时，这种超高压输电线路就需要采用分裂导线来控制它的电位梯度，以避免产生强烈的无线电干扰和减少大量的电晕损耗。

随着大容量水电站、火电站和核电站的建设，从20世纪50年代开始，330kV及以上的超高压输电线路得到很快的发展。1969年，美国第一条765kV超高压输电线路投入运行，直到1985年以前它还是世界上输电线路的最高运行电压。1985年5月，苏联北哈萨克斯埃基巴斯图兹火电厂至科克切塔夫的1150kV特高压输电线路投入运行，开创了输电最高电压新纪录。苏联从1985年8月至1991年共建成2350km的1150kV输电线路和4座1150kV变电站。其中有907km线路和3座1150kV变电站从1985 ~ 1990年按系统额定电压1150kV运行了5年。1991年由于苏联解体和经济衰退，电力需求明显不足，降至500kV运行。日本1000kV电力系统集中在东京电力公司，1988年开始建设1000kV输变电工程，1999年建成两条总长度430km的1000kV输电线路和1座1000kV变电站，第一条是从北部日本海沿岸原子能发电厂到南部东京地区的1000kV输电线路，称为南北线（长度190km）；第二条是连接太平洋沿岸各发电厂的1000kV输电线路，称为东西线（长度240km）。所有的1000kV线路和变电站从建成后都一直降压为500kV电压等级运行。该工程原本考虑配合太平洋沿岸和东北地区原子能发电厂的建设拟升压至额定电压1000kV运行，但是由于负荷增长停滞不前，预计在2020年左右才能升压至1000kV运行。

二、超高压输电的发展

为了满足远距离大容量输电和联网的需要，并充分利用线路走廊，限制短路电流，要求不断提高输电电压。瑞典于1952年建成世界上第一条380kV超高压输电线路，长980km，采用德国设计的分裂导线新技术。苏联古比雪夫水电站至莫斯科850km、400kV双回线路于1956年投入运行后，到1959年升压，成为世界上第一条500kV超高压线路。加拿大配合大型水电站的开发，于1965年建成世界上第一条长

587km的735kV超高压输电线路。苏联和美国分别于1967年投入750kV和1969年投入765KV超高压输电线路。1985年建成的巴西伊泰普直流工程，两回±600kV，长806km，输送容量达到2×3450MW。20世纪90年代，世界第一个复杂的三端HVDC工程（魁北克—新英格兰工程）完成，并建成了250km的海缆HVDC工程（瑞典—德国的BALTIC工程）。

促进超高压输电技术发展的因素有以下几个方面（见表3-1）。

表3-1 促进超高压输电技术发展的因素

因素	内容
远距离输电的需要	由于远离负荷中心的大型电厂的建设，主要是大型水电站的开发，需要发展超高压输电线路。采用高一级电压，可以增加线路的经济输送容量和距离
大容量输电的需要	大型火电厂和核电站一般距离负荷中心不远，但输送容量很大，需要采用超高压输电。例如，美国电力公司为配合火电厂5台80万kW机组和核电站两台110万kW机组的建设，在现有345kV电压级之上再采用765kV级输电电压。日本500kV输电线路的特点是距离短、容量大。输送距离一般仅几十到百余千米，而送电容量达300～1000kW
联网的需要	电网的扩大和联合是电力工业取得显著经济效益的重要技术发展政策，因此也促使一些国家采用更高一级的电压。例如，西欧各国采用统一的400kV联网电压，使幅员小、电网容量不大的比利时、荷兰、瑞士等国家也发展了400kV级输电线路
解决线路走廊问题	输电线路建设中的走廊问题比较突出。提高输电电压可使单位走廊宽度输送容量显著增加。例如，美国电力公司所属电网的一条765kV线路的输送能力，相当于5条345kV线路，而所需走廊宽度分别为60m和225m。表3-2为法国采用猫头型铁塔时，不同电压等级线路每米走廊宽度的输送能力比较。每提高一级电压，走廊利用率可以提高2～3倍
解决短路电流问题	随着电网的扩大，短路电流不断增大。短路电流的上限，需根据电网结构和电力设备制造水平（特别是断路器的断流容量）来确定。如果超过这一上限，就要采用更高一级电压来担负主要输电任务，原有电压等级的短路电流就不会再增加
节省线路投资、降低输电成本和钢材消耗	线路投资、输电成本、钢材消耗与电压成正比例增加，而输送功率与电压平方成正比例增加，所以在输送电力成倍增长时，提高输电电压等级，可以获得较好的经济效益

法国不同电压等级线路每米走廊宽度输送容量见表3-2。

表3-2　法国不同电压等级线路每米走廊宽度输送容量

电压等级（kV）	线路回数	导线根数和截面（根数 × mm^2）	输送容量（万kW）	平均塔高（m）	每米走廊宽度输送容量（万kW/m）
220	单回	1 × 570	16	26	0.32
	双回	1 × 570	32	30	0.46
400	单回	2 × 570 2 × 851	57 85	32	0.9 1.35
	双回	2 × 570 2 × 851	114 170	43	1.27 1.9
750	单回	4 × 570 4 × 851	214 320	43	2.38 3.56
1300	单回	8 × 570 8 × 851	740 1110	56	6.15 9.2

三、我国高压和超高压输电的发展

我国第一座发电厂1882年创建于上海乍浦路，当时仅供附近上海俱乐部的电弧灯和黄埔滩的路灯用电，没有高压线路。到1896年上海斐伦路电厂投入运行，供电范围逐渐扩大。1897年已建成5条供路灯用的输电线路，1900年全长已达18km，用铅包橡胶绝缘电缆架空敷设（以钢丝绳作吊缆），输电电压最高2500V（每条线路实际电压视串接电弧灯盏数而定），全市有12个配电站。这是我国最早形成的输配电网。

1908年，云南省石龙坝水电站至昆明万钟街变电所，架设了我国最早一条22kV中压输电线路。1953年我国自行设计、施工的第一条从丰满水电站到虎石台变电所的220kV高压输电线路建成。为配合刘家峡水电站建设，1972年建成我国第一条330kV超高压输电线路。1981年从河南平顶山姚孟电厂到湖北武昌凤凰山变电所的我国第一条500kV超高压输电线路投入运行，成为当时世界上第八个拥有这种超高压线路的国家。全部采用国产设备的东北董家到辽阳的500kV输变电工程于1983年12月23日调试结束。到1985年，我国已有110kV、220kV、330kV和500kV输电线路分别为84504km、46056km、1278km和2539km。1989年我国第一条±500kV直流输电线路葛洲坝—上海（1080km）建成投入运行，实现华中电网与华东电网互联，形成中国第一个跨区域的联合电力系统。2005年9月，西北电网建成750kV青海官亭—甘肃兰州超高压输变电工程（140.7km），输变电设备全为国产。

四、特高压输电的发展

从20世纪60年代开始，苏联、美国、日本和意大利等国，先后对特高压输电进行了基础性研究、实用技术研究和设备研制，取得了突破性的研究成果，制造出成套的特高压输电设备。苏联建成额定电压1150kV（最高运行电压1200kV）的交流输电线路1900km多，并有900km按设计电压运行；日本已建成额定电压1000kV（最高运行电压1100kV）的同杆双回输电线路426千米。百万伏级交流线路单回的输送容量超过5000MW，且具有明显的经济效益和可靠性，作为中、远距离输电的基干线路，将在电网的建设和发展中发挥重要的作用。

我国对特高压输电技术的研究始于20世纪80年代。在2004年国家电网公司就明确提出了1000kV交流和±800kV直流特高压电网建设定为国家“坚强电网”的核心内容这一战略目标。2006年8月，中国首个特高压交流输变电工程——晋东南—河南南阳—湖北荆门1000kV特高压交流试验示范工程，经国家发改委核准后开工建设，2008年12月建成投入试运行，2009年1月正式投运。晋东南至荆门特高压交流试验示范工程是目前世界上运行电压最高、技术水平最先进、中国具有完全自主知识产权的交流输变电工程。该工程全长约640km，工程动态投资57.36亿元，其中设备投资约占一半，设备国产化率达到90%。向家坝—上海±800kV特高压直流输电工程起自宜宾复龙换流站，终点为上海奉贤换流站，线路全长1907km，是世界上直流输电电压等级最高，输送电量最大的国家级示范工程。

国家电网规划今后5年投资1.5万亿元多在我国建设“三纵三横”格局的特高压交流输电骨干网架和十几条直流输电线路，从而基本建成坚强智能电网。以特高压交流试验示范工程为起点，国家电网公司正“整体、快速”推进特高压电网建设。计划在2020年前后，基本形成覆盖华北、华中、华东地区的特高压电网，实现“西电东送，南北互供”。

第二节　直流输电技术

一、直流输电的崛起

自1882年完成了有史以来第一次直流远距离输电试验以后，由于当时采用直流发电机串联组成高压直流电源，受端电动机也是采用串联方式运行，可靠性差，而且高电压大容量直流发电机换向困难，难以制造。因此，20世纪初直流输电电压、输送功率和距离虽然曾分别达到125kV、1.93万kW和225km，但当时直流输电的技术经济优越性，远不如三相交流输电，所以没有得到进一步发展。

尽管如此，一些科学家和工程技术人员，根据直流输电的特点，并考虑到远距离交流输电要受到同步运行稳定性的限制，对直流输电技术进行了研究和革新，在20世纪30年代至50年代初相继建成多条工业性试验直流输电线路（见表3–3），为工业应用积累了丰富的建设和运行经验。这些试验线路不采用原来的直流发电机，而是将交流转换为直流，采用空气吹弧换流阀、闸流管、引燃管或汞弧阀作为换流设备，随后高电压大容量的可控汞弧整流器研制成功，直流线路可以从交流电网获得电源，为高压直流输电的发展创造了条件。

表3–3　直流输电实验性工程

试验工程所在地	建成年份	电压（kV）	容量（万kW）	线路长度（km）	线路类型	换流设备种类
法国 穆蒂尔—里昂	1906 ~ 1927	57.6 ~ 125	0.43 ~ 1.93	184.5 ~ 225	电缆，大地作回流电路	直流电极串联组成
德国 里尔吉—密斯堡	1932 ~ 1942	± 40	1.6	4.6（5）	电缆	空气吹弧换流阀（1942年后改用汞弧阀）
美国 梅卡尼克斯维尔—斯克内克塔迪	1936	27（30）	0.5（0.47 ~ 0.52）	27	架空线	闸流管（1940年后用引燃管代替），40/60HZ变频
瑞士 维汀根—苏黎世	1939	50	0.05	30	架空线	有栅控的铁壳汞弧闸，单极线路一大地回流电路
德国 夏洛滕堡—莫阿比特、柏林	1944	100	1.5	4.6	架空线	汞弧阀
德国 爱尔巴—柏林	1945	220	6	115（112）	电缆	汞弧阀
瑞典 脱罗利赫坦—密里路特	1945	+45	0.65	50	架空线	汞弧阀
苏联 卡西拉—莫斯科	1950	200	3	112	电缆	汞弧阀，现已改为晶闸管阀

第二次世界大战以后，电力需求增长加快。电网的不断扩大，交流输电的局限性表现得更为明显，因此直流输电技术重新引起了各工业发达国家的重视，在20世纪50年代中期进入了工业应用阶段。1954年，瑞典在本土与果特兰岛之间，建成了世界上第一条工业性直流输电线路（海底电缆）。20世纪60年代晶闸管整流元件（简称晶闸管阀）的出现，为换流设备制造开创了新途径，促进了高压直流输电的进一步发展。到20世纪70年代，高压直流输电进入了高速发展阶段。尤其是从加拿大于1972年建成世界上第一座晶闸管换流站（伊尔河换流站）以来，晶闸管技术迅速发展，晶闸管阀容量不断增大，造价日益降低，可靠性显著提高，直流输电技术更趋成熟。

二、直流输电的应用范围与发展趋势

世界直流输电工业应用的最初阶段，主要用于海底电缆输电和大容量远距离输电。20世纪70年代中期以后，为解决交流电网之间联网的难题，要求电网间采用直流装置非同期联网的方法逐渐增多，近年来已占新直流输电工程的半数以上。高压直流输电的应用范围，概括起来有下列几个方面。

（1）跨越海峡联系两个电网的海底电缆。高压交流电缆线路由于电容充电电流的影响，输电距离和输送功率受到一定限制。因此，对长距离大容量的交流电缆，必须加装并联电抗器，相应增加投资而直流电缆没有电容电流的影响。绝缘厚度相同的电缆，直流工作电压约为交流工作电压（有效值）的3倍。在当输送功率相同时，直流电缆线路建设投资要比交流电缆小得多。直流电缆的金属护套和绝缘材料中，基本没有电能损耗，使用寿命比交流电缆长得多。根据1980年国际大电网会议第14组（直流组）资料，交流与直流输电电缆的经济等价距离一般为10km，因此，跨越海峡的电缆线路较多地应用直流输电。

（2）远距离大容量输电。直流输电与三相交流输电相比较，由于节省导线，铁塔结构简单和线路走廊宽度较小，因此，当输电距离达到一定长度时，直流线路造价的降低，可以抵偿两端换流站的造价，此时的距离称交直流等价距离，超过这一距离，采用直流输电经济。

线路越长，输送容量越大，直流输电的经济性就越显著。根据1968年国际大电网会议第14组（直流组）资料显示：当架空线路输送100万kW时，其经济等价距离约775km。例如，加拿大纳尔逊河895km输电工程采用了直流输电，比交流输电节省投资10% ~ 20%。

（3）实现交流电网的非周期联网。两个交流电网之间采用直流输电线连接，既可交换功率，互为备用，又可实现两端非同期运行。实践证明，直流联网对保证两侧交流电网的运行稳定性，起到了良好的作用。例如，瑞典和丹麦之间的康梯—斯堪直流联络线，在1973 ~ 1978年，自动潮流反向装置动作了43次，避免了电网的重大事故。

（4）实现两个不同频率电网的联网。直流输电用于不同频率电网的连接，换流站背靠背运行，成为变频站。采用静止的可控变频设备，在技术上比旋转的变频电机优越。日本为了使50Hz电网与60Hz电网连接，建有佐久间和新信浓两个变频站，设备容量均为30万kW，其中新信浓变频站可发展成60万kW，佐久间变频站后来改为事故备用联络，可调传输功率为20万kW，1965 ~ 1976年共运行36次，保证了电网安全稳定运行。巴西的伊泰普直流输电工程是连接50Hz交流电源和60Hz受端电网的主干线，它既是远距离大容量的输电线，又是不同频率的联络线。

（5）交直流并列输电。交直流并列输电有利于功率调节和保持稳定运行。美国太平洋直流联络线与两回500kV交流线路并列输电，联络线电压为±400kV，输送功率为144万kW，长1362km。通过直流输电线路的快速功率调节，可对交流电网振荡起到阻尼作用，提高交流线路输送容量约20%，而调节功率仅需5000kW。

（6）大城市地下输电。对于大城市负荷集中，建筑群立，线路走廊规划困难，又需考虑环境保护等问题，可以采用高压直流输电。它基本上不提供短路容量，从而可以限制电网短路容量的增大。直流输电作为向大城市中心供电的有英国金斯纳思电厂，用±266kV直流电缆送电至伦敦负荷中心，输送容量为64万kW。

当前直流输电技术已发展到成熟阶段，今后发展的趋势是：除改进结构和制造工艺，以进一步提高可靠性、经济性外，还要更好地发挥直流输电的技术特性，提高控制电力瞬时变化的性能，加强同交流输电的配合，特别要发展多端直流输电技术，充分利用计算机技术，来实现交、直流电网之间的协调运行。因此，各国制造厂和研究单位的主要任务是：提高单个晶闸管元件的参数，减少串联元件数，尽量少用元件并联；改善晶闸管换流阀的结构和制造工艺；改进控制系统和电网运行状况；改进换流变压器的制造工艺，减少电能损耗；改善滤波器性能，提高滤波效率；研究多端直流输电控制方式和研制直流断路器；研制光导触发晶闸管阀；研究使用微处理器技术来发展直流输电的控制调节系统；研究向更高电压更大容量发展；等等。为了满足更大容量的远距离输电，一些工业发达国家正在开展特高压直流输电的试验研究和施工建设。

三、我国直流输电的发展

我国高压直流输电的研究起步较晚，1977年曾建成一条31kV直流输电工业性试验电缆线路。伴随着我国经济的快速发展，高压直流输电工程也得到了蓬勃的发展。1987年建成的浙江舟山直流输电工程是我国第一条直流输电线路，其额定电压为+100kV，额定电流为500A，额定容量为50MW，线路全长54km。我国第一条葛—沪±500kV超高压直流输电工程（西起湖北宜昌葛洲坝宋家坝换流站，东到上海奉贤南桥换流站，输送距离1080km，分两期建设，先建单极500kV，输送容量60万kW），于1985年10月下旬全线破土动工，1989年单极投运，1990年双极投运。该工程的两座换流站设备是从瑞士和西德引进的。葛南双极直流输电线路既是我国第一条远距离大容量高压直流输电线路，也是区域电网直流互联工程，中国电力从此进入交直流互联的时代。

2010年6月18日，世界首个±800kV直流输电工程—云广特高压直流输电工程双极竣工投产，这是迄今世界电压等级最高的直流输电项目。云广特高压直流输电工程西起云南楚雄，东至广东广州，输电距离1373km，额定电压±800kW，额定容量500万kW。工程于2009年6月30日全线贯通并实现单极400kW低端送电。2010年6月15日，800kW高端部分完成双极全压试验送电。云广特高压直流输电线路由南方电网自主承担系统研究、成套设计，工程自主化率超过60%，研制出世界上第一台800kV的高端换流变压器、第一根长达21m的直流穿墙套管、第一台电感量为75mH的空芯平波电抗器；研究解决了特高压直流运行方式和控制保护策略、高海拔地区换流站的绝缘水平，以及单台设备重达300t的大件运输等难题；形成了世界上第一套并且具有自主知识产权的特高压直流技术规范和标准。该工程的顺利投产标志着我国在特高压直流输变电关键技术研究和关键设备制造进入了世界领先行列。

2010年7月8日，向家坝—上海±800kV特高压直流输电示范工程投入运行，这是世界上输送容量最大、送电距离最远、技术水平最先进、电压等级最高的直流输电工程。该工程由我国自主研发、自主设计和自主建设，是我国能源领域取得的世界级创新成果，代表了当今世界高压直流输电技术的最高水平。由国家电网公司负责建设的向家坝—上海±800kV特高压直流输电示范工程起于四川宜宾复龙换流站，止于上海奉贤换流站，全长1907km，动态总投资达232.74亿元，承担着金沙江下游大型水电基地的送出任务。该工程途经四川、重庆、湖北、湖南、安徽、浙江、江苏、上海8省市，四次跨越长江。该工程的成功建设，不仅系统验证了特高压直流输电的技术可行性、设备可靠性、系统安全性和环境友好性，还为加快我国西部地区清洁能源的大规模开发，提高非化石能源比重，形成可持续的能源提供体系，应对气候变化挑战奠定了坚实的基础，将为推动电力布局从就地平衡向全国乃至更大范围统筹平衡转变，从根本上解决了长期存在的煤电紧张矛盾。

第三节　柔性输电技术

一、柔性交流输电系统定义

柔性交流输电系统，基于采用现代大功率电力电子技术构成的各种FACTS控制器，结合控制理论和计算机信息处理技术等，实现对交流输电网运行参数和变量（如电压、相角、阻抗、潮流等）更加快速、连续和频繁的调节，即所谓柔性（或灵活）输电控制，进而达到提高输电系统运行效率、稳定性和可靠性的目的。

1988年，美国电力科学研究院N.G.Hingomni博士首次提出上述概念。随着各国电力输电系统已进入大系统、超高压远距离输电、跨区域联网的新阶段，现代输电网的管理和运营模式发生了变革，对输电网安全、稳定、高效、灵活运行控制的要求日益提高。现在，FACTS技术已被国内外一些权威的输电工作者预测为“未来输电系统新时代的三项支持技术（柔性输电技术、先进的控制中心技术和综合自动化技术）之一”，所以也是智能电网建设中的关键技术之一。

在电力系统中，FACTS的主要功能可归纳为：较大范围地控制潮流使之按指定路径流动；保证输电线的负荷可以接近热稳定极限又不过负荷；在控制的区域内可以传输更多的功率，减少发电机的热备用；阻尼那些会损坏设备或限制输电容量的各种电力系统振荡。

随着电力电子应用技术的发展，柔性交流输电包含的内容越来越广，例如电能质量控制装置、高压直流输电、轻型直流输电、潮流控制装置、串联补偿装置、短路电流限制器、储能装置、固态断路器、电力电子变压器等，都可以归入柔性交流输电系统的范畴。

二、柔性交流输电技术的意义

FACTS技术由于采用具有单独或综合功能的电力电子控制装置，比常规的输电控制技术具有更优越的快速性能和灵活的控制能力，同时还具有良好的适应性。由于FACTS技术与现有的交流输电系统是并行发展并完全兼容，在现有设备不做重大改动的条件下，采用合适有效的FACTS技术，可以充分发挥现有电网的潜力。因此，在电力系统中，具有广泛而良好的应用前景。综合而言，应用FACTS技术的重要作用和意义体现在以下几方面（见表3-4）。

表3-4　应用FACTS技术的重要作用和意义

项目	内容
充分利用现有的输电线路的能力和资源	现行电力系统由稳定条件限定的输送功率的极限偏低，输电线路的能力远未被充分利用，而采用FACTS技术，理论上可使输电线路的输送功率极限大大提高，甚至接近导线的热稳定极限，从而提高输电线路资源的利用率
提高电网和输电线路的安全稳定性、可靠性和运行经济性	FACTS技术的应用将有助于抑制功率振荡，提高系统的安全稳定水平；有助于控制电网中的潮流大小和方向，实现潮流的合理流动和电网的经济运行；有助于限制电网和设备故障的影响范围，减小事故恢复时间及停电损失
优化整个电网的运行状况	在电网中采用FACTS有助于建立全网统一的实时控制中心，实现全系统的优化控制，以提高全系统运行的安全性和经济性
改变传统交流输电的应用范围	整套应用并协调控制的FACTS控制器将使常规交流输电柔性化，改变交流输电的功能范围，使其在更多方面发挥作用。由于应用FACTS控制器的方案常常比新建一条线路或换流站的方案更便宜，它甚至可以扩大到原属于直流输电专有的应用范围，如定向传输电力，功率调制，延长水下或地下交流输电距离等

三、柔性交流输电技术的发展

从早期出现的SVC开始，FACTS技术经历了30多年的发展。按其性能和功能的不同可划分为以下三代，而是否含有常规电力器件（电容器和电抗器，抽头变压器等）可以说是FACTS技术发展的分界线。

（1）第一代FACTS技术。从20多年前就出现的SVC开始，主要由晶闸管开关快速控制的电容器和电抗器组成的装置，以提供动态电压支持，其技术基础是常规晶闸管整流器，以后出现的第一代FACTS装置是晶闸管控制的串联电容器，它利用SCR控制串接在输电线路中的电容器组来控制线路阻抗，从而提高输送能力。

（2）第二代FACTS技术。这一代装置同样具有支持电压和控制功率等功能，但在外部回路中不需要大型的电力设备（指电容器和电抗器组或移相变压器等）。这些新装置如静止无功发生器和串联补偿器设备采用了门极可关断设备等全控型器件，在电路回路中模拟出电容器和电抗器组的作用，装置造价大大降低，性能却明显提高。

（3）第三代FACTS技术。将两台或多台控制器复合成一组FACTS装置，并使其具有一个共同的、统一的控制系统。如将一台静止同步补偿器和一台串联同步补偿器复合而成的综合控制器，它可以控制线路阻抗，电压或功角的方法同时控制输电线路的有功和无功潮流。调节双回路潮流的线间潮流控制器和可控移相器都属于复合控制器。

第四节　电力电缆技术

一、中、低压电力电缆的发展

1879年，美国发明家爱迪生在铜棒上绕包黄麻穿入铁管内，并填充以沥青混合物而制成的电缆在纽约敷设，开创了地下输电的新纪元。翌年，英国卡伦德（Callender）发明沥青浸渍纸绝缘电力电缆。1887年，美国布鲁克斯（Brooks）用低黏度绝缘油代替1879年爱迪生电缆中的绝缘胶。1889年，英国费伦蒂（Ferranti）在德普特福和伦敦之间敷设10kV油浸纸绝缘电缆，该电缆用两根直径不同的铜管作为同心导体，然后穿入铅管内。1893年美国诺威奇（Norwich）电缆公司研制成油浸纸带绝缘结构的电缆，1900年，25kV橡皮绝缘和纸绝缘电缆开始在圣保罗（St.Paul）等地敷设。1908年，英国建成20kV的电缆网。1910年，德国在柏林敷设的30kV的三芯电缆网已具有现代结构。1911年，美国海沦斯（St.Helens）电缆和橡胶公司制造加强型橡套电缆，应用于矿山、林场。1913年，德国工程师赫希施泰特对统包型电缆绝缘结构进行了变革，提出了屏蔽型的结构，研制成油浸纸绝缘分相屏蔽电缆，从而改善了电缆内部场强分布，消除了绝缘表面的正切应力。这是电力电缆发展中的一个里程碑。1914年，英国邓希思研制成油浸纸绝缘分相铅包电缆。1916年，在美国旧金山敷设了6km、12kV三芯海底电缆。到了20世纪20年代，电力电缆技术主要开始向高电压发展。

油浸纸绝缘电缆从19世纪末开始应用以来，长期实践证明：安全可靠，使用寿命长。其主要缺点是敷设落差受到限制。多年来一些工业发达国家研制并发展不滴流油浸纸绝缘，从根本上解决了落差限制问题，而且采用铅包护套，并以聚氯乙烯作外护层，与传统铅包钢铠电缆比较其成本可降低25% ~ 30%。

20世纪30年代末和60年代初开始出现的塑料和合成橡胶电缆，到60年代后期发展很快，广为应用。

塑料电缆一般分为三类：聚氯乙烯（1938年由美国、德国研制成功）、聚乙烯（1939年由英国I.C.I公司研制成功）和交联聚乙烯（1960年由日本研制成功）。聚氯乙烯绝缘电缆的介电常数和介质损失角正切值较大，至今在实用产品上只做到10kV电压级，仅联邦德国等少数国家在应用，主要用于电压在1kV以下系统。聚乙烯和交联聚乙烯绝缘电缆比前者的介质损耗要小许多倍，适用电压范围不受上述那样限制。聚乙烯的制造工艺比交联聚乙烯简单，质量控制较容易，但它的耐热特性不及交联聚乙烯。欧洲一些国家侧重前一项因素而发展聚乙烯绝缘电缆，日本等国家则主要发展交联聚乙烯绝缘电缆，而美国两种并行发展。

合成橡胶绝缘电缆一般分为两类：丁基橡胶和乙丙橡胶（1960年由美国研制成功）。丁基橡胶电缆从20世纪40年代末开始应用，到60年出现乙丙橡胶电缆后，由于丁基橡胶电缆的电气、耐热特性都不及乙丙橡胶绝缘电缆，很快被取而代之。乙丙橡胶电缆与聚乙烯、交联聚乙烯塑料电缆相比，其耐游离放电特性较优越，又易于弯曲，但价格较昂贵，使用范围不及塑料电缆广泛，目前意大利使用较多。

二、高压和超高压电力电缆的发展

自从1911年德国敷设了60kV单芯高压电缆和1965年美国在纽约敷设了345kV超高压钢管充油电缆以来，一些工业发达国家生产和使用的高压和超高压电力电缆主要有以下几种类型，它们各有其经济应用范围。

（1）纸绝缘充油电缆。这类电缆有两种形式：一种是自容式电缆，又称低油压电缆，在欧洲广泛使用；另一种是钢管式电缆，又称高油压电缆，美国应用得最多。美国大古力第三发电厂到开关站的525kV出线，就采用钢管式电缆。

（2）塑料和合成橡胶绝缘电缆。这类电缆主要有聚乙稀、交联聚乙烯和乙丙橡胶等几种。瑞典早已有145kV交联聚乙烯高压电缆投入运行。20世纪70年代初日本研制成275kV交联聚乙烯电缆，法国在1972年已有63 ~ 275kV聚乙烯电缆投入运行。高压和超高压塑料和合成橡胶电缆与充油电缆相比较，由于其不需要压力油箱等附件，便于维护以及介质损耗低等优点，一般多应用于发电厂、变电站主回路。

（3）SF_6电缆。这是20世纪70年代发展起来的新型电缆，其结构基本上与离相封闭母线相同，导线与外壳为两个同心圆筒，两筒中间用2 ~ 3个大气压SF_6压缩气体来绝缘。这种电缆单位长度电容小（可用于较长线路），介质损耗低，散热性能好。1970年美国纽约投入第一条345kVSF_6联络电缆，到1985年时美国已有20条345 ~ 500kV这类电缆在运行，长度一般在500m以下。SF_6电缆的缺点是：体积较大（外壳直径300 ~ 400mm），不能弯曲（近年来，一些国家正在研制可弯曲的SF_6电缆），施工要求高度干净。只有在电压较高和输送容量大的时候才能显出其经济优越性。

此外，低温电缆和超导电缆的研究，近年来获得较大进展，一些国家已作出样品，并作了各种试验，但尚未进入工业性运行阶段。美国国立“布鲁克海文实验室”（BNL）首次进行的两条超导电缆的全负荷试运行试验获得成功。这两条在BNL制成的全长131m的超导电缆中的导线，采用铌锡合金，敷设在一根直径406mm的管道内，通过不间断的泵入氦气，使电缆冷却到绝对温度8° K，在试运行中每条电缆的运行负荷为30万KVA。采用液氮的低温电缆（约77°K，即～196℃）的送电容量比常规电缆约高100倍，用液氢的低温电缆（约20°K，即～253℃），则高达500倍以上。

三、我国电力电缆的发展

旧中国的电力电缆与其他电力设备一样，主要购自国外，只有在1948年，昆明电线厂曾生产过6.6kV铅包橡皮绝缘电缆。新中国成立后，电力电缆技术就有了较快的发展。1951年上海电缆厂试制成6.6kV铅包纸绝缘电缆。1956年上海电缆厂、沈阳电缆厂分别试制成35kV分相铅包电力电缆。1962年，上海电缆厂试制的35kV、三芯、分相铅包钢皮铠装水底电力电缆问世。1966年，上海电缆研究所、上海电缆厂和沈阳电缆厂共同协作，研制成66kV充油电缆，敷设在大连第二发电厂。1968年，上海电缆研究所和上海电缆厂合作，研制成110kV过江充油电缆，敷设在南京燕子矶附近的笆斗山至八卦洲江心岛，再从江心岛至江北大厂镇，这两条跨越长江电缆长度均约1400m。

1973年，由上海电缆研究所、上海电缆厂和沈阳电缆厂协作，第一次试制成330kV充油超高压电力电缆，在刘家峡水电站第二期工程中得到应用。1974年，上海电缆研究所和上海电缆厂合作试制成220kV高落差电缆，经试运行后通过鉴定，也在刘家峡水电站第二期工程中得到应用。1981年，上海电缆研究所和红旗电缆厂共同研制出舟山直流输电工业性试验工程的100kV海底直流电力电缆。1983年，上海电缆研究所、上海电缆厂、沈阳电缆厂试制出500kV充油电缆，敷设在500kV辽锦线路的锦州基家渡变电所，与架空线并联运行，电缆全长300m。

20世纪80年代末电线电缆行业产值占国民经济产值的0.88%，到1998年电线电缆产值占国民经济总产值的1%，反映出它仍有较强的生命力。电线电缆行业是机械工业最大配套行业，产值仅次于汽车，为机械工业第二大产值行业。20世纪90年代以来，我国电线电缆业获得高速发展，中国也是仅次于美国的世界第二大电线电缆生产国，电线电缆销售量以10%～15%的速度增长。然而由于当时电线电缆行业利润高、见效快，加上减免税政策，以及地方政府和部属厂、所从各方面的支持，使电缆企业如雨后春笋般地发展起来。但从当今整个电线电缆行业的发展水平来看，存在着行业集中度低、技术力量分散、产品科技含量不高的问题以及市场管理不善等原因导致近几年我国电线电缆产业发展趋缓。

我国电线电缆行业目前仍处在一个发展阶段，全国人大会议上提出了加快中西部地区的开发，特别是加大基础设施的建设，交通、能源、通信以及住宅、汽车、家电的发展给电线电缆带来了新的机遇。英国《经济学家》报道，目前欧洲在大多数工业领域已经落后于低成本的竞争对手，尤其是来自亚洲的制造商，然而在电线电缆行业，欧洲却一直保持着其全球领先的地位。作为全球第三大电缆制造商的日本住友电工，虽然已经成立了100多年，但是与欧洲的耐克森、比瑞利公司相比，仍有一定差距。欧洲电缆公司击败亚洲竞争对手的关键在于：生产电线电缆成本的70%取决于原材料，其中大多数为铜，这种材料在世界各地都是均价，劳动力仅占电缆全部成本的10%。因此，亚洲制造商的最大优势——廉价劳动力，在竞争中无法体现，欧洲的电缆制造商因技高一筹而取胜。《经济学家》指出，当今的电缆制造业竞争十分激烈，迫使电缆制造商必须不断致力于技术创新，欧洲在这方面一直处于领先地位，这主要归功于法国耐克森、英国BICC和意大利比瑞利公司在产品研发方面的大量投入。耐克森公司目前拥有500多个专利产品，其研发的范围涵盖了从先进新型电缆外护套用的聚合复合材料，到如何降低整体生产流程成本的工程学研究。

第四章　电网与配电网技术的发展

第一节　电网技术发展综述

一、电网的形成和发展

由于电力的生产、输送、分配和消费要在同一时间内完成，因此发电、输电、变电、配电和用电等各个环节需要组成一个整体，形成电力系统。通常把发电和用电之间属于输送和分配的中间环节，称为电力网，简称电网。

世界上最早建设发电厂的目的是为了照明，电厂安装直流发电机，开始时供给串联弧光灯用电，随后又直接供给以并联方式连接的白炽灯用电。由于电灯制造上的困难，最高电压限于100 ~ 120V，经过技术改进后也不能超过200 ~ 220V，低压配电线就采用这种电压，因而当时发电厂直接配电范围仅在1 ~ 2km半径范围内。1876年以后，为了扩大供电范围，曾采用单相交流制系统，但因电动机启动等难题，未被推广应用。1883年出现三相直流系统，两台直流发电机串联，一台发电机加装分压器，使发电厂的供电半径增加约两倍。但这种电网在技术经济上远不能满足电力迅速发展的要求。

在19世纪末到20世纪初的十年中，电动机械已成为工厂企业中机械设备的主要拖动装置。从此，对不断增长的工业用电开始集中供应，利用高压输电线，把附近各座不同类型的发电厂连成一个整体，形成地区电网。随着用电量不断增长和安全供电要求的提高，一方面研制大容量发电设备，建设大型发电厂；另一方面架设高压输电线，电网的规模也就日益扩大，并将初期发展时分散的、孤立的电网，合并成统一的或联合的大电网，以便集中管理、统一调度，以减小装机容量，增强电力供应能力和提高供电可靠性。从20世纪30年代开始，在大力开发水能资源和取得高压输电技术不断进步的基础上，各工业发达国家积极进行110 ~ 400kV的线路建设，加快了电网发展的步伐。到20世纪50年代，世界各国充分认识到电网的优越性，其规模越来越大。

瑞典在20世纪30年代开始在北方陆续开发水电，为了把电力输送到南方，较早采用220kV电网。到20世纪50年代，瑞典已在各水电站之间连成380kV（现已升压到400kV）超高压电网。法国也较早形成380kV电网，把中部高岭地带的水电站群的电力输送到巴黎地区。英国于20世纪20年代末期开始发展132kV电网，向7个独立地区供电，于20世纪50年代初建设成275kV电网，把北部地区的火电向南部输送。美国于1908年最早建设110kV电网，到20年代已形成几个150kV和220kV地区电网，随后发展成287kV和345kV电网。加拿大于20世纪50年代中期，随着大型水电站的开发，相继建成275kV和345kV电网。苏联十月革命后，迅速改变发电厂单独运行的状态，到20世纪50年代全国已有十多个地区性电网，并开始出现超高压电网。

近年来，随着电力工业的快速发展，各工业发达国家的电网规模日益扩大，不仅在本国范围内形成全国统一的联合电网，而且跨国互联，组成更加复杂和庞大的电网，甚至在不同社会制度国家之间，也为共同利益而相互联网。

二、现代电网运行的特点和要求

现代电网的特点是：电网的暂态过程非常迅速；电网一旦发生故障，将给国民经济和人民生活造成严重损失与影响。世界各工业发达国家，针对这些特点，对现代电网技术发展的主要内容和要求是：在保证安全可靠和保持规定电能质量（主要为电压和频率）的前提下，力求最大的经济效益。

1. 电网的安全技术

电网联网后的重大问题是：一处电网局部事故，会波及互相连接的邻网，扩大事故的影响。例如，美国1965年11月9日的纽约市和周围5个州以及加拿大多伦多地区空前的大停电，影响范围达20.7万平方千米，居民3000万人，停电2100万kW，最长停电时间13.5h。事故的起因是一条线路的负荷超过多年前整定的后备保护继电器的启动值，引起继电保护误动作。由于电网联网时没有统一考虑安全技术措施，局部事故引起一连串的断路器误动作，造成大面积停电。这一严重教训，受到了各国的重视。各国把电网安全可靠问题，提升到了电网技术发展中的首要地位。1977年8月13日，美国纽约市由于遭受连续4次雷击，又发生了比1965年更惨重的、停电长达26h的大事故。这次事故虽然没有波及相邻电网，但表明已经实施的防止措施还不够完善。

从各国多次重大电网事故的经验教训中，提出防止电网大停电的重要技术措施是要提高电网的整体可靠性，这就是说，除电源布局和电网结构要合理外，还要做到下列几个方面。

（1）由于设备部件是发供电安全可靠的基础，因此关键部件必须做到出了事故还能正常运行。例如双套部件，其中损坏一套，只影响到备用裕度，不影响正常运行，这称为软失效。

（2）电源的充足是保证不停电的基本条件。电网中发电设备容量，除满足负荷的需要外，还应配备一定的负荷备用、事故备用和检修备用容量。

（3）在电网发展过程中，稳定问题长久以来就是一个重大的安全问题。20世纪30年代，在开发水电站和坑口火电厂时所架设的220 ~ 287kV高压线路，其输送容量主要受稳定极限的限制，从此开展了改善稳定措施的稳定计算方法的研究，初步掌握了发电机特性（惯性常数、同期暂态阻抗、短路比以及励磁特性等）的基本规律。

到20世纪60年代，联合电网迅速扩大，出现了多机系统的稳定问题。新机组单机容量越来越大，大容量发电机采用水内冷、氢内冷等新的冷却技术，因而发电机的惯性常数相对减小，同期暂态阻抗加大，给电网稳定性带来不利的新因素。据美国通用电气公司和威斯汀豪斯电气公司两大制造厂报道，常规火电机组（双极3000r/min）惯性常数从2.5降到2.0和1.75，暂态电抗从32%增至40%；核电机组（4极、1800r/min）惯性常数从4降到3和2.5，暂态电抗从39%增至45%。这些新因素对保持电网稳定的技术措施提出了更高的要求。

20世纪70年代以来，关于提高电网稳定性的技术措施有下列几个方面（见表4-1），这些措施的采用，因不同电网结构而异。

表4-1　提高电网稳定性的技术措施

技术措施	内容
快速励磁调节	这是一种维持发电机端电压恒定来保持发电机稳定运行的重要措施，现在已成为稳定措施方案中不可缺少的组成部分。快速励磁调节既要加快调节反应速度，又要设计一个较高的顶值电压（为常规励磁电压的2 ~ 3.5倍），一旦出现发电机端电压下降时，迅速投入顶值励磁电压，可以在系统振荡第一个摇摆中不致失去稳定。在调节信号中要加上与电压变化速度、变化方向有关的信号，使励磁电压的调节，随电压变化的速度、方向的变化而变化。20世纪70年代晶闸管控制技术的发展，使反应速度快到0.05s以内，应用电桥结构的晶闸管静态励磁，还可以提供正反方向的励磁电压，对消除振荡有很好的作用
切除发电机	这是一种较安全的措施。但近年来多次电网事故经验表明，当发生短路故障时，发电机甩去负荷，很可能是临时性故障，可以用重合闸恢复供电，没有必要切除发电机而停电

续表

技术措施	内容
电阻制动	这是一种作为配合其他措施的辅助措施。当电网发生故障引起振荡时，用快速励磁等其他措施的同时，再加电阻制动，这样只要制动0.5s以内时间，就可保持发电机稳定。目前实际应用的最大制动电阻是美国邦乃维尔电网中为制动水电站的水轮发电机组而装在契夫约瑟夫变电所的电阻，短期容量为140万kW，接在240kV母线上，上下盘架装在3基铁塔上。根据模拟实验结果，可以把联络线的容量从125万kW提高到215万kW，仍能保持稳定。电阻制动如果作为长时间应用的主要措施，则电阻设计体积庞大，费用也大；如果作为辅助措施，制动电阻按暂态应用设计，可减小体积和降低造价。对水轮发电机组来说，因为不能像汽轮发电机那样应用快速阀门，因此更需要采用电阻制动
快速阀门	这是在得到发电机甩负荷的信号时，把中间再过热的中间阀门，在0.1 ~ 0.2s时间以内关闭。发电机没有了加速能源，也就不会失去稳定。中间阀门快速关闭后，隔一段时间（约10s）可以按需要立即打开，发电机可以很快照常发电。从短路故障甩负荷到重合闸成功，恢复供电的全过程，可以用计算机程序来控制快速阀门。美国纽英兰联合电网及巴尔的摩煤气电力公司实现了这种经济有效的措施
串联电容补偿	这是很早就采用的改善稳定措施之一，其缺点是在轻负荷时（尤其是突然甩负荷时）带来的线路过电压和大电流（尤其是突然发生短路故障或电网振荡时）以及电容器过电压，因此，补偿度不能太高，一般为50% ~ 70%，并需加装并联电抗器或切除一部分电容器来压低轻负荷时的过电压。20世纪70年代发现串联电容补偿带来了次同期共振的新问题。串联补偿降低了线路和发电机形成的电气自振频率，使它和工频的频差接近汽轮机的某一个机械自振频率。这时如果电网发生振荡，汽轮发电机转子系统也随之振荡，对发电机电气振荡起负阻尼作用，从而恶化振荡，引起严重事故。由于串联电容补偿对超高压线路有巨大的经济价值，因此一些新建工程仍继续采用它，但需要采取解决次同期共振问题的一系列措施，包括：发电机转子磁极面上加装阻尼线圈；对每台升压变压器加装4组串联滤波器；励磁系统中加装一套阻尼设备；加装一个力矩监视装置；加装一个次同期共振继电器作为后备保护以及降低串联电容器的闪络水平以减小暂态振荡等
单相重合闸	架空线路的故障，大部分是由过电压闪络引起，属于暂态单相接地。如果采用单相重合闸，一旦发生故障会使线路断开，故障电弧熄灭，再迅速重合，线路就能恢复正常运行。由于长距离输电线的相间电容能从健全相向故障相流过潜供电流，致使故障电弧不易迅速熄灭，因此需要采用并联电抗器来抵消这种电容的影响。美国帕拉达斯电厂3号机组（127.8万kVA）通过150km长的500kV线路，与500kV电网中枢的戴维森变电所连接。为了保证其可靠稳定性，采用单回线单相重合闸方案（包括解决潜供电流所需的10万kVA并联电抗器和中性点接地电抗器），比采用双回线方案要节省投资1100万美元。20世纪70年代发展起来的，由晶闸管控制的饱和电抗器，可以配合并联电抗器，在故障时迅速吸收大量电容电流，起到抵消电容影响的作用，借以减小并联电抗器的容量，从而减小投资

续表

技术措施	内容
直流环节的应用	近年来，瑞典、联邦德国和美国所作的理论研究和实践证明，用直流环节连接两个交流电网，可以调节直流功率来消除交流电网的振荡。据1976年大电网会议资料，丹麦、瑞典间的康梯—斯堪线，日本的佐久间“背靠背”换流站，意大利的撒丁岛线，加拿大的伊尔河线和纳尔逊河线，在关键时刻都能按交流电网的条件，自动地改变潮流方向。采用直流环节以保持交流电网的稳定运行，大有发展前途，世界各国投入运行和正在建设的工程项目中，有不少工程采用直流环节

2. 电网的电能质量

电网的发展与扩大，要求电能质量符合规定的要求。电压和频率是保持电网电能质量的两个基本标志。电压主要取决于电网中无功功率的平衡，无功不足会引起电压偏低。频率主要取决于电网中有功功率的平衡，频率偏低说明发电机输出功率不足。

欧美各国对用户供电质量，经过许多年的经验积累和理论计算，除不停电安全质量外，对用户供电电压允许偏差率和频率的允许偏差值，都有所规定，但不尽相同。一些国家、地区或组织对用户供电电压允许偏差率的规定见表4-2。一些国家电网频率允许偏差值的规定见表4-3。

表4-2　一些国家、地区或组织对用户供电电压允许偏差率的规定

国家、地区或组织名称	供电电压允许偏差率
国际电工委员会（IEC）	100 ~ 1000V交流供电网及设备 ±10%
国际发电联盟（UNIPEDE）	低压供电网 ±10%
美国全国 费城	未规定，一般为 ±5% 照明 ±5%，动力 ±10%
苏联国家标准	照明 ±5%，–2.5%；动力 ±10%，–5%；其他 ±5%
日本中央电力委员会	101±6V，202±20V
联邦德国	无全国规定，通常为 ±5%
英国电力委员会	240V±6%
法国电力局（EDF）	中压电网 ±7%；低压电网电缆供电土5%；架空线供电 ±7.5%；其他 ±10%
意大利全国	±10%
瑞典	无全国规定，一般为 ±5%，最大为 ±10%

续表

国家、地区或组织名称	供电电压允许偏差率
荷兰	± 10%
瑞士	无全国规定，一般 ± 5% 以下
奥地利	无全国规定，实际 ± 10%
芬兰	无全国规定，通常城市 ± 5%，其他地区 ± 10%
丹麦	无全国规定，实际白天 ± 5%，夜间 ± 10%
挪威	无全国规定，实际城市 ± 5%，其他地区 ± 10%
南斯拉夫	规定 ± 10%，争取达到 ± 5%
波兰	城市 ± 5%，其他地区 ± 10%
捷克	无全国规定，实际 ± 5%
罗马尼亚	通常 ± 5%，偏僻地区大于 ± 5%
匈牙利	+5%，-10%
希腊	无全国规定，通常 ± 7.5%

表4-3　一些国家电网频率允许偏差值的规定

国家	电力公司或电网名称	频率偏差允许值（Hz）	
		正常运行	事故方式
美国	纽约联合爱迪生公司、底特率爱迪生公司克利夫兰电气照明公司、田纳西流域管理局西北联合电网 太平洋煤气电力公司、康涅狄格流域电力公司	59.99 ~ 60.0159.9 9 ~ 60.0159.95 ~ 60.05 59.98 ~ 60.02	
苏联	全国	49.9 ~ 50.1	49.8 ~ 50.2
日本	50Hz 电网 60Hz 电网	49.9 ~ 50.1	59.9 ~ 60.1
加拿大	全国	59.95 ~ 60.06	59
英国	中央发电局	49.5 ~ 50.5	49
法国	法国电力公司	49 ~ 51	
意大利	全国	49.9 ~ 50.1	49.5 ~ 50.5
瑞典	全国	49.9 ~ 50.1	
芬兰	全国	49.95 ~ 50.05	49.9 ~ 50.1
荷兰	全国	49.8 ~ 50.1	47.5
比利时	全国	49.8	49
联邦德国	全国		49.5

我国对用户供电电压允许变化范围见表4–4；我国采用的电网额定频率为50Hz，其允许偏差值见表4–5。

表4–4　我国对用户供电电压允许变化范围

线路额定电压（U_N）	电压允许变化范围	线路额定电压（U_N）	电压允许变化范围
35kV及以下	±5%U_N	低压照明	（+5% ~ –10%）U_N
10kV及以下	±7%U_N	农业用户	（+5% ~ –10%）U_N

表4–5　我国电网频率允许偏差值

运行情况		允许频率偏差（Hz）	允许标准时钟误差（S）
正常运行	中小容量电网大容量电网	±0.5 ±0.2	60 30
事故运行	30min以内15min以内绝不允许	±1 ±1.5 –4	

3. 电网的经济运行

电网初期发展时，就重视经济效益。半个多世纪以来，在电网技术发展过程中，除考虑安全可靠问题外，也关心经济运行问题。

当20世纪20年代出现了几座发电厂连在一起形成简单的电网时，就存在负荷的经济分配问题。最原始的负荷分配准则是：让效率较高、节约燃料的电厂多发电，待带满负荷后，再依次分给效率较低的电厂。随后提高了一步，出现让效率较高的电厂首先承担负荷到效率最佳点，或带基底负荷，再依次给效率较低的电厂承担负荷最佳点或承担尖峰负荷的新方法。到20世纪30年代，电网经济运行中出现了最经济的负荷分配原则是：使电网中所有电厂的总燃料消耗最低，于是形成了等微增率的经济调度方法。这种方法比上述方法可以进一步节省燃料。1938年，美国纽约联合爱迪生公司使用经济调度计算尺，使经济调度法能够简便地使用和推广，一直到20世纪70年代还在应用。但当时并没有考虑线路损失问题。其实，远离负荷中心、效率较高的电厂，线路损失大，可能不如靠近负荷中心、效率较低的电厂承担负荷更为经济。20世纪40年代初，应用交流计算台的结果，提出了用于电网经济运行的线路损失计算公式，经过计算比较，考虑包括线路损失后的燃料费用，要比仅计算各电厂燃料费的方法，节约0.2%左右。到20世纪50年代，提出了电网线损计算的B系数计算法，先在模拟计算机上应用，随着计算机技术的发展，B系数法得到更完善的发展。20世纪70年代又发展了联合电网的B系数计算法。

20世纪70年代的重要发展是最佳潮流法，把经济调度的理论推向新的水平。这一理论的观点是：引起电网损失的不仅是有功功率，还有无功功率。用计算机来实现全面考虑有功和无功最优潮流法并不复杂，只需把牛顿法的潮流计算程序略加发展即可。20世纪70年代中期发展起来的新的潮流计算方法——PQ分解法得到推广后，最佳潮流法有了进一步的改进。当前电网经济运行的要求，还要受环境保护的制约，要考虑包括最小空气污染量的经济运行。

根据现代大电网的运行特点和要求，电网必须采用各种自动化装置，如继电保护、自动、远动和通信等装置，以保持电网的正常运行。20世纪70年代以来，已有条件以计算机为中心进行安全监视和控制的高度综合自动化调度，确保日益扩大的电网安全经济运行。

三、发展电网的技术经济效益

经长期运行实践表明，发展电网的技术经济效益是非常显著的，它已成为世界各国实现电力工业现代化的一项重要技术政策。回顾半个多世纪以来各工业发达国家的电网发展过程，总结出其技术经济效益体现在以下几个方面。

（1）合理开发利用动力资源。水力资源比较丰富的国家，在条件比较好的边远地区开发水电，通过超高压输电线路，把远距离的电力送到负荷中心，逐步形成电网。例如，瑞典拉普兰地区的水电，通过380kV电网送到南部负荷中心，输电容量达700万kW。加拿大麦尼夸根河和乌塔尔德河以及丘吉尔瀑布的水电，装机容量总共约有1000万kW，通过735kV电网送到魁北克和蒙特利尔中心。20世纪70年代中期，联邦德国莱茵矿区燃烧褐煤电厂（总装机容量约1000万kW）和鲁尔矿区燃烧烟煤电厂（总装机容量约950万kW）均由400kV和220kV电网送电。美国矿口电厂总容量约3600万kW，通过765kV、500kV和345kV电网送电。

（2）便于安装大机组和建设大电厂。火电的经济单位容量发电机组，与电网的总装机容量有关，一般认为100万kW以下的电网，火电机组的经济单位容量为电网总容量的10% ~ 20%；100万 ~ 1000万kW电网为6% ~ 10%；1000万kW以上电网为4% ~ 6%。因此，发展电网便于安装大机组和建设大电厂，以加快建设速度，节约基建投资，节约燃料消耗。例如，日本50万kW火电厂的建设工期比20万kW火电厂相对缩短32%左右，以20万kW的火电厂造价作为比较基础，50万kW火电厂造价可降低15%，100万kW火电厂的造价可降低25%。

（3）降低高峰负荷以减小装机容量。由于不同地区高峰负荷发生时间不同，形成电网后，全网的总高峰负荷比各地区高峰负荷之和要小，装机容量因而可相应减小。例如，美国一些电网高峰负荷发生的季节不同，联网后可以相互调节。田纳西流域管理局和中南电力公司之间，交换电力150万kW，可以节约装机投资约1亿美元。加拿大幅员广阔，各省之间高峰负荷时差较大，在全国联合电网建成后，可以减小新增发电容量920万kW，每年节约燃料费约0.7亿美元。

（4）发电容量互为备用以减小备用容量。形成和发展电网后，机组发生事故时可以互为备用，机组检修时可以错开时间，从而减少了发电设备的事故和检修备用容量，英国在1940年完成联网前，备用容量约为40%，形成全国统一电网后，备用容量降到20%。美国一些孤立地区（占全国总发电容量的0.5%左右）电网的备用容量高达50%，而联合电网的备用容量为20% ~ 25%。

（5）提高供电可靠性和供电质量。发展电网可以提高供电可靠性。例如，日本1968年全年每个低压用户平均停电时间（包括检修和事故停电）为405min，1973年降为166min（其中事故停电36min），其主要原因与发展联合电网有关。发展电网，容易应付负荷的各种变化，保持稳定，对用户的供电电压和电网频率的质量均可提高。

（6）提高运行经济性。发展电网后，各种不同类型发电厂之间可以实行经济调度，减小燃料消耗，其中，水、火电厂之间的经济调度（包括跨流域水库调度）所产生的效益更为显著。

（7）便于应付特殊负荷。这是电网发展初期就考虑到必须发展电网的问题。当钢厂的轧钢机冲击负荷较大时（如20万kW），一般要求电网容量为冲击负荷的20 ~ 30倍（400万 ~ 600万kW），才能使电网频率偏差不超过允许范围。电力机车用电为单相负荷，发电机要承担较大的负序电流。当电网较大时，负序电流较小，有利于建设电气化铁道。

（8）便于集中管理和统一调度。发展电网，需要集中或分级管理，进行统一调度和分配，借以取得发、供、配电的最大技术经济效益。

第二节 城市配电网

一、城市配电网发展综述

配电技术是电力技术的一个重要组成部分。一百多年前的配电系统中，用电设备是在线路中串联着的。这种配电方式缺点很大，当正常切断任何一个用电设备时，或配电系统故障时，就要断开整条线路，造成大批用电设备停电。以后，为了在切断一台用电设备时，其他用电设备仍能正常工作，加装了等效电阻。当用电设备被切断时，它就自动由等效电阻所代替。但这并不是简单可靠的措施。配电网若改进为并联网后，就不会因其中任意用电设备切断或投入而中断配电网的运行，因此，这种系统很快被推广应用，一直到现在，仍普遍采用并联配电。

为了适应城市工业和生活用电的发展，需要升高用户的供电电压，但改变电压比较困难，需要较长时间。配电电压从110V到220V，再到380V间的变化，用了约20年时间（每次电压翻一番）。500V级电压（以380V为基数增加30%）是20世纪初在中欧和北欧普遍采用。由于开关设备和绝缘技术的迅速发展，1966年首次在工业上成功地应用了660V电压设备。联邦德国采用三相380V供电，而欧洲其他一些国家选择660V作为低压配电电压。因为660V是380V的$\sqrt{3}$倍，一台电力变压器用三角接线或星型接线，就能对这两种电压中的一种电压供电。

上述几种低压供电，对大容量用电设备就显得不经济，必须考虑采用较高的电压。在英国通常以3.3kV作为最高供电电压，它相当于欧洲其他一些国家的3kV电压等级。在美国采用1.3/2.3kV电压等级。在中欧、北欧还相继采用6kV和20kV电压等级。到20世纪60年代，欧洲部分国家又出现10kV配电电压。

配电电压采用660V和10kV电压等级的优点有以下几方面。

（1）节约材料。从380V升压到660V和从6kV升压到10kV时，其总的材料消耗可以降低，其中开关装置和电缆材料节约40% ~ 50%。

（2）节约电能。这是升压供电的主要目的。升压后随着电流的减小，电能损耗成平方地降低。升压后电动机有较高的效率（约增加8%）和较大的功率因数（约增加5%）。

（3）电压比较稳定。稳态和暂态运行（即动态起动和远处短路）时，升压后电压降低较少。此外，用于660V的无功补偿装置，在使用同样容量电容器的情况下，660V与380V电压相比较，前者能得到3倍的电容功率。

（4）节约投资、降低运行费。可取得节约投资10% ~ 20%（其值取决于电动机型号的采用情况）和降低运行费用的效果。

第二次世界大战后，世界各国随着城市人口日趋增多，高层建筑群大量出现，家用电器普及，使城市用电和用电密度急剧增大，随之配电技术也迅速发展，城市配电电压由低压到中压，进而采用高压线路进入市区。现代供电设施具有供电能力大、供电质量高、电能损失少、占地面积小、一级运行维护工作量小等特点。许多国家的大中城市已进行或正在进行配电网的根本改造。

二、配电网供电可靠性分析

配电系统可靠性的研究始于20世纪60年代，其起步晚于输电和发电系统的可靠性研究。可是随着人们对配电系统的可靠性在供电可靠性中地位的认识和大量配电系统设备的投资，配电系统的可靠性研究得到了迅速的发展。目前，在工业发达国家，可靠性评估已经成为配电系统规划决策中的一项常规性工作。在国内，对配电系统可靠性的研究始于20世纪80年代初期，由于缺乏必要的统计数据和行之有效的分析方法，发展较为缓慢，目前国内配电可靠性水平与国际水平相比差距很大。以上海为例，1994年配电系统的供电可靠率为99.678%，年平均停电时间为28.24311min/户；而伦敦、纽约等城市的供电可靠率在20世纪80年代就已经达到了99.99%，用户的年平均停电时间也只有50多分钟。因此，在我国加强配电系统及其设备的可靠性管理和研究是当务之急。近年来，由于电力供需矛盾日益突出和电力企业管理工作的不断发展和深化，配电系统的可靠性研究得到了长足的发展。

通过对英国、加拿大、日本、美国等国家的配电可靠性资料进行分析对比，可以看出，由于各国在实际研究和应用中发展的不平衡性，各个国家以及一个国家不同地区配电系统及其设备的结构、运行特性、管理方式、用户需要等各个方面存在不同的特点和差异，以及对可靠性评价的侧重点、作用、性质和度量方式不同，所建立的指标也不尽相同。大体可分为以下几类。

（1）配电系统的供电可靠性指标及系统可靠性指标。前者反映配电系统对用户的连续供电能力，后者反映供电部门在满足用户供电可靠性方面配电系统所具备的水平和条件。目前大多数国家的配电系统可靠性主要指标大都属于供电可靠性指标，如系统和用户的年平均停电频率、系统和用户的年平均停电时间等，主要反映的是配电系统对用户的连续供电能力。英国的配电系统可靠性指标还包含了反映系统综合性能的指标（如以每100km故障次数计算的系统可靠率）及反映系统设备性能的可靠性指标（如架空线路故障率、断路器故障率、变压器故障率等）。在加拿大的配电系统可靠性统计中，虽未明确地建立反映系统可靠性的指标，但是在基础数据的收集方面，却十分注意把反映元件停运的数据作为分析系统综合性能和设备性能的依据。

（2）反映供电质量、设备性能及停电性质的指标。其中，停电性质指标包括故障停电指标、预安排停电指标、外部影响系统停电指标等。以英国配电系统可靠性指标为例，供电服务质量指标有用户停电次数、用户平均停电次数、用户停电小时数等；设备性能指标有系统总故障率、系统可用率等；停电性质指标有用户平均故障停电分钟数、最早恢复供电时间、最迟恢复供电时间等故障停电指标等，但是在英国的指标中，没有明确地列出外部影响系统停电指标。

（3）反映度量方式的指标。一般有最大值指标和平均值指标。通常把采用最大值指标的管理称为最大值管理，如美国南方公司海湾电力公司的停电总次数、总停电用户数及总停电时间等，均为最大值指标。把采用平均值的管理称为平均值管理，较为普遍的是此种方式。但各国指标平均的方式也各有不同。如英国和日本的全国性指标、加拿大的系统平均指标、法国的低压系统指标等，均是以系统连接的总用户数加以平均计算的；而加拿大的用户平均指标，则是以受停电影响的用户数来计算的；法国的中压系统停电时间则是以用户总登记容量来计算的，美国、加拿大电网系统所属的魁北克电力公司，又是以变压器额定容量来计算的。平均方式不同，指标所表征的特性也不同。

（4）反映配电系统特性的指标。一般包括裕度指标和安全性指标。目前各国采用的指标，除了英国的“安全目标”指标外，大都属于此类指标。可以看出，各种不同的类别表征了不同的特性，指标越多，反映的特性也越全面。相比之下，英国的指标最多，反映的特性也越全面，其次为加拿大和日本的指标。

近年来，世界各国特别是工业技术发展较快的先进国家都普遍开展了配电系统可靠性的研究和应用，并已取得了很大的成果。总体来说，一般均注意、强调以下几个方面。

（1）配电系统可靠性问题，既要考虑对用户的供电可靠性，又要考虑供电系统本身的连续供电能力；既要开展可靠性的统计分析，又要重视可靠性的预测评估；既要实行全系统宏观的平均值管理，又要结合用户的实际需要进行个别的微观极限值管理。任何片面地强调某一方面，而忽视另一方面的做法都是不合适的。

（2）配电系统可靠性指标可以采取以总用户数、受停电影响的用户数、配电变压器的总装机容量、总负荷或总电量等为基础来进行计算，以作为评价配电系统及其设备可靠性的依据。各国应根据自己的实际情况和需要决定，不存在选用哪一种方式才能与国际接轨的问题。

（3）配电设备是构成配电系统的基础，因此在收集配电系统可靠性数据时，不仅要注意收集和积累那些直接影响用户供电可靠性、反映系统状况的数据，还必须注意收集和积累反映配电设备、元件状况的连续数据。不统计未影响用户停电的设备停运数据或者没有设备（或元件）连续的完整的数据，改进和预测配电系统及其设备的可靠性，以及对配电设备问题的处理就无法进行。

（4）关于配电系统可靠性数据指标的统计计算，要注意反映配电可靠性统计的规律性。可靠性数据指标的统计计算，一般除了以年度为统计期间来进行，以衡量当年的可靠性水平，以及与上一年或几年的指标进行比较，分析当年的发展状况外，还应着重强调以多年（一般为5年）滚动的方式计算其可靠性指标，作为分析判断其稳定发展趋势的依据，以避免某一年可能出现的偶然性。统计期间的时间越长，可靠性的置信度越高。任何只以一个季度或一年的统计指标作为评价一个元件、一个系统性能的依据的做法都是不恰当的，也是不可取的。

（5）配电系统可靠性的评价，既要有定量的概念，又必须有定性的准则标准。只停留在定性分析，而无定量的科学的评估，不能适应现代化电力工业发展的需要；只强调定量的评估，而忽视以准则、标准作定性的分析，也不能对配电系统及其设备做出全面的评价。两者必须结合起来，相辅相成。

（6）配电系统可靠性管理是全过程全方位的管理。由于电力系统具有发、供、用同时性的特点以及配电系统在电力系统中的特殊地位，因此在开展配电系统可靠性管理工作时，必须同时注意改善由规划设计、设备制造、安装调试直到运行检修维护等各个阶段，以及由发电、输变电、配电以至用户各个环节的管理工作。其中任何一个阶段或任何一个环节考虑不周，都将对配电系统可靠性产生不利的影响。

（7）配电系统可靠性管理必须与质量管理、安全管理统一和结合。

（8）配电系统可靠性必须考虑与经济性的协调，必须对配电系统可靠性各个阶段的工作进行经济效益和社会效益的评估。只强调可靠性，而忽视经济的合理性及社会的需要，其可靠性水平再高也是不可取的，这就是所谓的可靠性优化问题。

三、城市配电技术发展的经验

近年来，各工业发达国家对于城市配电网的建设和改建扩充，积累了较丰富的经验并采用许多新技术，主要有下列几个方面。

（1）重新规划设计。在城市配电网的发展中，由于没有做好长期规划（包括负荷预测，与城市规划配合等），造成重复改造，损失很大，国内外都有这种经验教训。为此，在考虑供电网的发展时，要根据用电负荷增长速度、供电方式和技术发展趋势等，对电网结构、电压等级等主要问题，制定规划设计。按规划的目标和范围，可编制四种规划：具体规划，在几年之内实现；中期规划，一般约五年，地区范围较大；长期规划，20 ~ 30年，按电网设备的技术经济寿命考虑；远景规划，30年以上，从长期需要出发，应按可预见的发、供、配电方面的技术发展趋势考虑。

比较准确地预计较长时间的负荷和负荷密度是比较困难的，但经过调查研究，进行较全面的预测，是规划设计的一个重要参考依据。

（2）提高配电电压和简化电压等级。城市配电在一定发展水平和速度的情况下，新增电压与原有电压之间，一般按2 ~ 3倍考虑。除输电容量和距离这两个实际条件之外，一般供电发展速度较快时，趋向于加大倍数。在新的一级配电电压出现之后，原有配电电压等级，则需按发展水平和速度相应地分期进行简化。原有的输电电压将逐步退为高压配电电压。简化原则是使低压到最高输电电压之间不超过4级，其措施是分别逐级升压。在简化电压等级中，中压的选定较为复杂，除关系到原有电网设备外，还有用户设备和制造部门的生产系列问题。

目前一些国家的多数城市采用10（11）kV和20（22）kV，6（6.6）kV在淘汰，个别城市采用33（36）kV。

（3）改善电网结构和高压引进。为保证大城市负荷集中地区的电力供应，多数城市是在郊外建设架空线外环，但并不是所有城市都有条件，例如联邦德国西柏林是在市内用400kV电缆作主干线，代替外环作用。

高压引进的原则是，从外环降压后能直接把电力送到负荷中心附近，降为中压后供电给用户。因此，高压引进的电压等级，应与输电电压和市区最高负荷密度相适应。电压规定得过高或过低，都会造成损失，在长期规划中必须认真考虑，日本东京原先是采用154kV，当500kV电压出现后，为解决向市中心大容量供电问题，又改用275kV。

（4）采用地下电缆。由于架空线在技术经济上优点较多，所以一般高、低压供电线路都尽量采用架空线，但在市区内不得不用电缆。在欧洲，高压电缆线路的造价约为架空线路的10倍，而且电压越高，造价差距越大，其中敷设施工费用约占50%。一般110kV以下电缆，尚可在人行道下敷设，而高电压大容量电缆所需空间大，要在马路下敷设，要求与公用地下管道设施同时考虑安排。这是规划中要预先提出的一个重要项目，包括变电所占地在内。

高压电缆与架空线相比较，电容容量大20 ~ 30倍，而电感则较小，当电缆电网在高负荷时，可以满足用户大量无功需要；低负荷时，电容无功过大，要用电抗器补偿。

（5）短路电流和接地短路电流。在城市配电网中，线路阻抗实际作用较小，短路电流在整个电网中大致相同。因此，短路电流的标准，要从长远出发作出选择。否则，日后有变化再提高时，将造成运行困难。联邦德国有些城市的电网规划所考虑的短路容量是：380kV电网为35000MVA，并将增加到55000MVA；220kV电网为15000MVA，特殊情况为20000MVA；110kV电网为5000MVA，特殊情况为7500MVA。

110kV以上的电缆电网，一般都采用小电阻中性点接地。在北美和拉丁美洲以及欧洲一些国家，所有变压器中性点都直接接地。这样做的好处较多，其缺点是接地短路电流大，但可加强保护和采用快速断路器，缩短故障时间。联邦德国一些城市的110kV电网最大接地短路电流限制在5 ~ 10kA。这种水平的短路电流，能保证保护装置的快速动作和具有足够的选择性，同时也无须担心对高压设备的危害和对通信的干扰。

四、我国城市配电技术的发展

新中国成立前的旧中国，只有少数几个大城市如上海、广州、天津、北京、青岛等有简单的市区配电网，由地区发电厂直接供电，自成系统不联网。

新中国成立以来，我国城市配电技术的发展主要有以下几个方面。

（1）线路升压，简化电压等级，减少变压层次。线路升压是短期内扩大供电能力的有效技术措施。它是利用原有杆塔的绝缘裕度，改造杆塔头部结构，加强线路绝缘强度和加大间距。在线路升压的同时，还要相应地对变电站进行改造或改建。通过线路升压运行，逐步淘汰非标准电压，简化电压等级，减少电压层次。目前全国大部分城市的配电电压已采用220、110、35、10kV和0.38/0.22kV五级，东北地区基本上统一为220、66、10、0.38/0.22kV四级。

在简化电压等级的同时，各城市市区周围都在逐步建立220kV、110kV环形网架（北京1985年年底已形成220kV双环形网），使供电电源充足，保证城市电网运行灵活、可靠。

（2）采用高压线路深入市区的供电方式。由于城市负荷密度的不断增长，高压线路深入市区的供电方式，是城市供电发展的必然趋势。沈阳、北京、上海等城市都已分别建成220kV或110kV深入市区的一次变电所，直接降压为10kV。变电所设计，尽量压缩占地面积。为了防止通信干扰，安装了保护和屏蔽设施，并充分利用市区内自然金属体的环境屏蔽作用。

（3）合理布置变电站和线路走廊的位置。变电站合理布点是供电网结构的重要组成部分。过去缺乏统一规划，往往根据近期负荷设置变电站，几年后再扩建、重建，既浪费了资金和人力，更影响了电网结构的整体布局。在城市总体规划中，应把供电规划作为一项重要内容，按远期用电需要，合理布置市区变电站和线路走廊位置。在架线形式方面，有些城市已采用窄基杆塔和多回线并架的架空线路；有些城市在市中心繁华地区采用地下电缆线路，建设必要的专用隧道。

（4）增加无功补偿容量和电压调整设备，改善电压质量。在城市供电网发展中，有功与无功负荷同时增长。20世纪70年代后期，我国各主要城市集中安装了一大批电容器和电压调整设备，改善了电压质量。由于调相机安装数量不多，容量不大，电压调整手段主要是电容器投切和有载电压调整。

（5）整顿和加强高、低压配电网结构。我国许多古老城市的配电网设备陈旧，高、低压线路遍布大街小巷，供电区域交叉重叠，接线方式错综复杂，既不安全，又影响市容。各城市在配电网的改造中，都注重建立高压网架；更换为统一规格的大截面导线；合理划分二次变电站的供电范围；增设柱上油断路器或开闭所；主要二次变电所之间由10kV网架串联，以互通电力。国内有关制造厂也开始试制或生产低噪声变压器、干式变压器、气体绝缘组合电器以及塑料电缆等，以满足城市电网发展的需要。

第五章　电力系统概述

第一节　电力系统构成

一、发电厂

发电厂的作用是生产电能，即它将其他形式的一次能源经发电设备转换为电能。发电厂根据利用的能源不同可分为火力发电厂、水力发电厂、原子能发电厂以及利用其他能源（如地热、风力、太阳能、石油、天然气、潮汐能等）的发电厂。目前，在我国大型电力系统中占主要地位的发电厂主要是火力发电厂，其次是水力和原子能发电厂。

为了充分、合理地利用动力资源，缩短燃料的运输距离，降低发电成本，火力发电厂一般建设在燃料产地；而水力发电厂只能建在有水力资源的地方。因此，发电厂往往远离城市和工业企业，即用电中心地区，故必须进行远距离输电。

二、电网（输配电系统）

电能的输送和分配是由输配电系统完成的。输配电系统又称电网，它包括电能传输过程中途经的所有变电站、配电站中的电气设备和各种不同电压等级的电力线路。实践证明，输送的电力越大，输电距离越远，选用的输电电压也越高，这样才能保证在输送过程中的电能损耗减少。但从用电的角度考虑，为了用电安全和降低用电设备的制造成本，则希望电压低一些。因此，一般发电厂发出的电能都要经过升压，然后由输电线路送到用电区，再经过降压后分配给用户使用，即采用高压输电、低压配电的方式。变电站就是完成这种任务的场所。

在发电厂设置升压变电站将电压升高以利于远距离输送，在用电区则设置降压变电站将电压降低以供用户使用。

降压变电站内装设有受电、变电和配电设备，其作用是接受输送来的高压电能，经过降压后将低压电能进行分配。而对于低压供电的用户，只需再设置低压配电站。配电站内不设置变压器，它只能接受电能和分配电能。

三、电力用户

电力系统的用户也称为用电负荷，可分为工业用户、农业用户、公共事业用户和人民生活用户等。根据用户对供电可靠性的不同要求，目前我国将用电负荷分为三级。

（1）一级负荷。对这一级负荷中断供电会造成人身伤亡事故或造成工业生产中关键设备难以修复的损坏，以致生产秩序长期不能恢复正常，造成国民经济的重大损失；或使市政生活的重要部门发生混乱等。

（2）二级负荷。对这一级负荷中断供电将引起大量减产，造成较大的经济损失；或使城市大量居民的正常生活受到影响等。

（3）三级负荷。对这一级负荷的短时供电中断不会造成重大的损失。

对于不同等级的用电负荷，应根据其具体情况采取适当的技术措施来满足它们对供电可靠性的要求。一级负荷要求供电系统必须有备用电源。当工作电源出现故障时，由保护装置自动切除故障电源，同时由自动装置将备用电源自动投入或由值班人员手动投入，以保证对重要负荷连续供电。如果一级负荷不大时，可采用自备发电机等设备，作为备用电源。对于二级负荷，应由双回路供电；当采用双回路有困难时，则允许采用专用架空线供电。对于三级负荷，通常采用一组电源供电。

由于自然资源分布与经济发展水平等条件限制，电源点与负荷中心多处于不同地区。由于电能目前还无法大量储存，输电过程本质上又是以光速进行，电能生产必须时刻保持与消费平衡。因此，电能的集中开发与分散使用，以及电能的连续供应与负荷的随机变化，就成为制约电力系统结构和运行的根本特点。

第二节　电力系统的基本概念

一、电力系统的运行特点

任何一个系统都有它自己独特的特征，电力系统的运行和其他工业系统比较起来，具有如下明显的特点（见表5–1）。

表5–1　电力系统的运行特点

特点	内容
电能不能大量储存	电能的产生、输送、分配、消费、使用实际上是同时进行的，每时每刻系统中发电机发出的电能必须等于该时刻用户使用的电能，再加上传输这些电能时在电网中损耗的电能。这个产销平衡关系是电能生产的最大特点
与国民经济各部门密切相关	现代工业、农业、国防、交通运输业等都广泛使用着电能，此外在人民日常生活中也广泛使用着各种电器，而且各部门的电气化程度越来越高。因此，电能供应的中断或不足，不仅直接影响各行业的生产，造成人民生活紊乱，而且在某些情况下甚至会造成政治上的损失或极其严重的社会性灾难
过渡过程非常迅速	电能的传输近似于光的速度，以电磁波的形式传播，传播速度为30万km/s，“快”是它的一个极大特点。如电能从一处输送至另一处所需要的时间仅千分之几秒；电力系统从一种运行状态过渡到另一种运行状态的过渡过程非常快
对电能质量的要求颇为严格	电能质量的好坏是指电源电压的大小、频率和波形能否满足要求。电压的大小、频率偏离要求值过多或波形因谐波污染严重而不能保持正弦，都可能导致产生废品、损坏设备，甚至大面积停电。因此，对电压大小、频率的偏移以及谐波分量都有一定限额。而且，由于系统工况时刻变化，这些偏移量和谐波分量是否总在限额之内，需经常监测，要求颇严

由于这些特点的存在，对电力系统的运行提出了严格要求。

二、对电力系统运行的基本要求

评价电力系统的性能指标是安全可靠性、电能质量和经济性能。根据电力系统运行的特点，电力系统应满足以下三点基本要求。

1. 保证可靠地持续供电

电力系统运行首先要满足可靠、不间断供电的要求。虽然保证可靠、不间断的供电是电力系统运行的首要任务，但并不是所有负荷都绝对不能停电，一般可按负荷对供电可靠性的要求将负荷分为三级，运行人员根据各种负荷的重要程度不同，区别对待。

通常对一级负荷要保证不间断供电。对二级负荷，如有可能也要保证不间断供电。当系统中出现供电不足时，三级负荷可以短时断电。

2. 保证良好的电能质量

如上所述，电能质量包括电压质量、频率质量和波形质量三个方面。电压质量和频率质量一般都以偏移是否超过给定值来衡量，例如给定的允许电压偏移为额定值的 ±5%，给定的允许频率偏移为 ±0.2 ~ 0.5Hz等。波形质量则以畸变率是否超过给定值来衡量。所谓畸变率（或正弦波形畸变率），是指各次谐波有效值平方和的方根值与基波有效值的百分比。给定的允许畸变率常因供电电压等级而异，例如，以380V、220V供电时为5%，以10kV供电时为4%，等等。所有这些质量指标，都必须采取一切手段予以保证。

对电压和频率质量的保证，我国电力工业部门多年来早已有要求，并已将其作为考核电力系统运行质量的重要内容之一。在当前条件下，为保证这些质量指标，必须做到大量增加系统有功功率、无功功率的电源，充分发挥现有电源的作用，合理调配用电、节约用电，不断提高系统的自动化程度等。

在我国，对波形质量的要求只是在系统中谐波污染日益严重的情况下才开始注意的，有关规定还有待继续完善。保证波形质量，就是指限制系统中电流、电压的谐波，而其关键则是在于限制各种换流装置、电热电炉等非线性负荷向系统注入的谐波电流。至于限制这类谐波电流的方法，则有更改换流装置的设计、装设无源滤波器或者有源电力滤波器、限制不符合要求的非线性负荷的接入等。

3. 努力提高电力系统运行的经济性

电力系统运行的经济性主要反映在降低发电厂的能源消耗、厂用电率和电网的电能损耗等指标上。电能所损耗的能源在国民经济能源的总消耗中占的比重很大。要使电能在生产、输送和分配的过程中耗能小、效率高，最大限度地降低电能成本有着十分重要的意义。

三、电力系统的中性点接地方式

电力系统的中性点一般指星形连接的变压器或发电机的中性点。这些中性点的运行方式是很复杂的问题，它关系到绝缘水平、通信干扰、接地保护方式、电压等级、系统接线等很多方面。我国电力系统目前所采用的接地方式主要有三种，即不接地、经消弧线圈接地和直接接地。一般电压在35kV及其以下的中性点不接地或经消弧线圈接地，称小电流接地方式；电压在110kV及其以上的中性点直接接地，称大电流接地方式。

1. 不接地方式

图5-1（a）为中性点不接地的三相短路（空载）。在正常情况下，A、B、C三相对称，网络各相电压$\dot{U}_A$、$\dot{U}_B$、$\dot{U}_C$是对称的，中性点电压$\dot{U}_N$=0，$\dot{I}$ Ac+$\dot{I}$ Bc+$\dot{I}$ Cc=0，所以地中没有电容电流，即$\dot{I}_N$=0。

在故障情况下，如在线路的始端C相k点发生单相接地短路，因而各相对地电压发生变化，对地电容电流也发生变化，即$\dot{U}_{ck}\neq 0$、$\dot{I}_{N}\neq 0$,，短路点有短路电流$\dot{I}_{ck}$存在，故障点各相电压、电流都发生变化，变化的情况如下：

（1）故障相。C相对地电压为零，$\dot{U}_{ck}$=0。因为$\dot{U}_{ck}$=$\dot{U}_{c}$+$\dot{U}_{N}$，所以$\dot{U}_{N}$= $-\dot{U}_{c}$。

（2）非故障相。A相$\dot{U}_{A}$变成$\dot{U}_{AK}$

$$U_{AK}=U_{A}+U_{N}=U_{A}-U_{C}=\sqrt{3}U_{C}e^{j150^\circ}$$

B相$\dot{U}_{B}$变成$\dot{U}_{BK}$

$$\dot{U}_{BK}=\dot{U}_{B}+\dot{U}_{N}=\dot{U}_{B}-\dot{U}_{C}=\sqrt{3}\dot{U}e^{\ j150^\circ}$$

故障前后三相电压相量图如图5-1（b）所示。

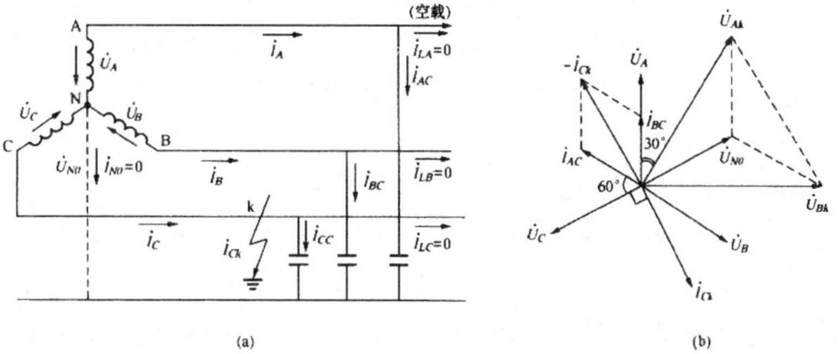

图5-1　中性点不接地系统的单相接地示意图

在中性点不接地的三相系统中，当一相接地后，中性点电压不为零，由图5-1（b）可见，中性点发生位移，对地相电压发生不对称（接地相电压为零，未接地的A、B两相对地电压升高到相电压的$\sqrt{3}$倍），但线与线之间的电压仍是对称的。所以，发生单相接地后，整个线路仍能继续运行一段时间。

（3）接地电流。C相接地电流为

$$\dot{I}_{ck}=-(\dot{I}_{AC}+\dot{I}_{BC})=\dot{I}_{CC}\text{（本身的电容电流）}$$

因为$$\dot{I}_{AC}=\frac{\dot{U}_{AK}}{-jXc}=\frac{\sqrt{3}\dot{U}_{c}e^{-j150^\circ}}{-j\dfrac{1}{\omega C}}=\sqrt{3}\,\omega C\dot{U}_{c}e^{-j60^\circ}$$

$$\dot{I}_{BC}=\frac{\dot{U}_{BK}}{-jXc}=\frac{\sqrt{3}\dot{U}_{c}e^{j150^\circ}}{-j\dfrac{1}{\omega C}}=\sqrt{3}\omega C\dot{U}_{c}e-^{j120^\circ}$$

所以$\dot{I}_{CK} = -\sqrt{3}\omega C\dot{U}_c(e^{-j60°} + e^{-j120°}) = j3\omega C\dot{U}_c$

可见，单相接地时，通过接地点的电容电流为未接地时每一相对地电容电流的3倍。如果故障处短路电流很大，在接地点会产生电弧。

综上所述，中性点不接地的三相系统中，当一相发生接地时，结果如下：

①未接地两相对地电压升高到相电压的力倍，即等于线电压，所以在这种系统中，相对地的绝缘水平应根据线电压来设计。

②各相间的电压大小和相位仍然不变，三相系统的平衡没有遭到破坏，因此可以继续运行一段时间，这便是不接地系统的最大优点，但不允许长期带接地运行，一相接地系统允许继续运行的时间最多不得超过2h。

③接地点通过的电流为容性电流，其大小为原来相对地电容电流的3倍。这种电容电流不易熄灭，可能在接地点引起“弧光接地”，周期性地熄灭和重新发生电弧。“弧光接地”的持续间歇电弧很危险，可能引起线路的谐振现象而产生过电压，损坏电气设备或发展成为相间短路。

2. 中性点经消弧线圈接地

前述中性点不接地的三相系统发生单相接地故障时，虽然可以继续供电，但在单相接地的故障电流较大时，如35kV系统大于10A，10kV系统大于30A时，却不能继续供电。为了防止单相接地时产生电弧，尤其是间歇电弧，则出现了经消弧线圈接地方式，即在变压器或发电机的中性点接入消弧线圈，以减小接地电流。

消弧线圈是一个具有铁心的可调电感线圈，见图5–2。当中性点加消弧线圈后，一相短路时，消弧线圈上的电流为

$$\dot{I}_L = \frac{-\dot{U}_N}{jX_L} = \frac{\dot{U}_C}{j\omega L}$$

可见，$\dot{I}_L$落后于$\dot{U}_C$90°是感性电流，而短路电流$\dot{I}_{ek}$超前于$\dot{U}_C$90°，是容性电流，从相量图5–2（b）可看出，$\dot{I}_L$与$\dot{I}_{CK}$方向相反。所以在短路回路中，电感电流$\dot{I}_L$可以和容性电流$\dot{I}_{ck}$互相补偿，或是完全抵消，或使接地处的电容电流有所减小，易于切断，从而消除了接地处的电弧以及由它所产生的危害，使系统仍能继续运行。

这种补偿又可分为全补偿、欠补偿和过补偿。电感电流等于电容电流，接地处的电流为零，此种情况为全补偿；电感电流小于电容电流为欠补偿；电感电流大于电容电流为过补偿。从理论上讲，采用全补偿可使接地电流为零，但因采用全补偿时，感抗等于容抗，系统有可能发生串联谐振，谐振电流若很大，将在消弧线圈上形成很大的电压降，使中性点对地电位大大升高，可能使设备绝缘损坏，因此一般不采用全补偿。

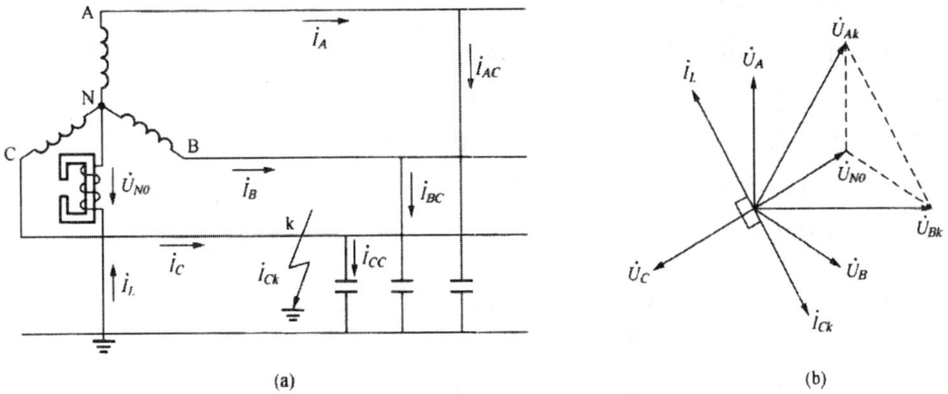

图5-2　中性点经消弧线圈接地示意图

3. 中性点经小电阻接地

对于有些发展很快的城市配电网，由于中心区大量敷设电缆，单相接地电容电流增长较快，虽然装了消弧线圈，由于电容电流较大，且运行方式经常变化，消弧线圈调整困难，另外还由于使用了一部分绝缘水平低的电缆，为了降低过电压水平，减小相间故障可能性，配电网中性点采用经小电阻接地方式。

这种方式就是在中性点与大地之间接入一定阻值的电阻。该电阻与系统对地电容构成并联回路，由于电阻是耗能元件，也是电容电荷释放元件和谐振的阻压元件，对防止谐振过电压和间歇性电弧过电压保护有一定的优越性。在中性点经电阻接地方式中，一般选择电阻的阻值很小，在系统单相接地时，控制流过接地点的电流在500A左右，也有控制在1000A左右的，通过流过接地点的电流来启动零序保护动作，切除故障线路。

采用中性点经小电阻接地，当$R_N \leqslant 10\Omega$，在大多数情况下可使单相接地工频电压升高降低到1.4p.u.左右。从限制弧光接地过电压考虑，当电弧点燃到熄灭过程中，系统所积累的多余电荷在熄灭后半个工频周期内能够通过小电阻泄漏掉，过电压幅值就可明显下降。根据这个要求可以得到中性点的低电阻值应满足的条件为

$$R_N \leqslant \frac{1}{3}\omega C_o$$

中性点经电阻器接地，可以消除中性点不接地和消弧线圈接地系统的缺点，即降低了瞬态过电压幅值，并使灵敏而有选择性的故障定位的接地保护得以实现；缺点是因接地故障入地电流I_K=100 ~ 1000A，中性点电位升高比中性点不接地、消弧线圈接地系统都要高，另外接地故障线路迅速切除，间断供电。

4. 中性点直接接地

对于电压在110kV及以上的电网，由于电压较高，则要求的绝缘水平也就高，若中性点不接地，当发生接地故障时，其相电压升高$\sqrt{3}$力倍，达到线电压，对设备的影响很大，需要的绝缘水平更高。为了节省绝缘费用保证其经济性，又要防止单相接地时产生间歇电弧过电压，通常就将系统的中性点直接接地，也可经电抗器接地。中性点直接接地的三相系统如图5-3所示。

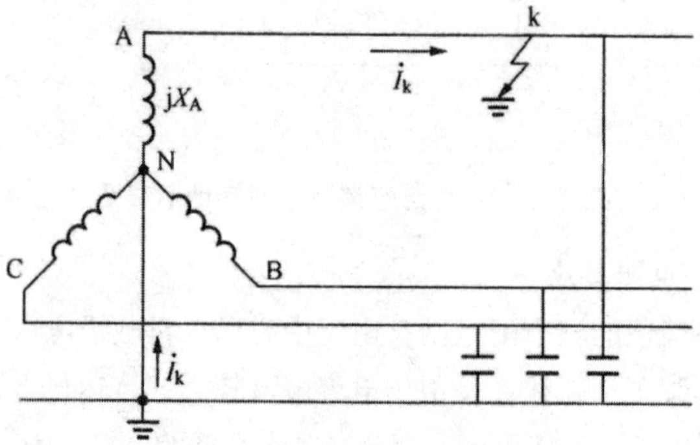

图5-3 中性点接地的三相系统

设A相k点对地短路，则短路电流$\dot{I}_k=\dot{U}_{A/jXA}$，由于$X_A$较小，所以$\dot{I}_k$较大，很大的短路电流$\dot{I}_k$可能烧坏电气设备。

中性点接地系统当发生单相接地时，故障相由接地点通过大地形成单相的短路回路。单相短路回路中电流值$\dot{I}_k$很大，可使继电保护装置动作，断路器断开，将故障部分切除。如果是瞬时性的故障，当自动重合闸成功，系统又能继续运行。

可见，中性点直接接地的缺点是供电可靠性差，每次发生故障，断路器跳闸，供电中断。而现在的网络设计，一般都能保证供电可靠性，如双回路或两端供电，当一回路故障时，断开电路，而且高压线上不直接连用户，对用户的供电安全可以由另一回路保证。

第三节 电气设备及选择

一、按正常工作条件选择电气设备

（1）额定电压。通常，规定一般电气设备允许的最高工作电压U_{Pmax}为设备额定电压U_{PN}的1.1 ~ 1.15倍，而电气设备所在电网的运行电压波动，一般不超过电网额定电压U_{NN}的1.15倍。因此，在选择电气设备时，一般可按照电气设备的额定电压U_{PN}不低于装置地点电网额定电压U_{NN}的条件选择，即

$$U_{PN} \geqslant U_N$$

（2）额定电流。电气设备的额定电流I_N是指在额定环境温度下，电气设备的长期允许电流。I_N应不小于该回路在各种合理运行方式下的最大持续工作电流I_{max}。即

$$I_N \geqslant I_{\max}$$

式中，I_{max}为电气设备所在回路的最大持续工作电流。不同回路的计算方法不同，如发电机、调相机和变压器回路的I_{max}应为发电机、调相机和变压器的额定电流的1.05倍；母联断路器回路的I_{max}一般可取母线上最大一台发电机或变压器的I_{max}。

（3）环境条件对设备选择的影响。一般非高原型的电气设备使用环境的海拔高度不超过1000m。当地区海拔超过制造厂家的规定值时，由于大气压力、空气密度和湿度相应减少，使空气间隙和外绝缘的放电特性下降，则电气设备的最高允许工作电压应修正。当最高允许工作电压不能满足要求时，应采用高原型电气设备，或采用外绝缘提高一级的产品。

电气设备的额定电流是指在基准环境温度下，能允许长期通过的最大工作电流。此时电气设备的长期发热温升不超过其允许温度。在实际运行中，周围环境温度直接影响电气设备的发热温度，所以当环境温度不等于电气设备的基准环境温度时，其额定电流必须进行修正。我国生产的电气设备一般使用的额定环境温度为+40℃。

二、按短路状态校验

1. 短路热稳定校验

短路电流通过电器时，电气设备各部件温度（或发热效应）应不超过允许值。满足热稳定的条件为

$$I_t^2 t \geqslant Q_k$$

式中：Q_k为短路电流产生的热效应；I_t、t为电气设备允许通过的热稳定电流和时间。

2. 电动力稳定校验

电动力稳定是电器承受短路电流机械效应的能力，亦称动稳定。满足动稳定的条件为

$$i_{es} \geqslant i_{sh}, I_{es} \geqslant I_{sh}$$

式中：i_{sh}、I_{sh}为短路冲击电流幅值及其有效值；i_{es}、I_{es}为电气设备允许通过的动稳定电流幅值及其有效值。

3. 短路电流计算条件

为使所选电气设备具有足够的可靠性、经济性和合理性，并在一定时期内适应电力系统发展的需要，作验算用的短路电流应按下列条件确定。

（1）容量和接线。按本工程设计最终容量计算，并考虑电力系统远景发展规划；其接线采用可能发生最大短路电流的正常接线方式，但不考虑在切换过程中可能短时并列的接线方式。

（2）短路种类。一般按三相短路验算，若其他种类短路较三相短路严重时，则应按最严重的情况验算。

（3）计算短路点。同一电压等级各短路点的短路电流值均相等，但通过各支路的短路电流将随着短路点的位置不同而不同。在校验电气设备和载流导体时，必须确定电气设备和载流导体处于最严重的短路点，使通过的短路电流校验值为最大。例如：

①两侧均有电源的断路器，应比较断路器前、后短路时通过断路器的电流值，择其大者为计算短路点；

②带电抗器的出线回路，一般可选电抗器后为计算短路点（这样出线可选用轻型断路器）。

4. 短路计算时间

验算热稳定的短路计算时间t_k为继电保护动作时间t_{op}和相应断路器的全开断时间t_{br}之和，t_{op}一般取保护装置的后备保护动作时间，这是考虑到主保护有死区或拒动；而t_{br}是指对断路器的分闸脉冲传送到断路器操动机构的跳闸线圈时起，到各相触头分离后的电弧完全熄灭为止的时间段。显然t_{br}包括断路器固有分闸时间t_{in}和断路器开断时电弧持续时间t_a。因此t_k为

$$t_k = t_p + t_b = t_b = t_p + t_n + t_a$$

下列几种情况可不校验热稳定或动稳定。

（1）用熔断器保护的电气设备，其热稳定由熔断时间保证，故可不验算热稳定。

（2）采用有限流电阻的熔断器保护的设备可不验算动稳定。

（3）装设在电压互感器回路中的裸导体和电气设备可不验算动稳定和热稳定。

二、高压断路器和隔离开关的功能及选择

高压断路器和隔离开关是发电厂和变电站电气主系统的重要开关电器。高压断路器的主要功能是：正常运行时倒换运行方式，把设备或线路接入电网或退出运行，起着控制作用；当设备或线路发生故障时，能快速切除故障回路，保证无故障部分正常运行，起着保护作用。断路器是开关电器中最为完善的一种设备，其最大特点是能断开电器的负荷电流和短路电流。隔离开关的主要功能是保证高压电器及装置在检修工作时的安全，不能用于切断、投入负荷电流或开断短路电流，仅可允许用于不产生强大电弧的某些切换操作。

1. 高压断路器的选择

（1）断路器的种类和形式的选择。按照断路器采用的灭弧介质可分为油断路器（多油、少油）、压缩空气断路器、SF_6断路器、真空断路器等，其主要特点见表5–2。

表5–2　高压断路器分类及其主要特点

类别	结构特点	技术性能特点	运行维护特点
油断路器	多油断路器的油作为灭弧和绝缘介质；少油断路器的油仅作灭弧介质，对地绝缘依靠固体介质	自能式灭弧，开断性能差；多油断路器仅有屋外型35kV电压级产品；少油断路器110kV及以上产品为积木式结构，全开断时间短	易于维护；噪声低；油易劣化，需要一套油处理装置，需防火、防爆
压缩空气断路器	结构较复杂；以压缩空气作为灭弧介质和弧隙绝缘介质；操作机构与断路器合为一体	额定电流和开断能力可以作得较大，适于开断大容量电路，动作快，开断时间短	噪声较大，维修周期长，无火灾危险，需要一套压缩空气装置作为气源
SF_6断路器	SF_6气体灭弧，对材料、工艺及密封要求严格；有屋外敞开式及屋内落地罐式之别，更多用于GIS	额定电流和开断电流可作得很大；开断性能好，适于各种工况开断；断口电压可做得较高；断口开距小	噪声低；不检修间隔期长；运行稳定，安全可靠，寿命长
真空断路器	体积小，质量轻；灭弧室工艺材料要求高，以真空作为绝缘和灭弧介质；触头不易氧化	可连续多次操作，开断性能好，灭弧迅速；目前我国只生产35kV及以下等级产品；110kV及以上等级产品正在研制之中	运行维护简单，灭弧室不需要检修，无灭弧及爆炸危险；噪声低

选择断路器形式时，应依据各类断路器的特点及使用环境、条件决定。

（2）额定电压和电流选择。高压断路器的额定电压和电流要大于电网的额定电

压和电网的最大负荷电流，即

$$U_N \geqslant U_{NS}, I_N \geqslant I_{max}$$

式中：U_N、U_{NS}分别为高压断路器和电网的额定电压，kV；I_N、I_{max}分别为高压断路器的额定电流和电网的最大负荷电流，A。

（3）开断电流选择。高压断路器的额定开断电流I_{Nbr}，不应小于实际开断瞬间的短路电流周期分量I_{pt}，即

$$I_{Nbr} \geqslant I_{pt}$$

当断路器的较系统短路电流大很多时，简化计算可用$I_{Nbr} \geqslant I''$广进行选择，I''为短路电流值。

国产高压断路器按国家标准规定，I_{Nbr}仅计入20%的非周期分量。一般中、慢速断路器，开断时间较长，短路电流非周期分量衰减较多，能满足标准规定的要求。对于使用快速保护和高速断路器，其开断时间小于0.1s，当电源附近短路时，短路电流的非周期分量可能超过周期分量的20%，需要用短路全电流I_k进行验算，即

$$I_K = \sqrt{I^2_{pt+(\sqrt{2}I''e^{-\frac{\omega tbr}{Ts}})2}}$$

式中：I_{pt}为开断瞬间短路电流周期分量有效值，当开断时间小于0.1s时，$I_{pt} \sim I''$；t_{br}为开断计算时间，s；T_s为非周期分量衰减时间常数，$T_s=x_{\Sigma}/r_{\Sigma}$，其中的$x_{\Sigma}$、$r_{\Sigma}$分别为电源至短路点的等效总电抗和总电阻。

（4）短路关合电流的选择。在断路器合闸之前，若线路上已存在短路故障，则在断路器合闸过程中，动、静触头间在未接触时有巨大的短路电流通过（预击穿），更容易发生触头熔焊和遭受电动力的损坏；且断路器在关合短路电流时，不可避免地在接通后又自动跳闸，此时还要求能够切断短路电流。因此，额定关合电流是断路器的重要参数之一。为了保证断路器在关合短路电流时的安全，断路器的额定关合电流i_{Nc1}不应小于短路电流最大冲击值i_{sh}，即

$$i_{Nc1} \geqslant i_{sh}$$

（5）短路热稳定和动稳定校验。校验式为

$$I_t^2 t \geqslant Q_k, i_{es} \geqslant i_{sh}$$

（6）发电机断路器的特殊要求。发电机断路器与一般的输变电高压断路器相比，由于在电力系统中处于特殊位置及开断保护对象的特殊性，因而在许多方面有着特殊要求。对发电机断路器的要求可概括为三个方面。

①额定值方面的要求。发电机断路器要求承载的额定电流特别高，而且开断的

短路电流特别大，都远超出相同电压等级的输变电断路器。

②开断性能方面的要求。发电机断路器应具有开断非对称短路电流的能力，其直流分量衰减时间为133ms，还应具有关合额定短路关合电流的能力，该电流峰值为额定短路开断电流交流有效值的2.74倍，以及要具有开断失步电流的能力等。

③固有恢复电压方面的要求。因为发电机的瞬态恢复电压是由发电机和升压变压器参数决定的，而不是由系统决定的，所以其瞬态恢复电压上升率取决于发电机和变压器的容量等级，等级越高，瞬态恢复电压上升得越快。

由此可见，发电机断路器与相同电压等级的输配电断路器相比应满足许多高的要求，有的甚至是“苛刻”的要求。因此，对发电机断路器除了应满足现有的开关制造标准，还制定了发电机断路器的通用技术标准。在选用发电机断路器时，特别对大型机组，应对上述特殊要求给予充分重视，选用专用的发电机断路器。对于小型机组，可采用少油式断路器，对于中大型机组，主要采用SF_6断路器、压缩空气断路器。

2. 隔离开关的选择

隔离开关也是发电厂和变电站中常用的开关电器。它需与断路器配套使用。但隔离开关无灭弧装置，不能用来接通和切断负荷电流和短路电流。

隔离开关的工作特点是在有电压、无负荷电流情况下分、合电路。其主要功用为：

（1）隔离电压。在检修电气设备时，用隔离开关将被检修的设备与电源电压隔离，以确保检修的安全。

（2）倒闸操作。投入备用母线或旁路母线以及改变运行方式时，常用隔离开关配合断路器，协同操作来完成。

（3）分、合小电流。因隔离开关具有一定的分、合小电感电流和电容电流的能力，故一般可用来进行下列操作：分、合避雷器、电压互感器和空载母线；分、合励磁电流不超过2A的空载变压器；关合电容电流不超过5A的空载线路。

隔离开关与断路器相比，额定电压、额定电流的选择及短路动、热稳定校验的项目相同。但由于隔离开关不用来接通和切除短路电流，故无须进行开断电流和短路关合电流的校验。

隔离开关的形式较多，按安装地点不同，可分为屋内式和屋外式；按绝缘支柱数目又可分为单柱式、双柱式和三柱式；此外，还有V形隔离开关。隔离开关的形式对配电装置的布置和占地面积有很大影响。隔离开关选型时应根据配电装置特点和使用要求以及技术经济条件来确定。

三、高压熔断器的选择

高压熔断器是最简单的保护电器，它用来保护电气设备免受过载和短路电流的损害。与高压接触器（真空接触器或SF_6接触器）配合，广泛用于300 ~ 600MW大型火电机组的厂用6kV高压系统，称为“F–C回路”。

1. 高压熔断器型式选择

按安装条件及用途选择不同类型高压熔断器如屋外跌开式、屋内式。对用于保护电压互感器的高压熔断器应选专用系列。

2. 高压熔断器额定电压选择

对于一般的高压熔断器，其额定电压t/N必须大于或等于电网的额定电压U_{Na}。但是对于充填石英砂有限流作用的限流式熔断器，则不宜使用在低于熔断器额定电压的电网中。这是因为限流式熔断器灭弧能力很强，熔体熔断时因截流而产生过电压，一般在U_N=U_{Na}的电网中，过电压倍数2 ~ 2.5倍，不会超过电网中电气设备的绝缘水平；但如在U_{Na}<U_N的电网中，因熔体较长，过电压值可达3.5 ~ 4倍相电压，可能损害电网中的电气设备。

3. 高压熔断器额定电流选择

熔断器的额定电流选择，包括熔断器熔管的额定电流和熔体的额定电流的选择。

（1）熔管额定电流的选择。为了保证熔断器壳不致损坏，高压熔断器的熔管额定电流/Nft应大于熔体的额定电流I_{Nfc}，即

$$I_{Nf_t} \geqslant I_{Nfs}$$

（2）熔体额定电流的选择。为了防止熔体在通过变压器励磁涌流和保护范围以外的短路及发电机自启动等冲击电流时误动作，保护35kV及以下电力变压器的高压熔断器，其熔体的额定电流应根据电力变压器回路最大工作电流I_{max}按下式选择

$$I_{Nf_s} \geqslant KI_{max}$$

式中：K为可靠系数，不计电动机自启动时K=1.1 ~ 1.3，考虑自启动K=1.5 ~ 2.0。

保护电力电容器的高压熔断器的熔体，当系统电压升高或波形畸变引起回路电流涌流时不应熔断，其熔体的额定电流应根据电容器回路的额定电流I_{NC}按下式选择

$$I_{Nf_s} = KI_{NC}$$

式中：尤为可靠系数，对限流式高压熔断器，当为一台电力电容器时K=1.5 ~ 2.0，当为一组电力电容器时K=1.3 ~ 1.8。

（3）熔断器开断电流校验。校验式为

$$I_{Nbr} \geqslant I_{sh}(或I'')$$

对于没有限流作用的熔断器，选择时用冲击电流的有效值I_{sh}进行校验；对于有限流作用的熔断器，在电流达到最大值之前已截断，故可不计非周期分量影响，而采用I'' 进行校验。

四、互感器的选择

互感器是电力系统中测量仪表、继电保护等二次设备获取电气一次回路信息的传感器。互感器将高电压、大电流按比例变成低电压和小电流，其一次侧接在一次系统，二次侧接测量仪表与继电保护等。互感器包括电流互感器和电压互感器两大类，主要是电磁式的。

为了确保工作人员在接触测量仪表和继电器时的安全，互感器的每一个二次绕组必须有一可靠的接地，以防绕组间绝缘损坏而使二次部分长期存在高电压。

1. 电流互感器的选择

（1）种类和形式的选择。选择电流互感器时，应根据安装地点（如屋内、屋外）和安装方式（如穿墙式、支持式、装入式等）选择其形式。选用母线型电流互感器时应注意校核窗口尺寸。

（2）一次回路额定电压和电流的选择。一次回路额定电压U_{1N}和电流U_{1N}应满足

$$U_{1N} \geqslant U_{NS}, I_{1N} \geqslant I_{max}$$

（3）准确级和额定容量的选择。为了保证测量仪表的准确度，电流互感器的准确级不得低于所供测量仪表的准确级。装于重要回路（如发电机、调相机、厂用馈线、出现等回路）中的电流互感器的准确级不应低于0.5级；对测量精度要求较高的大容量发电机、变压器、系统干线和500kV级宜采用0.2级；对供运行监视、估算电能的电能表和控制盘上仪表的电流互感器应为0.5 ~ 1级；供只需估计电参数仪表的电流互感器可用3级。

我国电流互感器准确级和误差限值见表5-3。

对于不同的准确级，互感器有不同的额定容量，体现在互感器的准确级与二次侧负载有关。而互感器按选定准确级所规定的额定容量S_{2N}应大于或等于二次侧所接负荷$I_{2N}^2 Z_{2L}$，即

$$S_{2N} \geqslant I_{2N}^2 Z_{2L}$$
$$Z_{2L} = r_a + r_{re} + r_L + r_c$$

表5-3　电流互感器准确级和误差限值

准确级	一次电流为额定电流的百分数（%）	误差限值		二次负荷变化范围
		电流误差（%）	相位差（'）	
0.2	10 20 100 ~ 120	±0.5 ±0.35 ±0.2	±20 ±15 ±10	（0.25 ~ 1）< S_{2N}
0.5	10 20 100 ~ 120	±1 ±0.75 ±0.5	±60 ±45 ±30	
1	10 20 100 ~ 120	±2 ±1.5 ±1	±120 ±90 ±60	
3	50 ~ 120	±3	不规定	（0.5 ~ 1）S_{2N}

式中：r_a、r_{re}分别为二次侧回路中所接仪表和继电器的电流线圈电阻（忽略电抗）；r_c为接触电阻；r_L为连接导线电阻。

（4）热稳定和动稳定校验。

①只对本身带有一次回路导体的电流互感器进行热稳定校验。电流互感器热稳定能力常以允许通过的热稳定电流I_t或一次额定电流I_{1N}的倍数K_t来表示，热稳定校验式为

$$I_t^2 \geqslant Q_k \text{或} (K_t I_{1N})^2 \geqslant Q_k$$

②动稳定校验包括由同一相的电流相互作用产生的内部电动力校验，以及不同相的电流相互作用产生的外部电动力校验。

内部动稳定校验式为

$$i_{es} \geqslant i_{sh} \text{或} \sqrt{2} K_{es} I_{1N} \geqslant i_{sh}$$

式中：i_{es}、K_{es}为电流互感器的动稳定电流及动稳定电流倍数，由制造厂提供。

外部动稳定校验式为

$$F_{a1} \geqslant 0.5 \times 1.73 \times 10^{-7} i_{sh}^2 \frac{L}{a} (N)$$

式中：F_{a1}为作用于电流互感器瓷帽端部的允许力，由制造厂提供；L为电流互感器出线端至最近一个母线支柱绝缘子之间的跨距；a为相间距离；0.5为系数，表示互感器瓷套端部承受该跨上电动力的一半。

2. 电压互感器的选择

（1）种类和形式选择。应根据装设地点和使用条件进行电压互感器的种类和型式的选择。

（2）一次额定电压和二次额定电压的选择。3 ~ 35kV 电压互感器一般经隔离开关和熔断器接入高压电网。110kV 及以上的电压互感器可靠性较高，电压互感器只经过隔离开关与电网连接。

（3）容量和准确级选择。根据仪表和继电器接线要求选择电压互感器的接线方式，并尽可能将负荷均匀分布在各相上，然后计算各相负荷大小，按照所接仪表的准确级和容量，选择互感器的准确级和额定容量。互感器的额定二次容量（对应于所要求的准确级），应不小于电压互感器的二次负荷，即$S_{2N} \geqslant S_2$，二次负荷S_2为

$$S_2 = \sqrt{(\Sigma S_0 \geqslant \cos\varphi)^2 + (\Sigma S_0 \ \sin\varphi)^2} = \sqrt{(\Sigma P_0)^2 + (\Sigma Q_0)^2}$$

式中：S_0、P_0、Q_0、$\cos\varphi$分别为各仪表的视在功率、有功功率、无功功率、功率因数。

电压互感器三相负荷常不相等，为满足准确级要求，通常以最大相负荷进行比较。计算电压互感器各相的负荷时，必须注意电压互感器和负荷的接线方式。

五、限流电抗器的选择

常用的限流电抗器有普通电抗器和分裂电抗器两种，选择方法基本相同。

1. 额定电压和额定电流的选择

额定电压和额定电流应满足

$$U_{1N} \geqslant U_{NS}, I_{1N} \geqslant I_{max}$$

当分裂电抗用于发电厂的发电机或主变压器回路时，I_{max}一般按发电机或主变压器额定电流的70%选择；而用于变电站主变压器回路时，I_{max}取臂中负荷电流较大者，当无负荷资料时，一般按主变压器额定容量的70%选择。

2. 电抗百分数的选择

（1）普通电抗器的电抗百分数的选择

①按将短路电流限制到一定数值的要求来选择。设要求将电抗器后的短路电流限制到I''，则电源至电抗器后的短路点的总电抗标幺值$x_{.\Sigma} = I_b/I''$（I_b为基准电流）。设电源至电抗器前的系统电抗标幺值是$x'_{.\Sigma}$，则所需电抗器的电抗标幺值$x_{.L} = x_{.\Sigma} - x'_{.\Sigma}$。以额定参数下的百分电抗表示，则应选择电抗器的百分电抗为

$$x_L(\%)=(\frac{I_b}{I''}-x'_{*\Sigma})\frac{I_N U_b}{I_b U_N}\times 100\%$$

②正常运行时电压损失 ΔU（%）校验。普通电抗器在运行时，电抗器的 ΔU（%）≥5%，考虑到电抗器电阻很小，且 ΔU 主要是由电流的无功分量 $I_{max}\sin\varphi$ 产生，故电压损失为

$$\Delta U(\%)\approx x_L(\%)\frac{I_{max}}{I_N}\sin\varphi\leqslant 5\%$$

③母线残压校验。若出现电抗器回路未设置速断保护，为减轻短路对其他用户的影响，当线路电抗器后短路时，母线残压 ΔU_{re}（%）应不低于电网电压额定值的 60% ~ 70%，即

$$\Delta U_{re}(\%)=x_L(\%)\frac{I''}{I_N}\geqslant(60\%\sim 70\%)U_{NS}$$

（2）分裂电抗器电抗百分数的选择

分裂电抗器电抗百分值按将短路电流限制到要求值来选择。分裂电抗器电抗百分值可按上式计算 x_L（%），但因分裂电抗器产品是按单臂自感电抗 x_{L1}（%）算出，所以应进行换算。x_{L1}（%）与 x_L（%）的关系决定于电源连接方式和限制某一侧短路电流有关，如图5-4所示。

仅当3侧有电源，1（或2）侧短路时，有

$$x_{L1}(\%)=x_L(\%)$$

当1、2侧均有电源，3侧短路时，有

$$x_{L1}(\%)=\frac{2}{1-2f}x_L(\%)$$

在正常运行情况下，分裂电抗器的电压损失很小，但两臂负荷变化可引起较大的电压波动，故要求两臂母线的电压波动不大于母线额定电压的5%。母线Ⅰ段的电压为

$$U_1=U-\sqrt{3}x_{L1}I_1\sin\varphi_1+\sqrt{3}x_{L2}fI_2\sin\varphi_2$$

因为

$$x_{L1}=\frac{x_{L1}(\%)}{100}\times\frac{U_N}{\sqrt{3}I_N}$$

将式 $x_{L1}=\frac{x_{L1}(\%)}{100}\times\frac{U_N}{\sqrt{3}I_N}$ 代入式 $x_{L1}(\%)=\frac{2}{1-2f}x_L(\%)$ 并除以 U_N，可得Ⅰ段母线电压的百分数

$$U_1(\%)=U(\%)-x_{L1}(\%)(\frac{I_1}{I_N}\sin\varphi_1-f\frac{I_2}{I_N}\sin\varphi_2)$$

上式中：U（%）为分裂电抗器电源侧电压的百分值（图5-4）；I_1、I_2、φ_1、φ_2 分别为Ⅰ、Ⅱ段母线上负荷电流及功率因数角，如无负荷资料，可取 $I_1=0.34I_N$，$I_2=0.7I_N$，$\cos\varphi_1=\cos\varphi_2=0.8$。

同理，Ⅱ段母线的电压为

$$U_2(\%)=U(\%)-x_{L1}(\%)(\frac{I_2}{I_N}\sin\varphi_2-f\frac{I_1}{I_N}\sin\varphi_1)$$

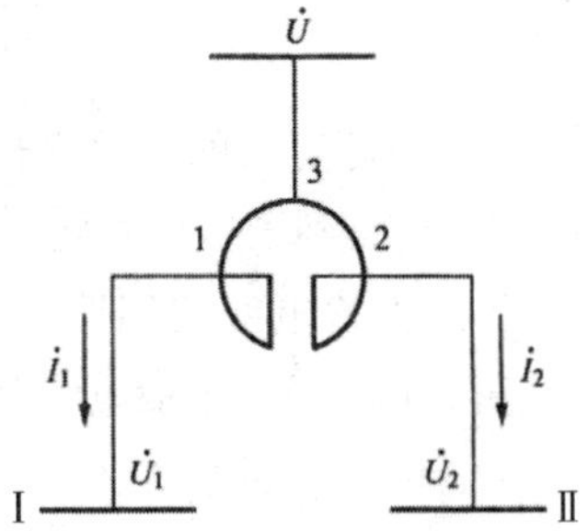

图5–4　分裂电抗器接线图

3. 热稳定和动稳定校验

热稳定和动稳定校验式为

$$I_t^2t\geqslant Q_k, i_{es}\geqslant i_{sh}$$

分裂电抗器抵御两臂同时流过反向电流的动稳定能力较低，因此，分裂电抗器除分别按单臂流过短路电流校验外，还应按两臂同时流过反向短路电流进行动稳定校验。

第四节　我国电力系统的发展及其特点

一、电力建设快速发展

（1）发电装机容量、发电量持续增长。“十一五”期间，我国发电装机和发电量年均增长率分别为10.5%、10.34%。发电装机容量继2000年达到了3亿kW后，到

2009年已将达到8.6亿kW。发电量在2000年达到了1.37万亿kW·h，到2009年达到34334亿kW·h，其中火电占到总发电量的82.6%，水电装机占总装机容量的24.5%，核电发电量占全部发电量的2.3%，可再生能源主要是风电和太阳能发电，总量微乎其微。

（2）电源结构不断调整和技术升级受到重视。水电开发力度加大，2008年9月，三峡电站机组增加到34台，总装机容量达到为2250万kW。核电建设取得进展，经过20多年的努力，建成以秦山、大亚湾/岭澳、田湾为代表的几个核电基地。截至2008年年底，国内已投入运营的机组共11台，占世界在役核电机组数的2.4%，装机容量约910万kW，为全国电力装机总量的1.14%、世界在役核电装机总量的2.3%。高参数、大容量机组比重有所增加，截至2009年年底，全国已投运百万千瓦超超临界机组21台，是世界上拥有百万千瓦超超临界机组最多的国家；30万kW及以上火电机组占全部火电机组的比重提高到69.43%，火电机组平均单机容量已经提高到2009年的10.31万kW。

（3）电网建设不断加强。随着电源容量的日益增长，我国电网规模不断扩大，电网建设得到了不断加强，电网建设得到了迅速发展，输变电容量逐年增加。2009年，全年全国基建新增220kV及以上输电线路回路长度41457km，变电设备容量27756万kVA。2009年年底，全国220kV及以上输电线路回路长度39.94万km，比上年增长11.29%；220kV及以上变电设备容量17.62亿kVA，比上年增长19.40%。其中500kV及以上交、直流电压等级的跨区、跨省、省内骨干电网规模增长较快，其回路长度和变电容量分别比上年增长了16.64%和25.97%。目前，我国电网规模已超过美国，跃居世界首位。

（4）西电东送和全国联网发展迅速。我国能源资源和电力负荷分布的不均衡性，决定了“西电东送”是我国的必然选择。西电东送重点在于输送水电电能。按照经济性原则，适度建设燃煤电站，实施西电东送。

国家电网公司在电网建设方面将采取加大加快前期工作力度、加快“西电东送、南北互供、全国联网”工程的建设步伐、抓紧抓好三峡送出的三期工程建设、加快溪洛渡向家坝水电站的送出工程的前期工作、重视抽水蓄能等调频调峰电源的建设、积极采用新技术新工艺、不断提尚电网的可靠性等措施。

二、电力环保取得显著成绩

（1）污染物排放得到控制。电力工业从20世纪80年代初开始控制烟尘排放，目前安装电除尘器比例达到85%以上，烟尘排放总量较1980年减少32%以上，单位电量烟尘排放量减少了88%。自2007年以来，国电电力相继投入74450万元，对所属电厂的火电机组（计划关停除外）进行了脱硫改造，2003年年底中国内地已累计建成投产的脱硫机组装置容量约1000万kW，脱硫设施产生的SO_2去除量为96.9万t，单位电量SO_2排放量较1990年减少了40%。洁净煤燃烧技术的研究、开发和技术引进取得进展，我国已经掌握了低氮燃烧技术。水电、核电和电网的环境保护得到高度重视。

（2）资源节约和综合利用水平不断提高。2006年全国火电机组平均供电标准煤耗由2005年的370g/kW·h时降至为366g/kW·h，电网综合线损率由7.21%降至为7.08%。

三、电力科学技术水平有较大提高

电力发展水平走在世界前列。一是火电机组参数等级、效率不断提高；二是水电建设代表了当今世界水平，建成了以三峡工程为代表的一批具有世界一流水平的水电工程；三是核电自主化程度不断提高，秦山二期建成投产标志着我国已具备65万kW压水堆核电机组的研发制造能力；四是超高压技术跻身国际先进行列，500kV紧凑型、同塔多回、串联补偿等技术得到应用；五是交、直流输电系统控制保护设备的技术水平已居于世界领先行列；六是直流输电技术快速发展，已先后建成单回输送容量120万kW的葛上直流工程、单回输送容量180万kW的天广直流工程、单回输送容量均为300万kW的龙政、三广及贵广Ⅰ回直流工程，在建和已建的直流线路工程的长度达到了7000km。

四、可再生能源发电取得进步

（1）风力发电建设规模逐步扩大。从“七五”开始建设风电场，2008年年底，我国已建成风力发电机组上万台，风电场200多个，风电机组累计装机超过1200万kW。2008年风电发电量为128亿kW·h。

（2）地热发电得到应用。西藏电力工业发展较快，装机容量已达311MW，年发电量6.58亿kW·h，地热资源丰富。羊八井地热电站装机容量为24MW，年发电量已达1.1亿kW·h，是我国最大的地热发电厂。

（3）太阳能发电开始起步。到2007年年底，全国光伏系统的累计装机容量达到10万kW（100MW），从事太阳能电池生产的企业达到50余家，太阳能电池生产能力达到290万kW（2900MW），太阳能电池年产量达到1188MW，超过日本和欧洲。

从我国电力系统的发展情况来看，我国电力系统已经属于现代电力系统，主要具有以下几个特点。

（1）大机组：2010年，我国火电最大单机容量100万kW的超超临界机组，已投产运行达到33台，另有11台百万千瓦机组在建；全年新增火电机组单机容量超过60万kW的合计容量占全部新增火电容量的60%以上。

（2）大电网：形成多省网组成的区域电网，乃至全国电网。

（3）高电压：我国目前运行的主网电压最高电压等级为750kV（西北地区），1000kV特高压交流线路示范工程已投入运行（晋东南—南阳—荆门）。

（4）远距离：一般应满足跨省和跨区域或跨国的远距离送电。

（5）大容量输电；运行管理的自动化；可再生能源的应用。

第六章　高压直流输电技术

第一节　直流输电概述

一、直流输电的基本原理

直流输电是将发电厂发出的交流电经过升压后，由换流设备（整流器）变换成直流，通过直流线路送到受电端，再经过换流设备（逆变器）变换成交流，供给受电端的交流系统，直流输电的基本原理如图6–1所示。它表示一个简单的直流输电系统。

图6–1中包括两个换流站CS_1和CS_2及直流输电线路。两个换流站的直流端分别接在直流线路的两端，而交流端则分别连接到两个交流电力系统Ⅰ和Ⅱ。换流站中主要装设有换流器，其作用是实现交流电与直流电的相互转换。

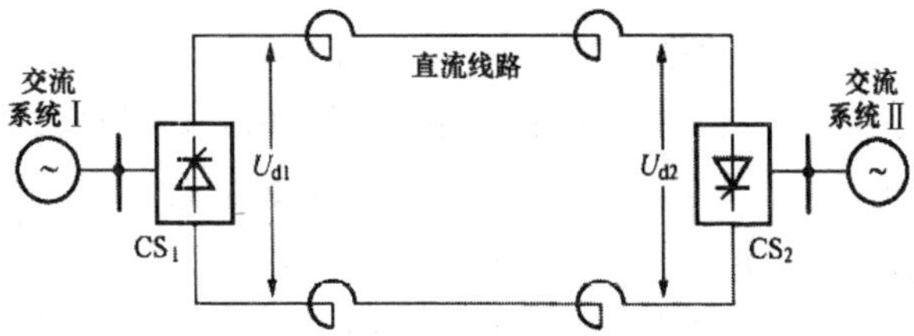

图6–1　简单直流输电系统原理示意图

换流器由一个或多个换流桥串联或并联组成，目前用于直流输电系统的换流桥均采用三相桥式换流电路，每个桥具有6个桥臂。由于桥臂具有可控的单向导通能力，所以又称为阀或阀臂。

从交流电力系统Ⅰ向系统Ⅱ输送电能时，换流站CS_1把送端系统Ⅰ送来的三相交流电变换成直流电，通过直流输电线路把直流电流（功率）输送到换流站CS_2，再由CS_2把直流变换成三相交流。通常把交流电变换成直流电称为整流，CS_1也称为整流站；把直流电变换成交流电称为逆变，CS_2又称为逆变站。

设整流站CS_1的直流输出电压为U_{d1}，逆变站CS_1的直流输入电压为U_{d2}，则从图9–1可知直流线路电流为

$$I_d=\frac{U_{d1}-U_{d2}}{R}$$

$$或U_{d1}-U_{d2}=I_dR$$

式中：U_{d1}为整流站CS_1的直流侧电压；U_{d2}整流站CS_2的直流侧电压；I_d为直流电路电流；R为直流电路的电阻。

直流线路与交流线路不同，它只输送有功功率，不输送无功功率。换流站CS_1送到直流线路的功率和换流站CS_2从直流线路接受的功率分别为

$$P_{d1}=U_{d1}I_d$$

和$P=U_{d2}I_d$

两者之差，即

$$P_{d1}-P_{d2}=U_{d1}I_d-U_{d2}I_d=I_d(U_{d1}-U_{d2})$$

为直流线路的损耗。

当直流电压U_{d1}大于电压U_{d2}时，就有电流沿着图7–1的方向流通。只要改变两端直流电压U_{d1}和U_{d2}，就可以调节电流I_d，从而也就改变了直流线路的功率P_{d1}和P_{d2}。如果需要，通过调节可保持输送的电流或功率不变。

二、高压直流输电系统的分类

直流输电的系统结构可分为两端直流输电系统和多端直流输电系统两类。两端直流输电系统只有一个整流站和一个逆变站，它与交流系统只有两个连接端口，是结构最简单的直流输电系统。多端直流输电系统具有三个或三个以上的换流站，它与交流系统有三个或三个以上的连接端口。目前世界上运行的直流输电工程大多为两端直流系统，只有少数工程为多端系统。两端直流输电系统常见的接线方式如图9–2所示，它们适用于不同的条件，现分述如下。

1. 单极系统接线方式

单极系统接线方式是用一根架空导线或电缆线，以大地或海水作为返回线路组成的直流输电系统，如图6–2（a）所示。这种方式由于正常运行时电流需流经大地或海水，因此要注意接地电极的材料、埋设方法和对地下埋设物的腐蚀以及对地下

通信线路、航海罗盘的影响等问题，通常用正极接地的方式较多。

单极两线制方式（或称同极方式），是将返回线路用一根导线代替的单极线路方式。单极两线单点接地是将导线任一根在一侧换流站进行单点接地，如图6–2（b）所示。这种方式避免了电流从地中或海水中流过，又把某一导线的电位钳位到零。其缺点是当负荷电流流过导线时，要在导线上产生不小的电压降，所以仍要考虑适当的绝缘强度。这种方式大多用于无法采用大地或海水作为回路以及作为双极方式的过渡方案。

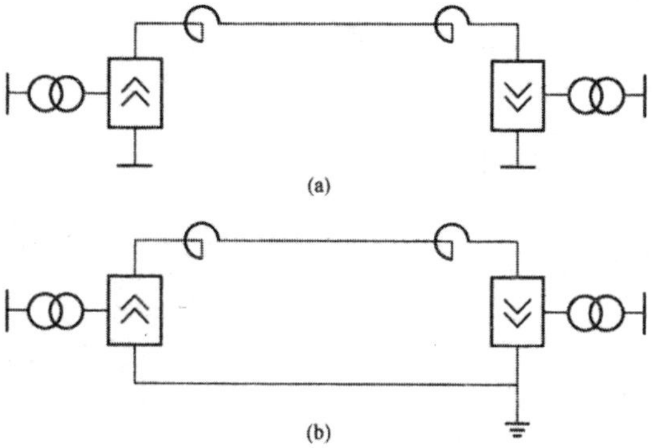

图6–2　单极系统接线方式

2. 双极系统接线方式

双极系统接线方式有两根不同极性（即正、负极）的导线，可具有大地回路或中性线回路。当其中一根导线线路故障时，另一根以大地作为回路可带50%的负荷，可作为分期建设的直流工程初期的一种接线方式。

现将双极式直流输电系统接线方式分述如下：

（1）双极两线中性点两端接地方式。这种方式如图6–3（a）所示，将整流站和逆变站的中性点均接地，双极对地电压分别为+U和–U。正常运行时，接地点之间没有电流流过。实际上，由于两侧变压器的阻抗和换流器控制角的不平衡，总有不平衡电流以大地作为回路流过。当一线路故障切除后，可以利用健全极和大地作为回路，维持单极运行方式。

（2）双极中性点单端接地方式。这种运行方式在整流侧或逆变侧中性点单端接地，正常运行时和上述方式相同。但当一线故障时，就不可继续运行。

（3）双极中性线方式。将双极两端的中性点用导线连接起来，就构成了双极中性线方式。如图6–3（b）所示。这种方法在整流侧或逆变侧任一端接地，当一极发生故障时，能用健全极继续输送功率，同时避免了利用大地或海水作为回路的缺点。这种方式由于增加了一根导线，在经济上将增加了一定的投资。

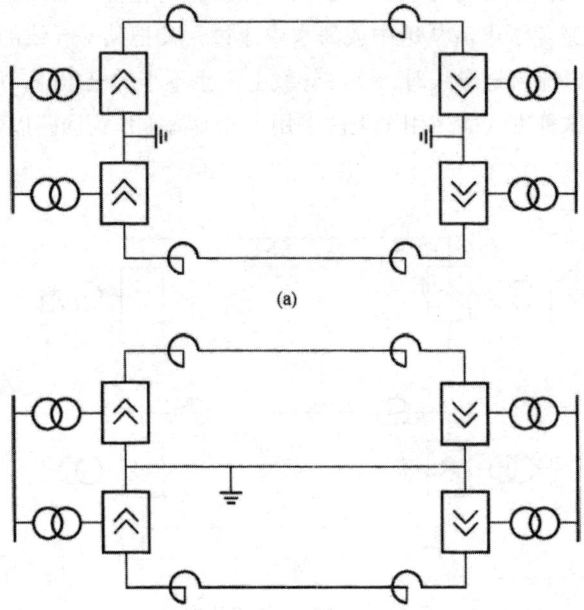

(a)

(b)

图6–3　双极系统接线方式示意图

（4）“背靠背”换流方式。没有直流输电线路，而将整流站和逆变站建在一起的直流系统称为“背靠背”换流站，两套换流站一套运行于整流，另一套运行于逆变。两套换流站设备的直流侧经平波电抗器直接相连，交流侧分别连接到两个交流电力系统中，从而完成这两个交流系统间的耦合，可以实现相互之间的电力交换，取得联网效益。这种方式适用于不同额定频率或者相同额定频率非同步运行的交流系统之间的互联。因为没有直流输电线路，所以直流系统可选用较低的额定电压。这样，整个直流系统的绝缘费用可降低，有色金属的消耗量和电能损耗就较少。目前世界各国已修建和准备投建的“背靠背”直流工程较多，其主要用途是系统增容时限制短路容量，从而不致更换大量的电气设备，而且无功功率调节比远距离直流输电更为有利。这是因为无功调节中要降低直流电压，在远距离直流输电中将引起线路损耗的增加，而“背靠背”直流系统不存在此问题。

3. 多端直流输电系统

由三个或三个以上换流站及其连接的高压直流线路所构成的直流输电系统即为

多端直流输电系统。多端直流输电系统可以实现各换流站交流端所连接的交流电力系统之间的功率输送或电力交换。多端直流系统中的换流站可以作为整流运行也可以作为逆变运行，但整流运行的总功率与逆变运行的总功率必须相等，即多端系统的输入和输出功率必须平衡。多端系统换流站之间的连接方式可以是并联或串联方式，连接换流站的直流线路可以是分支形或闭环形。此系统适用于直流输电主干线送端的多电源汇集系统和受端的多个负荷点的分配系统，以及从直流输电线路中分支接出来以供沿线难于由交流电力系统供电的小负荷，可补充增强交流电力系统的网架。目前世界上已运行的多端直流工程只有意大利—撒丁岛（三端，小型）和魁北克—新英格兰（五端，实为三端运行）两项。此外，加拿大的纳尔逊河双极1和双极2以及美国的太平洋联络线直流工程也具有多端直流输电的运行性能。

三、直流输电的优缺点及适用场合

1. 优点

根据高压直流输电的特点，在可比条件下与高压交流输电相比较时，直流输电具有下列优点。

（1）从经济方面考虑，直流输电有如下优点。

输送相同功率时，线路造价低。对于架空输电线路，交流用三根导线，而直流一般用两根，采用大地或海水作回路时只要一根，能节省大量的线路建设费用。对于电缆，由于直流电缆绝缘介质的强度远高于交流电缆的强度，如通常的油浸纸电缆，直流的允许工作电压约为交流的3倍，直流电缆的投资少得多。

年电能损失小。直流架空输电线只用两根，导线电阻损耗比交流输电小；没有感抗和容抗的无功损耗；没有集肤效应，导线的截面利用充分。另外，直流架空线路的“空间电荷效应”使其电晕损耗和无线电干扰都比交流线路小。

所以，直流架空输电线路在线路建设初期投资和年运行费用上均较交流输电线路经济。

（2）从技术方面考虑，直流输电有如下优点。

①不存在系统稳定问题，可实现电网的非同期互联，而交流电力系统中所有的同步发电机都保持同步运行。由于交流系统具有电抗，输送的功率有一定的极限，当系统受到某种扰动时，有可能使线路上的输送功率超过它的界限，这时送端的发电机和受端的发电机有可能失去同步而造成系统的解列。

电力系统中输送的功率为

$$P=\frac{E_1E_2}{x}\sin\delta_{12}=P_M\sin\delta_{12}$$

式中：E_1、E_2为交流系统送端和受端的电动势；X为表示输电线路、发电机、变压器的电抗；δ_{12}为E_1和E_2两电动势的相角差；P_M为静态稳定极限。

从上式中可以看出，线路越长，X越大，静稳定极限也越小，所以超高压长距离交流输电就受到很大的限制。

如果采用直流线路连接两个交流系统，由于直流线路没有电抗，所以不存在上述的稳定问题，也就是说直流输电不受输电距离的限制。另外，由于直流输电与系统频率、系统相位差无关，所以直流线路可以连接两个频率不相同的交流系统，实现非同期联网，提高系统的稳定性。

②限制短路电流。如用交流输电线路连接两个交流系统，短路容量增大，甚至需要更换断路器或增设限流装置。然而用直流输电线路连接两个交流系统时，直流系统的“定电流控制”将快速把短路电流限制在额定电流附近，短路容量不因互联而增大。

③调节快速，运行可靠。直流输电通过晶闸管换流器能快速调整有功功率，实现“潮流翻转”（功率流动方向的改变），在正常时能保证稳定输出，在事故情况下，可实现健全系统对故障系统的紧急支援，也能实现振荡阻尼和次同步振荡的抑制。在交直流线路并列运行时，如果交流线路发生短路，可短暂增大直流输送功率以减少发电机转子加速，提高系统的可靠性。如果采用双极线路，当一极故障，另一极仍可以大地或水作为回路，继续输送一半的功率，这也提高了运行的可靠性。

④没有电容充电电流。直流线路稳态时无电容电流，沿线电压分布平稳，无空载、轻载时交流长线路受端及中部发生电压异常升高的现象，也不需要并联电抗补偿。

⑤节省线路走廊。按500kV电压等级考虑，一条直流输电线路的走廊约为40m，另一条交流线路走廊约为50m，而前者输送容量约为后者2倍，即直流传输效率约为交流2倍。

2. 缺点

下列因素限制了直流输电的应用范围。

（1）换流装置较昂贵。这是限制直流输电应用的最主要原因。在输送相同容量时，直流线路单位长度的造价比交流低；而直流输电两端换流设备造价比交流变电站贵很多。这就引起了所谓的“等价距离”问题，即如果当输电距离增加到一定值时，采用直流输电其线路所节省的费用，刚好可以抵偿换流站所增加的费用（即交直流输电的线路和两端设备的总费用相等），这个距离就称为交、直流输电线路的等价距离，如图6–4所示。

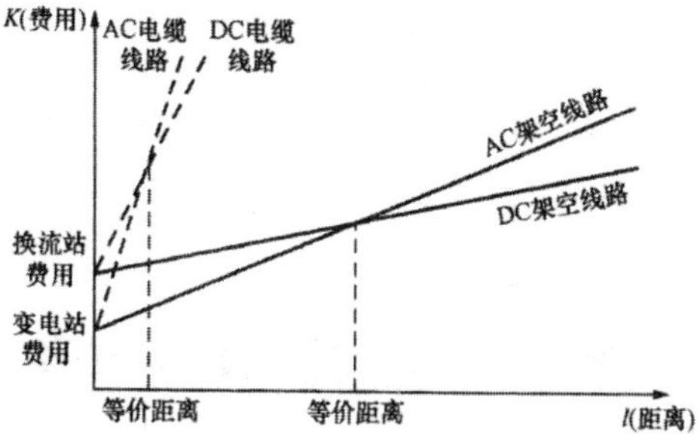

图6–4　交直流输电比较的等价距离示意图

通常情况下，当输电距离大于等价距离时，采用直流输电比采用交流输电经济；反之则采用交流输电比较经济。目前，国际上规定架空线路的等价距离为500 ~ 700km，电缆线路为20 ~ 40km。随着换流装置价格的不断下降，等价距离必然也将不断地下降。当然，输电系统采用交流或直流是由诸多因素决定的，等价距离不是唯一的因素。工程实际上的等价距离是在一定的范围内变化的（交流 ±5%、直流 ±10%）。

（2）换流装置消耗无功功率多。一般每端换流站消耗无功功率为输送功率的40% ~ 60%，需要无功补偿。

（3）产生谐波影响。换流器在交流和直流侧都产生谐波电压和谐波电流，使电容器和发电机过热、换流器的控制不稳定，对通信系统产生干扰。

（4）直流输电系统的故障率远高于交流系统。例如，葛—上500kV直流输电系统1995年停运22次，1996年停运29次，等效停运时间分别为1446.6h和2219h，其中4次为双极停运。而1991 ~ 1996年对全国67740km交流输电线路统计，500kV交流输电系统的事故跳闸率仅为0.061次/（100km · a）。

（5）换流装置几乎没有过载能力，对直流系统的运行产生不利的影响。

（6）以大地作为回路的直流系统，运行时会对沿途的金属构件和管道有腐蚀作用；以海水作为回路时，会对航海导航仪表产生影响。

（7）直流线路的积污速度快、污闪电压低，污秽问题较交流线路严重，因此较难运行维护。

（8）不能用变压器来改变电压等级；直流输电主要用于长距离大容量输电、交流系统之间异步互联和海底电缆送电等。而且只能两点一线直通传输电能，电源不能中途落点，不利于沿线地区的用电。

3. 适用场合

根据以上优缺点，直流输电适用于以下场合。

远距离大功率输电；海底电缆送电；不同频率或同频率非周期运行的交流系统之间的联络；用地下电缆向大城市供电；交流系统互联或配电网增容时，作为限制短路电流的措施之一；配合新能源的输电。

第二节 高压直流输电系统构成

一、换流站

换流站是直流输电系统中实现交、直流变换的电力工程设施。换流站一侧接于交流系统，另一侧接到直流电网，它是直流输电系统中最重要的环节。站内装设有换流器、换流变压器、平波电抗器、换流站交流滤波装置、换流站直流滤波装置和直流输电系统控制装置等交、直流变换设备和必要的辅助设备与设施。

换流站中主要电气设备包括以下几种（见表6–1）。

表6–1 换流站中主要电气设备

设备名称	内容
换流变压器	向换流器提供交流功率或从换流器接受功率的变压器
直流电抗器	其又称为平波电抗器，主要作用是抑制直流过电流的上升速度，并用于直流线路的滤波，同时对于沿直流线路向换流站入侵的过电压也将起缓冲作用
换流器	换流器分整流器和逆变器，分别用来完成交流—直流和直流—交流转换
阻尼器	并联于换流器阀的阻尼器，主要用来阻尼阀关断时引起的振荡，抑制相过电压，线路阻尼器用于阻尼线路在异常运行情况下发生的振荡
交流断路器	将直流侧空载的换流装置投入到交流电力系统或从其中切除；当换流站主要设备发生故障时，在直流电流的旁路形成后，可用它将换流站从交流系统中切除
过电压保护器	其作用是保护站内设备（特别是换流器）免受雷击和操作过电压之害。在有直流电压的接点必须装设直流避雷器
无功补偿装置	换流器在运行时需要消耗无功功率，除了滤波器提供部分无功外，其余则由安装在换流站内的无功补偿装置（包括电力电容器、同步调相机和静止补偿器）提供。逆变站的无功补偿装置，一般还应供给部分受端交流系统负载所需要的无功功率。另外，无功补装置可兼作电压调节之用，静止补偿器和装有快速励磁调节器的同步调相机也有助于提高直流输电系统的电压稳定性

续表

设备名称	内容
接地电极	其主要作用是连接大地（或海水）回路、固定换流站直流侧的对地电位
滤波器	其主要作用是对交流侧和直流侧进行滤波。装于交流侧的称为交流滤波器，装于直流侧的称为直流滤波器。交流滤波器除了对交流侧进行滤波外，还可为换流站提供一部分无功功率
调节装置	根据系统的运行情况，自动控制换流器的触发相位，调节直流线路的电压、电流和功率
电压互感器和电流互感器	对交流系统采用交流电压互感器和电流互感器；对直流侧需采用直流电压互感器和直流电流互感器
高频阻塞装置	抑制换流器在换相过程中所引起的无线电干扰
继电保护装置	检测换流站内设备（特别是换流器）和直流线路的故障，并发出故障处理的指令

换流器与换流变压器组合成换流单元，是实现直流电和交流电相互转换的基本单元；直流电抗器和滤波器是分别作为交直流换流系统中抑制过电压、过电流和抑制谐波的主要设备，保证了换流站的平稳运行；而辅助设备以及辅助电路保证了换流站的安全运行。

1. 换流单元

（1）换流器。直流输电所用的换流器通常采用由12个（或6个）换流阀组成的12脉动换流器（或6脉动换流器）。换流阀是直流输电为实现换流所用的三相桥式换流器中的桥臂，是电力电子元件串联组成的桥臂主电路及其合装在同一个箱体中的相应辅助部分的总称。直流输电所采用的换流阀有汞弧阀和晶闸管阀（也称可控阀）两种。

汞弧阀是一种具有汞弧阴极的真空离子器件，通过汞蒸汽的电离来实现单向导电。由于汞弧阀在运行中会产生逆弧、熄弧等故障，阳极与阴极的温度有不同的要求以及安装、维护比较复杂等原因，目前已不再采用。

晶闸管阀又称普通晶闸阀，由许多规格相同的晶闸管元件串联而成，作为电网换相换流器。目前的直流输电工程绝大多数均采用这种电网换相换流器，所采用的晶闸管有电触发+闸管（ETT）和光直接触发晶闸管（LTT）两种。直流输电所用的换流阀大多采用空气绝缘水冷却、户内式结构。

晶闸管阀的特点是：①不会发生逆弧，可靠性高；②无须预热与复杂的温度控制和真空技术；③维修简便；④电子器件价格与常规电工器件比较有相对降低的趋势；⑤由于晶闸管阀是由众多的晶闸管元件串联而成，阀的额定电压选择有很大的自由度；⑥省去采用汞弧闺所需的旁通阀，也延长了换流变压器的使用年限。与汞弧阀相比，晶闸管阀还具有不需要空装置、装配室等辅助设施，甚至可以装设于户外。目前在直流输电工程中，汞弧阀已被晶闸管阀所替代。

晶闸管的特性主要取决于所采用的晶闸管元件的特性，晶闸管的芯片直径现已达到100mm以上，有效结面积达$60cm^2$以上，能承受的电压和电流分别达6kV和4kA以上。

晶闸管阀按绝缘方式分为空气绝缘阀和油浸式绝缘阀两类；按冷却方式分为风冷、油冷和水冷；按安装地点分为户内和户外式。一般空气绝缘阀为户内型，油浸绝缘阀为户外型，各有其优缺点。为了缩小阀的体积，使整个换流站更加紧凑，目前已开发了新型的SF_6绝缘氟里昂冷却阀。

晶闸管阀是由数十个至上百个晶闸管元件串并联组成，其元件的额定值和它的串并联数，是阀设计的基本参数。在阀的设计中，通常用电压设计系数（*VDF*）和电流设计系数（*CDF*）作为选择晶闸管串并联数的依据。其*VDF*和*CDF*的表示式为

$$VDF=\frac{\text{元件的额定电压}\times\text{元件串联数}}{\text{阀的额定电压}}$$

$$CDF=\frac{\text{元件的额定电流}\times\text{元件串联数}\times 3}{\text{阀的额定电流}}$$

在晶闸管元件的选择中，*VDF*和*CDF*一般取值在3～4的范围内。

显然，采用额定值大的元件，可以减少元件的串并联数，也可相应地减小和简化阀的控制、均压等组件，从而降低阀的造价。

（2）换流变压器。连接换流桥和交流系统之间的电力变压器叫换流变压器，其为换流桥提供一个中性点不接地的三相换相电压，它和普通电力变压器在结构上基本相同。换流变压器在直流输电系统中的作用有：①传送电力；②把交流系统的电压变换到换流器所需的换相电压；③利用变压器绕组的不同接法，为十二脉动换流器提供两组幅值相等、相位相差30°（基波电角度）的三相对称的换相电压；④将直流部分与交流系统相互绝缘隔离，以免交流系统中性点接地和直流系统中性点的接地造成短路故障；⑤换流变压器的漏抗可起到限制故障电流的作用；⑥对沿着交流线路侵入到换流站的冲击过电压波起缓冲抑制的作用。

由于换流变压器的运行特性与换流阀通断而造成的非线性密切相关，它在短路电抗、绝缘、谐波、直流偏磁、有载调压等方面与普通电力变压器有不同的特点和需求。

①短路电抗。当换流器的阀臂发生绝缘破坏事故时，造成换流变压器的桥侧短路；而换流器的换相过程实际上就是换流器二相短路过程。为了防止过大的短路电流通过当时正导通着的健全阀而损坏它的元件，所以换流变压器应具有足够大的漏电抗来限制短路电流。但换流变压器的漏抗也不宜选择得过大，否则换流器在运行中消耗的无功功率将增加，需要加大无功补偿设备的容量。此外，直流电压中换相压降也将过大，因此换流变压器短路电抗的选择要兼顾到这两方面，一般取值为15% ~ 20%。

②绝缘。换流变压器阀侧绕组和套管是在交流和直流电压同时作用下工作的，当直流电压极性迅速变化时，会使油绝缘受到很大的电应力。为解决这个问题，要使用电阻率较低的绝缘纸。为避免在雨天直流电压作用，由于不均匀湿闪而造成的闪络故障，作为阀侧绕组外绝缘的套管均伸入阀厅。

③谐波。换流变压器漏磁的谐波分量会使变压器的杂散损耗增大，有时可能使某些金属部件和油箱产生局部过热现象。因此，在有较强漏磁通过的部件要用非磁性材料或采用磁屏蔽措施。

④直流偏磁。如果换流器触发相所用的时间间隔不相等，则交流相电流的正负半波不同，它的平均值将不等于零。也就是相电流中存在着直流分量，这一直流分量流过换流变压器桥侧绕组时，将产生直流磁化现象（也称直流偏磁）。当铁心周期性饱和，发出低频的噪声，它的频率只有正常励磁情况下的变压器噪声频率的一半，可以把这种低频噪声作为换流变压器发生直流磁化的征兆。与此同时，变压器的损耗和温升也将增加。因而，换流变压器铁心正常运行的磁通密度要设计略小一些。

⑤有载调压。换流变压器应具有较多的有载调压分接开关，利用分接开关可使直流输电系统经常运行在最佳状态，换流器触发角运行在适当的范围内，以兼顾到运行的安全性和经济性。分接开关调压范围一般为 ±15%，每挡调节量为1% ~ 3%，以达到分接开关调节和换流桥触发控制联合工作，做到既无调节死区，又可避免频繁往返动作。

2. 直流电抗器

直流电抗器也称平波电抗器，一般串接在每个极换流器的直流输出端与直流线路之间，主要起抑制直流线路电流和电压脉动的作用。其结构按绝缘和冷却方式的不同，有油浸式和干式两种，按磁路结构不同有空心式和铁心式两种。空心电抗器的电感值基本是线性的，而铁心电抗器则有较大的非线性度，在小电流时电感值较大，可减少直流电流间断的可能性。

直流电抗器的主要作用：①限制直流系统发生事故时直流电流的上升率，以避免事故的扩大；②抑制直流侧脉波的谐波分量，减小对临近高频通道的干扰；③防止直流低负荷时直流电流间断以及引起过电压现象的出现；④对于沿直流线路向换流站入侵的过电压起缓冲的作用。

为了达到上述目的，直流电抗器的电感量越大越好。但是直流电感L_d太大，运行时容易产生过电压，同时电磁惯性太大，对自动控制响应迟钝。一般在已建的直流工程中，直流电抗器的电感值为0.4 ～ 1.5H。

直流电抗器的设置和接线方式有多种：①一般方式是将直流电抗器串接在一个极中，处于高电位；②T接法是将直流电抗器分为两半，中间接有直流滤波器，以增强抑制谐波和高频阻塞的作用，两个电抗器都设置在高电位；③将电感分为一大一小的两部分，分别串接设置在极上和换流器中性点部位的引出线上，并处于高、低电位，高压侧的电感数值较小，低压侧数值较大，既降低成本，又减小了高压侧线圈的匝间电容，增强了其高频阻塞的效果；④在直流输电线路是电缆线路的情况下，全部电感可设置在中性点部位。

3. 滤波器

由于换流装置交流侧的电压和电流的波形不完全是正弦波，直流侧的电压和电流也不是平滑恒定的直流，即它们都含有多种谐波分量。也就是说换流装置是一个谐波源，它将在交流侧和直流侧产生谐波电压和谐波电流。一个脉波数为的换流器，在它的直流侧产生的谐波次数为$n=kp$，在它的交流侧产生的谐波次数为$n=kp\pm 1$，其中k是任意正整数。大多数高压直流系统的换流器，其脉波数为6和12，产生的大量谐波会使交流电网中的发电机和电容器由于谐波的附加损耗而过热，对通信设备产生干扰，使换流器的检测不稳定，还有可能引起电网中发生局部的谐振过电压。

目前，减少换流器谐波的主要方法是采用增加脉波数和装设滤波器两种。但是对于高压直流系统中的换流器，普遍认为增加脉波数到12以上时，将使换流站接线复杂，投资增加。所以在换流器的交流侧目前几乎都采用滤波器以限制交流谐波。而滤波器中的电容器也同时可提供换流器所需的部分无功功率。在换流器的直流侧，总是用相当大电感的串联直流电抗器来限制直流电压和电流中的谐波。对于与直流电缆相连接的换流器，它的直流侧除直流电抗器外，一般不需要装设另外的滤波装置；而对于架空线路，则需装设直流滤波器。

滤波器的分类可按其用途分为交流滤波器和直流滤波器；按连接方式可分为串联滤波器和并联滤波器；按阻抗特性分为单调谐滤波器、双调谐滤波器和高通滤波器。并联滤波器与串联滤波器相比，滤波效果较好；并联滤波器的一端接地，通过的电流只是由它所滤除的谐波电流和一个比主电路中小得多的基波电流，绝缘要求也低；在交流情况下，并联滤波器除滤波外，其中的电容器还可同时向换流器提供无功功率。因此，高压直流系统中一般都采用并联滤波器。

（1）交流滤波器。安装在换流站交流侧用来吸收换流器交流侧谐波电压、电流的装置称为交流滤波器。交流滤波器是换流站的重要设备之一，其投资约占换流站总投资的5% ~ 15%，而其中的电容器又是滤波器投资的主要部分。换流站交流滤波装置一般是由若干个单独用于吸收某些特定次数谐波的三相滤波器组并联而成，三相滤波器组内三个相同的滤波器各自接成星形。每个滤波器在一个或两个谐波频率的指定变化范围内或高频带下呈现低阻抗，使换流站交流侧对应于这些频率范围或高频带的谐波电流绝大部分流入滤波器，从而减少注入交流系统的谐波，达到降低谐波的要求。目前广泛使用的交流滤波器有单调谐滤波器、双调谐滤波器和两阶高通滤波器三种。

①单调谐滤波器。这种滤波器是电阻R、电感L和电容C等元件串联组成的滤波电路，它在某一低次谐波（或接近低次谐波）频率下的阻抗最小。

②双调谐滤波器。这种滤波器对两种低次谐波同时具有很低的阻抗，即可同时抑制两种特征谐波，它实际上相当于两个单调谐滤波器，且具有两条相并联的支路。

③两阶高通滤波器。这种滤波器是在一个很宽的频带范围内（如17次及以上的各次谐波频率）呈一个很低的阻抗。

对于单桥6脉波的直流系统，交流侧通常接有5、7、11次和13次4个单调谐波器支路和一个高通滤波器支路，其接线如图6–5所示。

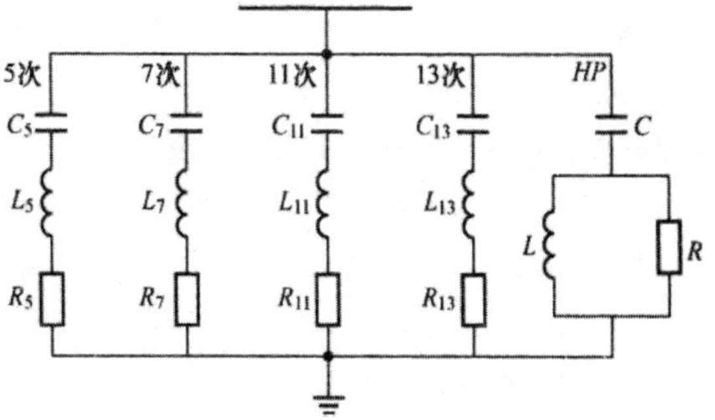

图6–5　交流滤波器的配置示意图

对于双桥12脉波的直流系统，正常时的谐波只有（12 ± 1）次，所以对单调谐支路只需配置11次和13次以及高通滤波器即可。

（2）直流滤波器。如前所述，虽然平波电抗器能够起到限制直流谐波的作用，但对于架空线路，通常还需装设直流滤波器。直流滤波器定义为安装在换流站直流侧，与平波电抗器配合用以疏导和抑制直流侧谐波电压、电流的装置。直流滤波装置的形式与交流滤波装置基本相同，通常采用谐振于低次特征谐波频率的单调谐滤波器、高通滤波器及其组合。它与交流滤波装置主要不同点在于：交流滤波装置中有较大的基波电流，而直流滤波装置中无直流电流。一般在平波电抗器不满足谐波抑制的要求时，则需装设直流滤波器，在“背靠背”直流耦合系统中和采用直流电缆电路时，无须设置直流滤波器。直流侧谐波的次数为$n=kp$，当$p=6$时，n为6、12、18等。因此，对6脉波直流系统，直流侧滤波电路如图6–6所示。

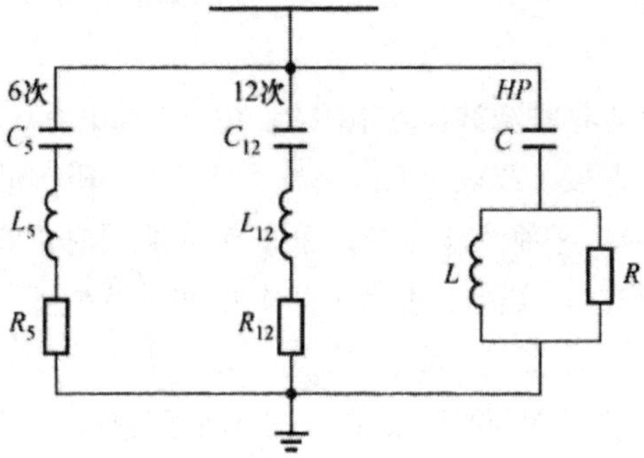

图6–6　直流滤波器的配置示意图

4. 辅助设备以及辅助电路

（1）站用电系统。换流站的站用电系统与交流变电站站用电系统基本相同，一般有380/220V三相交流和220V或110V直流。直流一般由蓄电池提供，但可靠性要求和抗干扰要求都比变电站的要高。

换流站对站用电的可靠性要求包括：①换流阀控制、调节、远动及触发脉冲装置必须不间断地连续工作，不允许站用电的瞬间中断。②对一些特殊设备，例如有些直流电压互感器、直流电流互感器以及采用交流助磁的交流供电电源，也必须采用连续可靠的供电系统。③对于换流阀冷却系统的各种用电装置，如风机、水泵等，一般允许采用交流双电源自动投入备用电源的供电系统。

对于换流阀的控制、调节、远动（包括通信通道）及触发脉冲均为弱电系统，为确保其稳定可靠地工作，在供电系统上必须严格采取防止干扰的措施，如采用与外界屏蔽的独立电源供电。

（2）换流阀冷却系统。换流阀的冷却介质有空气、水、油及氟利昂冷却介质等。

为了保证冷却介质高度的可利用率，冷却装置必须按直流极数或更小的单元来划分，同时冷却回路中的各种设备必须有足够的备用台数与容量。当今世界上采用空气冷却和水冷却换流阀的较多，随着单阀容量的增大，水冷阀有增多的趋势。

（3）换流阀的辅助电源。用单相变压器把汞弧阀所需要的辅助电力变换到阀电位。由于它既向负偏压供电，又向励弧器电弧供电，因此必须高度可靠，特别是在交流故障情况下更应如此。随着交流故障而出现的电压下降，必须在规定的时间限度以内不致引起汞弧阀的误操作。晶闸管阀的一个很大的优点是不需要辅助电力供阀之用，所以不会发生上述的问题。

（4）操作及保护回路。无论是手动操作或自动操作，目的都是企图改变工作状态，同时希望新状态能不受任何环境的影响而一直保持到发布下一操作指令为止。为避免发生虚假的状态变化而取消这种操作的情况（如由整流运行方式变成逆变运行方式，或由关断变成导通），换流器要靠换向继电器来保持所给的命令。

直流输电终端站中的保护、操作、测量和控制回路的公用设备，通常要比其他装置中的公用设备多，这就要求保护回路的中间连接部件有更严格的可靠性。电压测量中只装一只共用电阻器，测量电流用的直流互感器也不是双联的，与交流互感器不一样。

（5）接地网。换流站中各种设备的保护接地方式基本与交流变电站的相同。但对工作接地，有特殊要求。换流站的工作接地可分为直流输电接地、电极接地和电位接地。电位接地是否可与换流站总接地网相连，需要核算直流接地短路电流通过换流变压器中性点时是否会引起换流变压器的磁偏，必要时可与总接地网分开，或在换流变压器中性点接地回路中串接电阻。换流站的直流电位接地一般是引出独立的接地极，以分散接地短路电流，然后再与换流站总接地网相连。

（6）通信。换流站之间信息交换非常重要，要求供给辅助电力，这种设备在很大程度上要双重配备，配备的程度要看载波通道本身双重配备的性质而定。如果通信出了故障，则两侧应具备记忆功能，一边保持住瞬间控制状态；另一边改用一种临时的而不太灵活的控制方法，这种方法能在短期间内取代通信通道的作用。

二、直流输电线路

直流输电线路是直流输电系统的重要组成部分。直流输电之所以在经济上具有竞争力，其主要原因就在于直流输电线路的经济指标优于交流输电线路。

就基本结构而言，直流输电线路可分为架空线路、电缆线路、架空—电缆混合线路三种类型，它们分别用于不同的场合。另外，以大地或海水作为廉价和低损耗的回流电路，也已得到广泛的应用。

1. 直流架空线路

按构成方式的不同，直流架空线路可分为三种基本类型。

（1）单极线路。只有一极导线，一般以大地或海水作为回流电路。

（2）同极线路。具有两根同极性导线，同时也利用大地或海水作为回流电流。

（3）双极线路。具有两根不同极性的导线，有些采用大地（海水）回流，也有一些采用金属回流。当两极导线中的电流相等时，回流电路中就没有电流；如果一极导线发生故障，另一极导线仍可利用回流电路继续运行。

2. 直流电缆线路

在许多场合必须采用电缆线路，成为选用直流输电的决定性因素。由于特殊原因（如需要跨越水域、难以解决架空线路走廊用地问题等）而不得不采用电缆来送电时，往往需要采用直流输电。

目前实际使用的高压直流电缆有下列几种：黏性浸渍绝缘电缆、充油电缆、充气电缆和挤压塑料电缆。一般额定电压在250kV及以下者均采用价格比较便宜的黏性浸渍绝缘电缆，超过250kV时，大多采用充油电缆。

3. 大地回路

直流输电的回路电路有两种基本类型，即金属回路和大地（包括海水）回路。有些直流输电工程采用了金属回路，例如日本的“北—本线”，但更多的工程选择了大地回路。

利用大地作为回流电路具有下列好处。

（1）和同样长度的金属回路相比，大地回路具有较小的电阻和较小的损耗。

（2）采用大地回路，就可以根据输送容量的逐步增大而进行分期建设。第一期可以先按一极导线加大地回路的方式作单极运行，第二期再建设另一极导线，使之成为双极线路。

（3）在双极线路中，当一极导线或一组换流器停止工作时，仍可利用另一极导线和大地回路输送一半或更多的电力。

但是，采用大地回路也会带来一系列问题和副作用，表现在以下内容。

接地电极的材料、结构和埋设方式必须因地制宜加以选择、设计和施工，其中有不少技术问题需加以研究；在接地电极附近产生可能会危及人、畜、鱼类的危险电位梯度；地中电流对地下金属物体（特别是电缆、水油气管道等）的电解腐蚀；地中电流对其他系统（如交流电力系统，通信系统等）会产生干扰影响；海底电缆的电流对磁罗盘读数的影响；回流电流对鱼群等水生物的影响。

第三节　直流输电系统的控制和运行特征

一、直流输电系统的控制框架

直流输电的一个重要优点就是通过各种控制和调节元件对直流系统实现多种快速的调节。直流输电系统在稳态正常运行方式下的运行参数主要是两端的直流电压、直流电流和输送功率。在运行中，各种因素的变化（如负荷的变化、电压的波动以及各种扰动）都会使上述运行参数发生变化。高压直流输电控制系统的配置如图6–7所示。图中所示的总控制是高压直流输电控制系统的一部分，它的主要作用是对直流系统的每一个换流站提供该站控制系统所需的输入指令，使直流输电系统按设计要求运行（如实现功率、频率或电流的控制）。

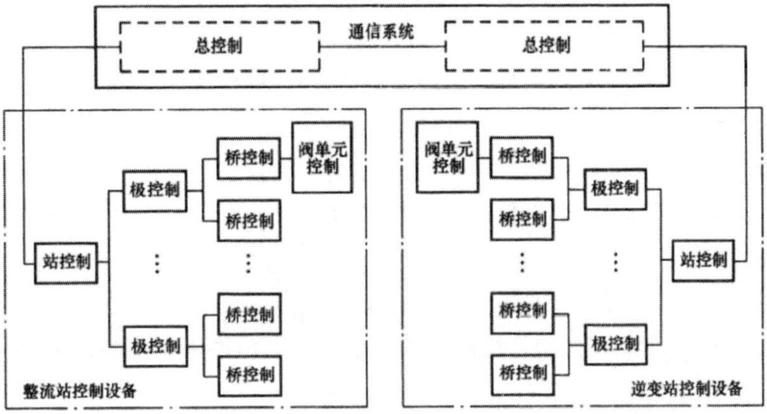

图6–7　高压直流输电控制系统配置图

站控制是构成一个完整的整流站或逆变站的控制、监视和保护系统的公共部分，它对换流站内每一个极（正、负极）提供互相协调的被调量指令，如电流或功率指令等。极控制是使换流站内每一个极的各个换流器单元（又称换流桥）的控制系统互相协调，使提供的被调量输出只产生最小的谐波量。桥控制用于控制构成换流器的每个阀的触发相位。所设计的直流输电系统的各种运行控制特性，最终是通过桥控制来实现的。因此，桥控制是构成直流输电控制系统的重要单元，通常包括以下几种。

（1）脉冲相位控制装置：用来产生触发换流阀的控制脉冲。

（2）换流桥监视装置：用来测量、记录和显示与换流桥有关的重要电气量、机械量和热量的参数。

（3）换流桥保护装置：用来保护换流桥有关部件，以防止由于异常工况或事故而造成的损害。

（4）换流桥程序控制装置：用来使换流桥的相位控制装置、监视和保护装置的工作协调起来，并且能够在运行工况发生变化时，对换流桥进行有关的程序控制。

二、直流输电系统的控制方式

直流输电系统基本的控制方式有定电流控制、定电压控制、定越前角β控制、定熄弧角γ控制和定延迟角a控制等。

1. 定电流控制

定电流控制是将换流器直流电流维持在整定值的控制方式。其作用是保持电流恒定，防止故障电流过大或避免直流电流过小而发生间断。

2. 定电压控制

定电压控制的基本原理与定电流控制相似，只是反馈信号改变为直流电压。

3. 定触发角控制

定触发角控制又分为两种情况：对于整流器而言，为定延迟角控制（定a角控制）；而对逆变器而言，为定越前角控制（定β角控制）。

对定a控制，有

$$U_{d1}=E_1\cos a-I_dR_{c1}$$

由上式即可作出其控制特性曲线为一束向下倾斜的平行线簇，如图6-8所示。随着a角的增加，斜线往下移动，斜线的斜率为R_{c1}。

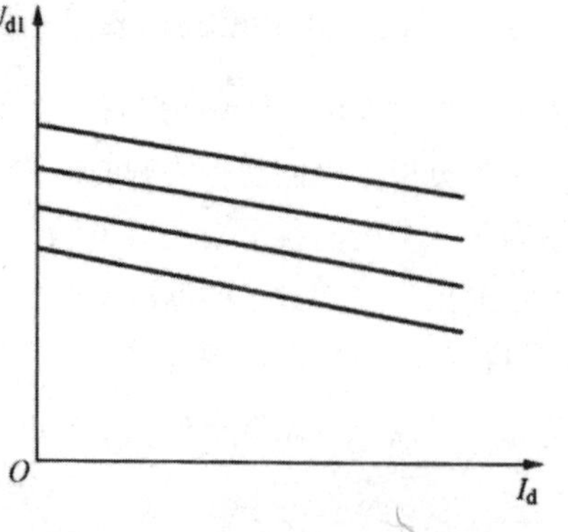

图6-8　定a角控制特性图

对定β控制，有

$$U_{d2}=E_2\cos\beta-I_dR_{c2}$$

同样根据上式可作出定β角控制特性曲线，如图6–9所示，为一束往上倾斜的平行线簇，随着β角的增加，斜线向下移动，斜率为$+R_{c2}$。

4. 定熄弧角γ控制

在实际应用中，逆变器的控制方式并不以β而是以熄弧角γ作为控制对象。所以定熄弧角γ控制是逆变器最常用的控制方式，由于$\beta=\gamma+\mu$，所以控制γ也就控制了。

对定γ控制，有

$$U_{d2}=E_2\cos\gamma-I=R_{c2}$$

同样根据上式可作出定γ角控制特性曲线，如图6–10所示，为一束往下倾斜的平行线，γ角越大，曲线越低。

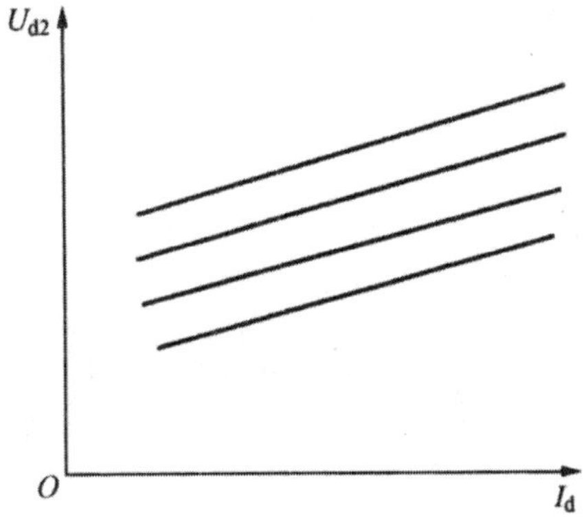

图6–9　定β角控制特性图

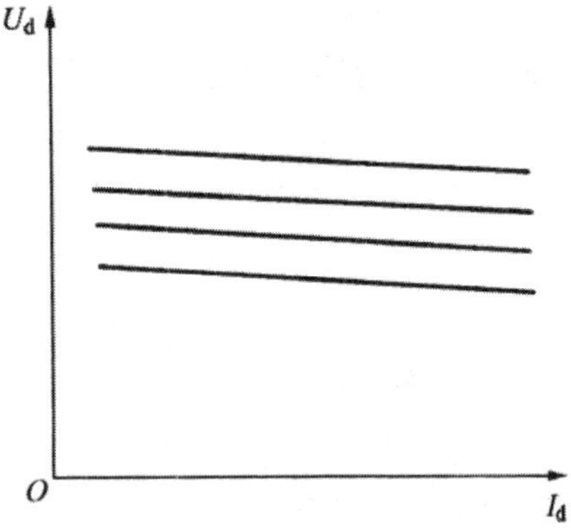

图6–10　定γ角控制特性图

5. 功率控制和频率控制

由于直流输电线路需要按计划输送一定的功率，如果直流输电只设计定电流控制，那么在两侧交流系统电压波动不大时，基本上能满足定功率输送的要求。如果两侧交流系统电压波动较大时，则必须装设定功率控制来满足要求。

三、直流输电系统的五种控制运行特性

L、R、C为直流输电线路等值电路的电感、电阻和电容；下标Z和N分别表示整流和逆变侧有关的参量。

如图7–11所示，直流输电线路用T形等值电路表示，所标的直流电压和电流都

是稳态平均值。在稳态情况下，它们与主电路中的电感L和电容C无关。以图6–11中输电线路始端S点为界，可写出S点两侧的稳态伏安特性方程式。

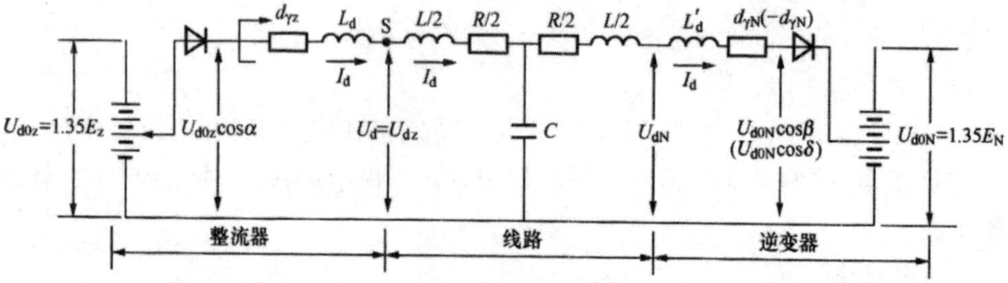

图6–11　直流输电系统等值电路示意图

（1）S点左侧，即整流器的伏安特性

$$U_d=U_{d0z}\cos a-I_d d_{rz}$$

（2）S点右侧，即逆变器连同直流线路的伏安特性分为两种。

①当逆变器按定越前角β运行时

$$U_d=U_{d0N}\cos\beta-I_d\ (d_{rN}+R)$$

②当逆变器按定关断角δ运行时

$$U_d=U_{d0N}\cos\delta-I_d\ (d_{rN}-R)$$

1.整流器定a角—逆变器定β角的运行特性

系统的运行状态由图6–12（a）确定。图6–12（a）中直线1是由上式确定的整流器定a角伏安特性；直线2是由上式确定的逆变器定β角伏安特性。两直线的交点M是系统的稳态运行点。

由图6–12（a）可见，没有自动调节或只有定触发角开环调节的直流输电系统，其运行特性不好。例如，整流器交流电动势从Ez上升到$E'z$，则定a特性平行地移到1′位置，系统新的稳定运行点为A点，直流电流增大到I_{dA}。同样，若Ez下降到E^*z，则稳定运行点移到B点。直流电流减小到I_{dB}。由于直流输电系统伏安特性的斜率一般较小，交流电压变动不多，就会引起直流电流和直流功率很大的变化。同理，逆变侧交流电动势的变动，也会产生类似的结果。因此，直流输电系统的整流器和逆变器两侧通常都应装有自动控制设备，而且两者之间还要有通信联系。

2. 整流器定a角—逆变器定δ_O角的运行特性

图6–12（b）中的直线1是整流器定a特性，直线3是由上式确定的逆变侧定知特性，系统稳定运行点为M。分析结果与图6–12(a）相似，故这种运行特性也不好。

如果受端电力系统太弱，比换相压降较大，因而$d_{rN}-R>d_{rZ}$，即如图6-12（b）中的特性1和3′。当U_d稍有增（或减）时，整流器电压将比逆变器反电压大（或小）得多，使I_d恶性循环地增大（或减小），而无法稳定运行在M点。

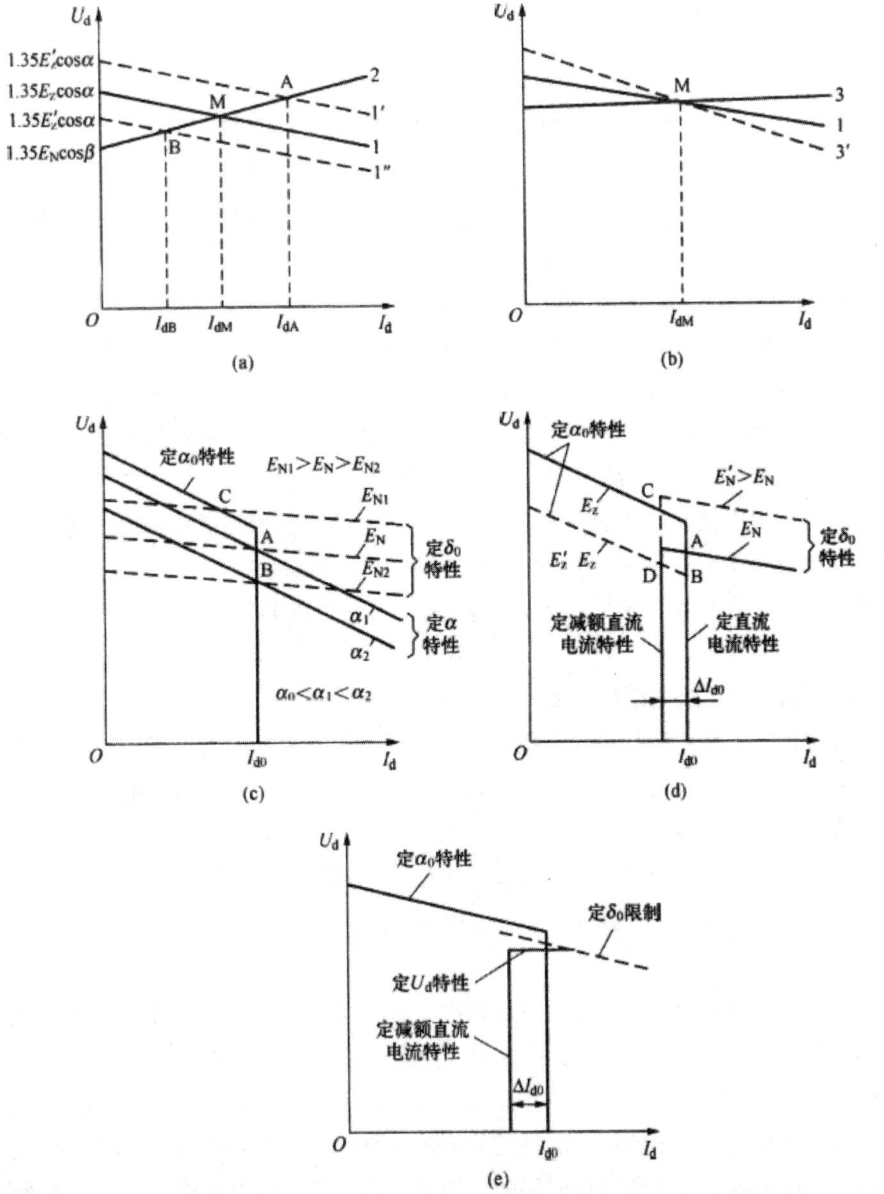

图6-12　直流输电系统的基本运行特征

3. 整流器定直流电流—逆变器定如角的运行特性

整流器定直流电流特性如图6–12（c）、（d）中的直线AB。正常时，系统运行在整流侧定直流电流特性与逆变侧定如特性的交点A。如整流侧的交流电压过低或逆变侧的电压过高时，则转入逆变器定减额直流电流I_{d0}—整流侧定a_0特性的C或D点运行。

4. 整流器定直流电流—逆变器定直流电压的运行特性

如图6–12（d）所示，系统稳定运行点为A，这是正常运行时采用的基本运行特性。当受端为弱交流系统时，逆变器采用定直流电压运行，有利于提高换流站交流电压的稳定性。为了防止换相失败，逆变器仍需装设3限值调节器，它只在$\delta<\delta_0$时才进行调节。

5. 整流器定a_0角—逆变器定减额直流电流的运行特性

当逆变侧交流电压上升或整流侧交流电压下降较多，致使整流侧转入定吻角运行时，逆变侧即转入定减额直流电流运行，系统的稳定运行点分别移到C或D点，如图7–12（d）所示。逆变侧电流调节器的电流设定值比整流侧的小ΔI_{d0}。一般取ΔI_{d0}=（0.1 ~ 0.15）I_{d0}，故有定减额电流调节之称。

除了可利用换流器的触发角之外，还可以利用整流侧和逆变侧换流变压器的带负荷调压分接头来改变运行特性。但后者要通过机械动作来实现，耗时达到秒级，比触发角调节慢得多，所以一般只能用于提高经济性的调节。

四、高压直流输电运行方式

直流输电工程的运行方式是指在运行中可供运行人员进行选择的稳态运行的状态。运行方式与工程的直流侧接线方式、直流功率输送方向、直流电压输出方式以及直流输电系统的控制方式有关。直流输电工程的运行方式是灵活多样的，运行人员可利用这一特点，根据工程的具体情况以及两端的交流系统的需要，合理地选择运行方式，可有效地提高运行的可靠性和经济性。

1. 运行接线方式

对于双极两端中性点接地的直流输电工程，当一极停运后，可供选择的单极接线方式有以下三种。三种接线方式的运行性能和对设备的要求不同。

（1）单极大地回线方式：要求非故障极两端换流站的设备和直流输电极线完好，两端接地极系统完好；两端换流站的故障极或直流线路的故障极可退出工作，进行检修。运行电流的大小和运行时间的长短受单极过负荷能力和接地极设计条件的限制。这种运行方式的线路损耗，比双极方式一个极的损耗略大，其直流回路电阻增加了两端接地极引线和接地极的电阻。

（2）单极金属回线方式：除要求非故障极两端换流站的设备及直流输电极线完好外，还要求故障极的直流输电极线能达到金属返回线绝缘水平的要求；两端换流站的故障极和接地极系统可退出工作，进行检修。其运行电流只受单极过负荷能力的限制而与接地极系统无关。当接地极系统故障需要检修或进行计划检修时，可选择这种接线方式。一般应尽量避免采取这种方式长期运行，因其线路损耗和运行费用最大。

（3）单极双导线并联大地回线方式：要求非故障极两端换流站的设备完好，两极直流输电线路均完好，两端接地极系统完好；两端换流站的故障极可退出工作，进行检修。因此，这种接线方式只有当两端换流站只有一个极设备故障，而其余的直流输电系统设备均完好时，才有选择的可能性。其运行电流的大小和运行时间的长短受单极过负荷能力和接地极设计条件的限制。这种接线方式是此类工程单极运行时最经济的接线方式。其线路损耗约为双极运行时一个极损耗的1/2，其直流回路的电阻略大于单极电阻的1/2。

双极两端中性点接地的直流输电工程，当一极故障停运而转为单极运行时，有时需要进行单极大地回线和金属回线方式的相互转换。为了减少直流输电工程停运对两端的交流系统的影响，提高运行的可靠性和可用率，这种接线方式的相互转换，可通过大地回线转换开关（GRTS）和金属回线转换断路器（MRTB），在直流输电不停运的状况下带负荷切换。

2. 全压与降压运行方式

直流输电工程的直流电压，在运行中可以选择全压运行方式（即额定直流电压方式）或降压运行方式。降压方式是直流输电工程在恶劣的气候条件或严重污秽的情况下，为了降低输电线路的故障率，提高输电的可靠性和可用率，而采用的一种正常运行方式。由于直流输电工程的直流电压可以通过控制系统（改变触发角a）以及换流变压器的抽头调节快速方便地进行控制，使得降压运行很容易实现。降压幅值太小，则起不到降压后提高可靠性和可用率的作用；降压幅度太大，则导致直流输电在大触发角下运行，这将使直流输电的运行条件变坏，同时也将使换流站的造价升高。根据多年的运行经验，通常降到额定直流电压的70% ~ 80%为宜，此时的触发角a为40° ~ 50°。

在运行中对全压方式和降压方式的选择原则是：能全压运行时则不选择降压运行。因为在输送同样功率的条件下，直流电压的降低则使直流电流按比例相应的增加，这将使输电系统的损耗和运行费用升高。因此，为了使直流输电工程在最经济的状态下运行，其直流电压应尽可能地高。其次，在降压方式下，直流输电系统的最大输送功率将降低。直流输送功率是直流电压和直流电流的乘积。当工程设计为降压方式的额定电流与全压方式相同时，降压方式的额定功率降低的幅度与直流电压降低的幅度相同。如果降压方式要求相应地降低直流额定电流，直流输送功率则降低得更多。例如：降压方式的直流电压选择为额定直流电压的70%，而额定直流电流不变，则降压方式的额定输送功率为全压方式的70%。如果在直流电压降低到70%的情况下，还要求直流电流也相应地降低到其额定值的70%，则此时的直流输送功率仅为全压方式的49%，即输送功率将降低一半。再者，在降压方式下换流器的触发角a增大，这将使换流站的主要设备（换流阀、换流变压器、平波电抗器、交流和直流滤波器等）的运行条件变坏。如果长时间在降压方式下大电流运行，换流站主要设备的寿命将会受到影响。

3. *功率正送与功率反送方式*

直流输电工程也具有双向送电的功能，它可以正向送电，也可以反向送电。在工程设计时确定某一方向为正向送电，另一方向则为反向送电。正在运行的直流输电工程进行功率输送方向的改变称为潮流反转。利用控制系统可以方便地进行潮流反转。直流输电工程的潮流反转有手动潮流反转和自动潮流反转、正常潮流反转和紧急潮流反转。通常紧急潮流反转均是由控制系统自动地进行，而正常潮流反转可以手动进行也可以自动进行。

由于换流阀的单向导电性，直流回路中的电流方向是不能改变的。因此直流输电的潮流反转不是改变电流方向，而是改变电压极性来实现。例如：对于双极直流输电工程，假定正向送电时极1为正极性，极2为负极性；而在反向送电时，则极1为负极性，极2为正极性。

对于单极直流输电工程，如正向送电时为正极性，反向送电时则为负极性。

潮流反转需要改变两端换流站的运行工况，将运行于整流状态的整流站变为逆变运行，而运行于逆变状态的逆变站变为整流运行。因此，对于具有潮流反转功能的直流输电工程，要求两端换流站的控制保护系统既能满足整流运行的要求，又能满足逆变运行的要求，从而增加了换流站控制保护系统的复杂性。为了满足功率反送时的要求，有时需要扩大换流变压器的抽头调节范围以及修改整流站的无功功率配置。

（1）正常潮流反转：在正常运行时，当两端的交流系统的电源或负荷发生变化时，要求直流输电进行潮流反转。这种类型的潮流反转通常由运行人员进行操作，也可以在设定的条件下自动进行。为了减小潮流反转对两端的交流系统的冲击，一般反转速度较慢，可以在几秒钟或更长的时间内完成。必要时也可以在反转前将输送功率逐步降低到其最小值，反转后将输送功率逐步升高。

（2）紧急潮流反转：当交流系统发生故障，需要直流输电工程进行紧急功率支援时，则要求紧急潮流反转。此时，反转的速度越快则对系统的支援性能越好。直流输电的潮流反转是直流电压极性的反转。在直流电压一定的情况下，潮流反转需要的时间主要取决于直流线路的等值电容，即直流电压由额定值降到零以及由零又升到其反向额定值，在线路电容上的放电时间和充电时间。对于架空线路来说通常在几个周期内即可完成（数百毫秒）。对于直流电缆线路，为了防止当电压极性反转较快时对电缆绝缘产生的损伤，反转速度需要受到限制。

4. 双极对称与不对称运行方式

双极对称运行方式是指双极直流输电工程在运行中两个极的直流电压和直流电流均相等的运行方式，此时两极的输送功率也相等。双极直流输电工程在运行中两个极的直流电压或直流电流不相等时，均为双极不对称运行方式。

（1）双极对称运行方式：双极对称运行方式有双极全压对称运行方式和双极降压对称运行方式。前者双极的电压均为额定直流电压，而后者双极均降压运行。全压运行比降压运行输电系统的损耗小，换流器的触发角a小，换流站设备的运行条件好，直流输电系统的运行性能也好。因此能全压运行时，则不选择降压方式。双极对称运行方式两极的直流电流相等，接地极中的电流通常小于额定直流电流的1%，其运行条件好，长期在此条件下运行，可延长接地极的寿命。因此，双极直流输电工程，在正常情况下均选择双极全压对称运行方式。这种运行方式可充分利用工程的设计能力，直流输电系统设备的运行条件好，系统损耗小，运行费用小，可靠性高。只有当一极输电线路或换流站一极的设备有问题，需要降低直流电压或直流电流运行时，才会选择双极不对称运行方式。

（2）双极不对称运行方式：双极不对称运行方式有双极电压不对称方式、双极电流不对称方式及双极电压和电流均不对称方式。

双极电压不对称方式是指一极全压运行另一极降压运行。在电压不对称的运行方式下，最好能保持两极的直流电流相等，这样可使接地极中的电流最小。此时由于两极的电压不等，其输送功率也不相等。当降压运行不要求降低额定直流电流时，其输送功率将按降压的比例相应降低。如果在一极降压运行之前，其直流电流低于额定直流电流，则由一极降压引起的输送功率的降低，可用加大直流电流的办法来补偿，但最多只能补偿到直流电流的最大值。

双极直流输电工程在运行中如某一极的冷却系统有问题，需要降低直流电流运行时，可考虑选择双极电流不对称运行方式。电流降低的幅度视冷却系统的具体情况而定。此时接地极中的电流为两极电流之差值，电流降低的幅度越大，则接地极中的电流也越大。因此，电流降低的幅度以及运行时间的长短，还需要考虑接地极的设计条件。当需要单极降压和降电流时，则形成双极电压和电流均不对称的运行方式。

第七章　特高压交流输电技术

第一节　特高压交流输电概述

一、特高压电网介绍

1. 特高压电网的发展历史

输电电压一般分为高压、超高压和特高压。国际上，高压（HV）通常指35～220kV的电压；超高压（EHV）通常指330kV及以上、1000kV以下的电压；特高压（UHV）指1000kV及以上的电压。高压直流（HVDC）通常指的是±600kV及以下的直流输电电压，±600kV以上的电压成为特高压直流（UHVDC）。就我国目前绝大多数电网来说，高压指的是110kV和220kV电网；超高压电网指的是330kV、500kV和750kV；特高压指的是1000kV及以上交流电压和±800kV及以上直流电压。特高压电网指的是以1000kV输电网为骨干网架，超高压输电网和高压输电网以及特高压直流输电、高压直流输电和配电网构成的分层、分区、结构清晰的现代化大电网。

电网经历了从中压电网、高压电网到超高压电网，再到特高压电网的发展历史。理论上，输电线路的输电能力与输电电压的平方成正比，输电电压提高一倍，输送功率的能力将提高4倍。电网的发展历史表明，各国在选择更高一级电压时，通常使相邻两个输电电压之比等于2，多数是大于2，这样可使输电网的输送能力提升4倍以上。实践证明，以这样的电压级差构成的电网才可能经济合理，并适宜于电网的发展和服务区域范围的扩大。

电力规模经济性是输电网从高压、超高压向特高压发展的动力。高效率的大型、特大型发电机的建造和运行，以其为基础建设的特大容量规模的水电站、火电站和核电站，需要更高电压的输电网，主要是750（765）kV和1000（1100）kV电压等级的输电网，将电力从远方发电厂输送到负荷中心。大容量、远距离输电的需求促进了特高压技术的发展。特高压输电技术与超高压相比更为复杂，制约因素更多。

根据超高压电网的形成规律，特高压电网的发展将由最初的大容量、远距离输电工程或区域电网间的强联网工程开始。随着我国用电负荷的强劲增长及输电容量和规模的扩大，我国可能在跨省（区）500kV电网之上逐步形成以实现远距离、大规模、低损耗输电为特征的特高压骨干电网。

2. 特高压电网发展目标

发展特高压输电有三个主要目标。

（1）大容量、远距离从发电中心（送端）向负荷中心（受端）输送电能。

（2）电网之间的强互联，形成坚强的互联电网，目的是更有效地利用整个电网内各种可以利用的发电资源，提高互联的各个电网的可靠性和稳定性。

（3）在已有的超高压电网之上覆盖一个特高压输电网，目的是把送端和受端之间大容量输电的主要任务从原来超高压输电转到特高压输电，以减少超高压输电的距离和网损，使整个电力系统能继续扩大覆盖范围，并更经济、更可靠地运行。

3. 特高压电网的优点

根据国内外有关研究成果，采用特高压输电的主要优点是：

提高远距离、大容量输电的效率，实现更大范围的资源优化配置；减少输电损耗，降低输电成本；降低系统的短路电流，从而提高系统的稳定性；减少输电线路走廊，降低建设输电线路征用土地的费用等。

4. 特高压电网在我国的发展

目前我国电网主要是以高压和超高压交流输电线路为主，220kV、500kV交流输电网是我国骨干电网。我国超高压电网的发展从1972年第一条330kV线路，1981年第一条500kV交流输电线路的投产到2005年9月第一条750kV线路的建成，经历了33年的历程。我国特高压输电工程的规划和建设主要取决于目前大容量远距离输电和用电负荷快速增长的需求，随着超高压电网规模的不断扩大，电网电压等级的进一步提高就成为必然。

我国是电能的生产大国和使用大国，地域广阔，发电资源分布和地方经济发展极不平衡。全国可开发水电资源近2/3在西部的四川、云南、西藏；碳保有量的2/3分布在山西、陕西、内蒙古三省。而全国2/3的用电负荷却分布在东部沿海和京广铁路沿线以东等经济发达地。如果实现远距离输送电力会受到输送容量、输电走廊等的限制。仅就京津塘电网而言，70%的电力是通过内蒙古、山西等煤炭基地的外部电源输送的，目前输电通道为大—房、万—顺、托—源—安等多回500kV输电线路，输电用走廊已经很少，进一步提高输送容量已经受到了极大的制约，而电压等级的提高将在很大程度上提高线路的输电能力。研究结果表明，在一定距离时1000kV线路的输送容量约为500kV线路的4倍，即如用500kV输电将10GW的功率稳定地送到500km左右的需求地，需要14 ~ 15回线路，而改用1000kV输电则只需要4回线路，可见输电线路走廊大大减少。

中国特高压输电预计将从特高压远距离大容量输电工程或跨省区电网的强互联工程开始，随着用电负荷的持续增长，更多高效率的特大型发电机组投入运行、更多的大容量规模发电厂和发电基地的建设，“西电东送、南北互供”输电容量的持续增加，使得我国电网将逐渐发展为国家特高压骨干网，从而逐步形成国家特高压电网。

二、特高压电压等级的选择

通常按未来20 ~ 30年输电网不同的平均输送容量和不同的平均输电距离的要求，以1 ~ 2个电压等级进行输电能力分析，作出不同方案的每千瓦电力的输电成本曲线，以各成本曲线的经济平衡点或平衡区决定更高电压标称值。一般认为：对于330（345）kV电网，选用750（765）kV，平均输电距离300km及以上；对于500kV电网，选用1000（1100）kV，平均输送距离500km及以上。

经过大量的分析，普遍认为超高压电网更高一级电压标称值应高出现有电网最高电压1倍及以上。这样，输电容量可提高4倍以上，不但能与现有电网电压配合，而且为今后新的更高电压的发展留有合理的配合空间，能做到简化网络结构，减少重复容量，容易进行潮流控制，减少线路损耗，有利于安全稳定运行。

根据特高压、超高压两个电压等级之比大于2倍的经济合理配合和新的更高电压等级的技术成熟时间，以及电力需求的发展要求，500kV以上的特高压合理电压等级为1000（1100）kV；750（765）kV以上的特高压合理电压等级为1500kV。

三、特高压变电站的主接线

特高压线路输送的容量很大，发生故障时影响范围广，应该采用可靠性高的电气主接线方式。另外，由于特高压设备都很昂贵，如何通过技术经济比较，在电气主接线的设计上，优化设计方案，使用较少的电气设备，达到最好的性能和最高可靠性，使得效益投资比最大，是特高压电气主接线设计上的一个重要问题。

特高压断路器十分昂贵，在特高压变电站中，一般采用一个半断路器的电气主接线比较合适，它可以保证较高的可靠性（在每条出线或电源上总有两个断路器）。如果进出线回路数较多，还可以采用3/4断路器接线。在变电站建设初期，出线数目较少时，也可采用三角形接线过渡或环形接线方式。

四、特高压变电站的配电装置

特高压配电装置主要可分为户外敞开式配电装置和户外气体绝缘金属封闭配电装置（GIS）两种形式。

（1）户外敞开式配电装置。特高压配电装置由于电压高，外绝缘距离大，电气设备的外形尺寸也高大，使得配电装置的占地面积庞大，很难布置在户内。因此，特高压敞开式配电装置只能采用户外式。同时，根据占地面积大这一特点，特高压敞开式配电装置还要求采取有效措施（高压电抗器、断路器和避雷器等）限制过电压（短时工频过电压、操作过电压和雷电过电压）水平。其绝缘配合的要求，是以安装在变电站的避雷器的保护水平为基础，选取一定的裕度，保证足够的可靠性，合理地选择配电装置的绝缘水平，以此作为设计配电装置的基础。此外，在特高压敞开式配电装置中，工频电场强度、电晕及无线电干扰和可听噪声等问题都比500kV超高压更加突出。

在特高压敞开式配电装置中，为了节约用地，要重视母线及隔离开关的选型及布置方式。它们一般占地面积为整个配电装置总面积的50% ~ 60%。一般母线布置在设备上方，双母线接线时，两组母线上下两层重叠布置。电气设备采用组合方式等也可以节约配电装置的面积。敞开式配电装置的悬式绝缘子及支柱绝缘子，要根据变电站的环境，采用不同的形式。悬式绝缘子耐受过电压的能力，一般要高于线路上的绝缘子。绝缘子串中的个数，要比线路上多，空气间隙也比线路上大一些，以保证更高的可靠性。敞开式配电装置占地面积较大，但投资较低，适用于变电站的扩展。

（2）户外气体绝缘金属封闭配电装置（GIS）。采用GIS可大幅压缩占地面积，在有些情况下占地面积可以减少90%或更多。GIS的价格较高，但由于特高压变电站的面积很大，采用GIS预计可以减少较多的面积，特别在重污秽、高海拔、强地震等环境条件特别恶劣以及场地狭窄的地区会有其优越性，可以与敞开式配电装置进行经济技术比较。

日本和意大利的特高压试验性变电站，为了节约用地，都采用了气体绝缘金属封闭配电装置。这种配电装置，是将变电站的电气元件（变压器除外）如母线、断路器、隔离开关、母线接地开关、电流互感器、电压互感器、避雷器等全部（或大部分）封闭在充有压力高于大气压的绝缘气体六氟化硫（SF6）的接地金属压力密闭容器内的成套装置，简称GIS。

按照使用条件不同，GIS也可以分为户内型和户外型。但由于特高压的面积和体积都很大，不太可能采用户内型。在GIS中，也可以将母线配置在金属封闭容器之外，以节约造价，这种配电装置，称为HGIS。

第二节 特高压交流输电主要设备

一、特高压电力变压器

1000kV特高压电力变压器是特高压交流输电网络中的关键设备之一。它的成功开发和试制将为建设全国性输电网络，实现跨区域、远距离、大容量的能源输送提供有效保障。经过多年的技术引进、科研攻关和经验积累，国内主要变压器生产厂家对500kV及以下变压器的设计制造技术已基本成熟。随着西北地区750kV电网用750kV变压器的成功试制，国内变压器的设计制造技术正向新的高度发展，已具备了开发1000kV交流特高压变压器的能力。

电力变压器是利用电磁感应原理，将一个等级的交流电压和电流变成频率相同的另一个等级或几种不同等级的电压和电流的电器，其作用是将不同电压等级的输电线路和设备连接成为一个整体。它由一个或几个绕组套于铁心上制成。不同绕组间通过磁链的耦合，使电能得以在不同的电回路中传递，以实现传输和分配电能的目的。构成电力变压器的基本元件是绕组和铁心。特高压电力变压器的绕组一般都是纠结式。它是一种线匝之间交叉纠结连接的特殊连续式绕组，它的绕组中相邻的两个线匝在电气上并不直接串联，而是间隔几个线匝再串联，以增大纵向电容，改善雷电冲击波作用下绕组上的电位分布，从而提高电力变压器的耐雷电冲击能力。当并联导线的根数较多时，有时也将各根导线互相之间交叉排列，称之插花纠结式绕组。铁心是由芯柱、铁轭和夹件组成的电力变压器的主磁路，也是电力变压器器身的机械骨架。铁心采用彼此绝缘的薄硅钢片叠积而成，铁心结构形式分为芯式和壳式两种。芯式变压器中通常采用单相二柱式和三相三柱式铁心。大容量变压器由于受运输高度的限制，有的采用单相四柱（二柱旁轭式）铁心、单相单柱旁轭式铁心和三相五柱（三柱旁辄式）铁心。壳式变压器制造工艺较复杂，但具有机械强度高、漏抗小、运输高度低和耐冲击性能好等优点。

特高压电力变压器主要有发电机升压变压器（两绕组）和自耦变压器（一般采用中压的第三绕组以流通三次及其他高次谐波）两类。由于特高压输电系统的中性点都是直接接地，自耦变压器的中性点一般也是直接接地，其绝缘水平很低。自耦变压器如果需要有载调压，一般都在中性点调压。发电机升压变压器不需要有载调压装置，甚至不设无载调压分接头，以简化特高压大型变压器的结构。

特高压电力变压器的特点如下：

容量很大，一般三相容量都在1000MVA以上，甚至达到几千兆伏安。

绝缘水平高。基准绝缘水平（雷电冲击绝缘水平）高，一般在1950 ~ 2250kV之间或更高。

由于容量大和绝缘水平高，其质量与体积必然很大；设计和制造时需要考虑运输的条件，一般为单相结构。

特高压电力变压器对可靠性的要求高，需要考虑近年来超高压电力变压器运行中出现过的问题，如油流带电、GIS中的特快速瞬态过电压引起变压器绕组的损坏等。一般在研制中首先用1∶1的原型样品进行专门研究。特高压电力变压器一般为单相结构，它的额定容量要根据系统的要求、制造厂设计和制造能力以及设备运输、现场组装的条件进行综合平衡。由于特高压电力变压器两个绕组之间的绝缘较厚，其短路阻抗都比较高，一般都在15%左右。

在特高压变电设备中，变压器是最昂贵的设备。因此，都采用在靠近变压器的位置安装避雷器保护，变压器的操作和雷电冲击试验电压的取值一般比开关类设备低。另外，特高压变压器中，多数是自耦变压器，中性点直接接地，其绝缘都比较低。进行外施工频电压试验时，由于中性点能够支撑的电压较低，绕组感应的电压又不能高于工作电压的一倍，如果外施工频电压试验电压较低，往往不能达到该试验电压。因此，工频电压试验中增加1h长时间试验，以模拟长时间的运行情况，同时测量设备内部的局部放电量，要保证在运行中不会有局部放电而发展为绝缘的闪络或击穿。变压器类设备，除了规定的各种耐压试验外，还包括磁化特性，设备阻抗、损耗、振动和噪声水平的测量等。

二、高压并联电抗器

特高压并联电抗器由于电压等级的提高和容量的增大，目前采用单相、油浸、间隙、铁心式结构，冷却方式为油浸风冷（ONAF），由3台单相电抗器组成三相星形连接，通过中性点电抗器接地，该结构形式的综合经济和技术性能指标及可靠性最佳。

特高压线路的高压并联电抗器的主要用途如下。

并联连接于电网中用以补偿容性无功；降低线路上的工频过电压；中性点连接小电抗使单相接地时的潜供电流幅值降低而易于自灭，提高单相自动重合闸的成功率；有利于消除同步电动机带空载长导线时可能出现的自励磁现象。

特高压的架空线路较长，当雷击或其他原因使单相接地时，虽然故障相的断路器断开，但是由于未断开的两相对故障相的相间耦合，在接地点还会有潜供电流，需要在线路上接高压并联电抗器，并在中性点连接小电抗器补偿，使单相接地时的潜供电流幅值降低而易于自灭，提高单相接地自动重合闸的成功率。中性点接地电抗器按加速潜供电弧熄灭的要求和抑制谐振过电压的要求来选择。按IEC推荐，潜供电流不应大于20A。

特高压并联电抗器，分为容量固定（非可控）的并联电抗器和容量可变化的可控并联电抗器两种。

（1）容量固定（非可控）的并联电抗器。容量固定的特高压并联电抗器一般使用单相的油浸式电抗器。结构上多为带气隙的铁心式，如图7–1所示。带气隙的铁心由硅钢片叠成的铁心饼组装而成，饼间用弹性模数很高的硬质垫块（通常用陶瓷或石质小圆柱）与铁饼黏结形成气隙，如图7–1（a）所示。铁心饼多采用扇形叠片组装的径向辐射形式，以防止向外扩散磁通中的一部分垂直进入叠片而引起涡流过热，如图7–1（b）、（c）所示。绕组多采用纠结式，绕组与铁心间装设若干层铝箔静电围屏。

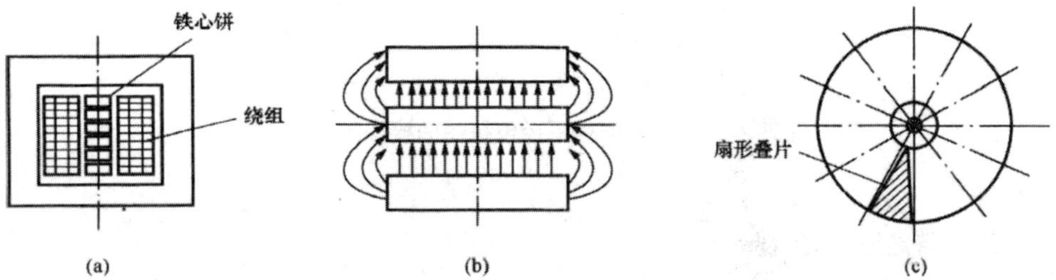

图7–1　特高压并联电抗器的铁心结构

中国的500kV和330kV的电网中，已经大量采用国产的并联电抗器。苏联的特高压线路上的高压并联电抗器，是三个单相电抗器组，每相容量达300MVA，并联电抗器按星形接线图连成三相一组，采用带火花间隙的断路器投入，中性点串联小电抗接地。日本和意大利的试验性特高压变电站均没有高压并联电抗器，他们采用快速接地开关的方式以熄灭潜供电流。

（2）容量可变化的可控并联电抗器。可控电抗器主要有可控饱和并联电抗器（CSR），自饱和并联电抗器（SR），晶闸管控制并联电抗器（TCR）和晶闸管控制变压器（TCT）等类型。除CSR的响应时间较长外，其他的动态响应时间很短，均在20ms以下。图7–2是两种可控电抗器接线图。

在晶闸管控制电抗器（TCT）的接线图中，高压绕组1和低压控制绕组2之间的漏抗率为100%，补偿绕组3接成三角形，以便为3次及其奇倍数的谐波电流提供通道而不注入电网。晶闸管控制电抗器的动态响应时间只有5 ~ 10ms，但谐波和损耗都较大。另一种为磁阀式可控电抗器，它的原理为助磁式。中间铁心柱一分为二，分别绕以上、下两个绕组，中间部分交叉连接，并在四个绕组的中间部分自耦抽压和可控整流，所产生的直流助磁在两个分铁心柱内自我闭合而不向边柱铁心流出。此外，主铁心柱的中间部位设有多个小截面段，小磁通时可自由通过，大磁通时达到饱和状态，从而呈磁阀形式。这种电抗器的动态响应时间较长。这些可控电抗器均有较大的谐波分量，还会增加谐波损耗，需要研究减少谐波和损耗的方法。

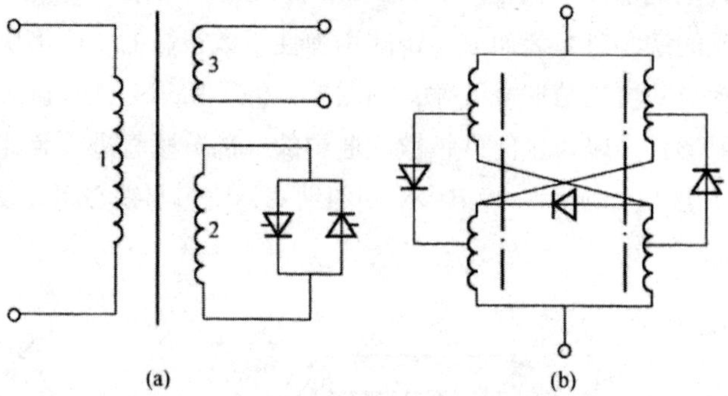

图7-2 两种可控电抗器的接线图

三、特高压开关设备

高压开关设备主要用于关合及开断高压正常电力线路，以输送及倒换电力负荷；从电力系统中退出故障设备及故障线路，保证电力系统安全、正常运行；将两段电力线路以及电力系统的两部分隔开；将已退出运行的设备或线路进行可靠接地，以保证电力线路、设备和运行维修人员的安全。因此，高压开关设备是非常重要的输配电设备。

特高压开关设备的器件主要有断路器、隔离开关和接地开关等，以及由上述设备与其他电器组成的组合设备，它们在结构上相互依托，有机地构成一个整体，以完成特高压系统正常运行的任务。

1. 特高压断路器

特高压断路器是特高压输电系统中的控制和保护设备，是特高压开关设备中最主要、最复杂的设备，它能够关合、承载和开断正常回路条件下的电流，并能在规定条件下关合、承载和开断异常回路条件（如短路条件）下的电流。

特高压断路器的特点有：

（1）电压等级高，绝缘水平高。特高压断路器是目前世界上电压等级最高，绝缘水平最高的断路器。苏联的断路器额定电压为1200kV，意大利的断路器额定电压为1050kV，中国、日本的断路器额定电压为1100kV。特高压断路器绝缘水平之高是前所未有的，其中正式投入商业运行的我国特高压断路器基础绝缘水平为：短时工频耐受电压1100kV，雷电冲击耐受电压2400kV，操作冲击耐受电压1800kV。

（2）尺寸大，体积大，质量重，制造、安装难度大。由于特高压断路器电压等级高，绝缘水平高，特高压断路器中采用了很多大型壳体、大直径超长导体，其中壳体直径可达1.8m，长度可达7m以上，单件质量可达十几吨，而且精度要求极高，制造难度极大，给安装工作带来很大的不便。

（3）操作功率大。特高压断路器电压等级高，开断容量大，所需操作功相应增大。目前，特高压断路器所配操动机构的操作功率最大已达36kJ。

特高压断路器的种类很多，按不同灭弧介质分类有油断路器、空气（真空）断路器、六氟化硫（SF_6）断路器等。特高压断路器通常采用六氟化硫（SF_6）断路器，只有在某些地区中，由于气候寒冷，六氟化硫气体可能被液化而采用压缩空气断路器。六氟化硫（SF_6）断路器的特点是：工作气压较低，安全可靠性高；吹弧过程中气体在优异的灭弧封闭系统中循环使用，不排向大气，无火灾危险等。由于SF_6气体具有优异的灭弧和绝缘性能，SF_6断路器具有很多优点：断口电压高，开断能力强，允许连续开断短路电流次数多，适于频繁操作，开断容性电流可以无重燃或复燃，开断感性电流可以无截流等。近年来，在高压及超高压领域中，已取代了压缩空气断路器，在特高压领域中更是最主要的断路器。

特高压断路器的发展历史已有二十多年，结构有磁柱式、罐式等形式。其中苏联采用10断口磁柱式压缩奋气绝缘断路器；意大利采用4断口罐式SF_6气体绝缘断路器；日本采用2断口罐式SF_6气体绝缘断路器，用于GIS中；我国采用2或4断口罐式SF_6气体绝缘断路器，用于GIS。表7-1为国外特高压断路器的主要参数对比。

表7-1　特高压断路器的主要参数

生产厂	西开/沈高/平高	东芝	三菱	日立	—	—
生产厂所在国家	中国	日本	日本	日本	苏联	意大利
产品类型	GIS	GIS	GIS	GIS	GCB	GCB

续表

生产厂	西开/沈高/平高	东芝	三菱	日立	—	—
额定电压（kV）	1100	1100	1100	1100	1200	1050
额定电流（A）	5000/6300	2000/8000	8000	8000	4000	—
额定短路开断电流（kA）	50	50	50	50	50	63
额定短路关合电流（kA）	135	125	125	125	125	160
断路器每极断口数	4/2	2	2	2	10	4
额定工频耐受电压（kV）	1100	1100	1100	1100	1150	910
额定雷电冲击耐受电压（kV）	2400	2250	2250	2250	2900	2250
额定操作冲击耐受电压（kV）	1800	1550	1550	1550	2100	1675
断路器所配机构	液压机构	液压机构	液压机构	液压机构	液压机构	液压机构

2. 特高压隔离开关

隔离开关是一种在分闸位置时其触头之间有符合规定的绝缘距离和可见断口，在合闸位置时能承载正常工作电流及短路电流的开关设备。隔离开关在关合位置时，能承载工作电流，但不能切除短路电流和过大的工作电流。隔离开关没有灭弧装置，因此结构比断路器简单得多，只需要考虑工作电流的发热和短路电流的动、热稳定性。它主要由绝缘瓷柱（支柱绝缘子）和导电活动臂组成。

隔离开关的结构形式按照支柱绝缘子的数量和导电活动臂的开启方式划分，一般有单柱垂直伸缩式、双柱水平旋转式、双柱水平伸缩式和三柱水平旋转式四种形式。

（1）单柱垂直伸缩式。上半部为折叠式导电杆，下半部为一个垂直绝缘支柱，导电杆能上下活动，开断时可形成一个垂直方向的空气间隙，它可以直接布置在母线下方。

（2）双柱水平旋转式。两个绝缘支柱分开并垂直布置，开断时其顶部活动杆在水平面内分别旋转90°，形成一个水平方向的空气间隙，也有两个支柱成V形布置，即V形隔离开关。

（3）双柱水平伸缩式。在一个绝缘支柱上安装静触头，另一个绝缘支柱上安装折叠式导电杆，导电杆能水平伸缩，开断时可形成一个水平方向的空气间隙。

（4）三柱水平旋转式。三个绝缘支柱分开并垂直布置，两边绝缘支柱固定不动，中间绝缘支柱上部安装一个水平式活动导电杆，开断时它在水平面内旋转约60°，形成两个水平方向的空气间隙。

隔离开关的选型布置与配电装置的形式有关，直接影响配电装置的占地和结构布置。例如，母线用单柱式隔离开关，可直接布置在母线下方，以缩小配电装置的纵向尺寸，从而节省占地。反之，用双柱水平旋转式隔离开关，则要求有较大的空间距离，增加了配电装置的间隔宽度，在连接母线时又需要一定的纵向尺寸，从而增加了配电装置的占地。超高压和特高压的敞开式变电站，占地面积很大，为了节约面积通常采用单柱垂直伸缩式隔离开关。

在GIS中的隔离开关，由于分合的速度较慢，在六氟化硫气体中经常会发生重燃产生特快速瞬态引起的过电压。这种过电压振荡频率很高、波前很陡，亦称为陡波前过电压。过电压幅值虽然不高（一般不超过2.0倍，有时可达2.5倍），但因为频率高而过电压波头上升的陡度大，无间隙的金属氧化物避雷器也很难保护。连接在GIS母线上的带绕组设备（如变压器）上的电压分布极不均匀，从而损坏匝间绝缘。另外，还可能造成外部的特快速瞬态过程，如产生GIS瞬态外壳电压，导致瞬态地电位升高，有可能造成对变电站控制、保护和其他二次设备的电磁干扰。对GIS的内部由于加工精度和保持清洁不够的地方，在这种陡波下也容易引起绝缘击穿。国内外出现过不少这样的事故。为了降低这种威胁，在意大利和日本特高压的GIS的隔离开关上，都加上了分、合时串入的电阻，试验证明，可以将过电压降低到1.2倍以下。

3. 特高压接地开关

（1）敞开式特高压接地开关。敞开式特高压接地开关可以与敞开式特高压隔离开关配合使用，也可以单独使用，其结构多为垂直伸缩式。

（2）GIS用特高压接地开关。GIS用特高压接地开关可以与GIS用特高压隔离开关配合使用，也可以单独使用。

（3）特高压快速接地开关。快速接地开关能关合额定电流，开合感应电流。

（4）高速接地开关。高速接地开关（HSES）的作用是帮助熄灭潜供电弧。当特高压架空线路较长，在雷击或其他原因使单相接地时，在该相的断路器断开后，由于其他两相非故障相没有断开，对断开相有耦合作用，接地点还会有潜供电流，需在线路上接高压并联电抗器，并在中性点连接小电抗使单相接地时的潜供电流幅值降低，从而使电弧熄灭，提高单相接地自动重合闸的成功率。这个电抗器也可以起补偿线路容性无功和降低线路上的工频过电压的作用。但特高压并联电抗器的造价很高，当线路不长，工频过电压的问题不严重，线路容性无功的补偿也可以使用价格低得多的低压电抗器时，就可以考虑使用高速接地开关来作为熄灭单相重合闸前潜供电流的措施。

高速接地开关与单相重合闸的过程如下。

接地发生后故障点产生故障电流；故障相两端的断路器断开，但故障点仍存在潜供电流，它由其他两健全相对故障相耦合产生；故障相两端的快速接地开关闭合，将故障相接地，潜供电流熄灭；故障相两端的快速接地开关打开；故障相两端的线路断路器关合，重新送电。

由于重合闸的重合时间是在Is内进行的，所以潜供电流要在Is内熄灭，因此就需要快速接地开关具有很高的速度。

4. 特高压气体绝缘金属封闭开关设备（GIS）

将变电站的电气元件（变压器除外），如母线、断路器、隔离开关、电流互感器、电压互感器、母线接地开关、避雷器等，全部（或者大部分）用接地的金属密闭容器封闭在充有高于大气压的绝缘气体六氟化硫（SF_6）中的成套配电装置，简称GIS。充注的密度大小取决于内部灭弧性能和绝缘性能的要求。GIS内部元件只有组合在一起并充以规定密度的SF_6时才能运行，不能拆开单独使用。在构造上，可以归纳为以下几部分：①载流部件或内部导体；②绝缘结构；③外壳；④操动系统；⑤气体系统；⑥接地系统；⑦辅助回路；⑧辅助构件。

按照使用条件不同，GIS还可以分为户内型和户外型。户外型GIS不需设置厂房，可减少建设投资，但长期受到日照雨淋，夏季温升增高，冬季（特别是严寒地带）SF_6气体可能被液化。户内型GIS运行条件优越，但由于增加了厂房、吊车、排风等设施，建设费用增大。由于特高压的GIS面积和体积都很大，采用户内型的可能性很小。按内部结构不同，可分为三相共箱型及分箱型。三相共箱型是将三相电器安装在同一箱体内，用绝缘支架或隔板将其隔开。这种结构可节约金属外壳材料，并可节省占地。此外，当三相电流同时流过母线时，磁力线在外壳中相互抵消，可减少涡流损失。分箱型中各相电器单独安装在分相的金属外壳内，各相主回路有独立的圆筒外壳，构成同轴圆筒电极系统，电场较均匀，结构比较简单，绝缘问题也较容易处理，不会发生相间短路故障，制造方便；外壳数量多，金属外壳材料增多，密封环节多，涡流损耗大，占地也相应增大。但分箱结构简单，由于绝缘问题，一般330kV等级及以上的GIS都是分箱型GIS。

GIS与常规高压电器相比，其优点是：①可以大幅缩小占地面积；②设备带电部分全部封闭在金属外壳内，可避免高电压对环境的电磁污染；③可防止人员触电伤亡；④延长设备检修周期，一般在10 ~ 20年内不必解体大修；⑤设备绝缘性能不受周围大气条件影响，耐震性强，能提高运行可靠性。

四、特高压互感器

1. 特高压电压互感器

在特高压变电站中主要使用电容式电压互感器，它又可以分为敞开式和封闭式两类。

（1）敞开的电容式电压互感器（TV），主要在敞开式配电装置中使用。它由电容分压器和电磁单元（电磁式电压互感器）构成，一般为单相油浸式。电容分压器是由若干只电容器串联组成的，接于高压导线与地之间。从电容分压器引出的中压端子与电磁单元连接。电容分压器和电磁单元可分装成两个独立的部分，常称分离式；也可将电容分压器叠装在电磁单元之上，常称单柱式。分离式的结构较松散，但便于检修；单柱式的结构紧凑，检修则不便。特高压户外用独立式电压互感器建议采用分离式TV，即电容分压器与电磁单元分离，以便调试和试验。

（2）封闭的电容式电压互感器。它由电容分压器和电子放大器构成，在气体绝缘金属封闭开关设备中使用。特高压的GIS中可以采用电磁式电压互感器也可使用TV，GIS用TV绝缘性能更好，误差性能比独立式要好得多。

2. 特高压电流互感器

1000kV交流特高压实验示范工程用电流互感器主要安装在变压器和电抗器套管处，断路器、隔离开关套管处。目前1000kV电流互感器采用套管电流互感器结构比较合适，不宜使用独立式电流互感器。在GIS、罐式SF_6断路器（GCB）和变压器等设备中，电流互感器常用套管式电流互感器，带电的导体从中间穿过，结构上就比较简单。特高压输电线路发生故障时，故障电流中的直流分量衰减时间常数很大。

为此，设计了一种无磁饱和的母线保护用空芯电流互感器线圈。

五、特高压避雷器

特高压避雷器可以分为瓷套式避雷器和气体绝缘金属封闭避雷器（亦称罐式避雷器）两大类。瓷套式避雷器用在敞开式变电站（AIS）；罐式避雷器用在气体绝缘金属封闭变电站（GIS），是气体绝缘金属封闭开关设备的一部分。苏联交流特高压变电站为敞开式结构，采用的是瓷套式的避雷器；日本新榛名变电站是特高压GIS变电站，采用的是罐式避雷器。我国特高压交流试验示范工程既有敞开式变电站，也有气体绝缘金属封闭变电站，因此，避雷器也有瓷套式和罐式两种。

避雷器是一种能泄放过电压能量，限制过电压幅值的保护设备。通过它泄放的过电压包括雷电过电压和部分内部过电压（操作过电压），所以也称为过电压限制器。使用时避雷器安装在被保护设备附近，与被保护设备并联，在正常运行电压下避雷器呈高阻抗，仅流过数十至数百微安级的阻性电流和数百微安至数毫安的全泄漏电流。当作用在避雷器上的电压达到避雷器的动作电压时，避雷器的阻抗急剧减小，处于大电流导通状态，从而快速泄放过电压能量并将其两端的过电压限制在一定水平，以保护设备的绝缘。在过电压冲击波过后，即避雷器泄放过电压能量后，会立即恢复到原高阻状态。目前高压以至特高压电网中使用的避雷器都是金属氧化物避雷器（简称MOA）。与过去的阀式（普通阀式和磁吹阀式）避雷器比较，MOA具有保护性能好，反应速度快，通流能力大，运行安全可靠等优点。过去的阀式避雷器，在额定要求的参数下，允许的动作次数有限，而MOA可允许动作的次数则多得多。

六、特高压支柱绝缘子及套管

特高压变电站中，电气设备要使用许多支柱绝缘子，特别是敞开式配电装置中，也要用许多支柱绝缘子，可以选择以下四种方案。

（1）纯瓷支柱绝缘子。

（2）瓷柱加硅橡胶外套及伞裙。

（3）全合成组合方式，目前技术尚不成熟。

（4）玻璃绝缘子，国内仅用于220kV电压等级，国外有800kV的运行经验。

电气设备对外连接的引出线必须要用套管。以GIS和变压器为例，如果变电站的配电装置是GIS，则需要有GIS与出线相连的SF_6气体大套管和较小的变压器与GIS相连的SF_6（六氟化硫）套管。如果是敞开式配电装置，则变压器需要有普通的大电容式套管。

特高压的套管可以有纯瓷套管和硅橡胶复合外套两种。各种设备（如变压器、断路器、避雷器、互感器、组合电器等）的纯瓷套管中，难度最大的为GIS出线套管。GIS出线套管可改为干式套管，瓷套尺寸可缩小。

第三节　特高压交流输电系统运行与过电压

一、特高压交流输电系统的运行特性

1. 特高压输电线路特性

输电线路的基本电气参数是电阻（R）、电抗（X）、电纳（B）和电导（G），它们决定了输电线路和电网的特性。对于特高压输电线路来说，电阻主要影响线路的功率损耗。电导代表绝缘子的泄漏电阻和电晕损失，泄漏和电晕功率损耗与电阻功率损耗相比，通常要小得多，一般在稳态分析时，可忽略不计。特高压输电线路的电感是决定电网潮流，即有功和无功分布的主要因素，影响输电线路的电压降落和电力系统的稳定性能。特高压输电线路的线间电容和线对地电容与电容器板间建立的电容是类似的。线路电容在交流电压作用下使线路产生交流充电和放电电流，称为电容电流。输电线的电容电流不仅影响输电线的电压降落，而且也影响输电效率和电力系统的有功和无功分布。

（1）功率损耗和电压降落。特高压输电线路功率损耗和电压降落计算，与其他输电线路，特别是超高压线路完全一样。在计算时，不考虑电晕功率损耗和绝缘子泄漏功率损耗，令并联电导$G=0$。输电线路的π形等值电路如图7–3所示，其中$Z=R+jX$，$Y=jB$，U_2和U_1为送、受端的线电压，S为三相视在功率$S=P+jQ$。

输电线路Z上的有功损耗ΔP_2和无功损耗ΔQ_2分别为

$$\Delta P_2=\frac{P_2^2+\left(Q_2-Q_{C2}\right)^2}{U_2^2}R$$

$$\Delta Q_2=\frac{P_2^2+\left(Q_2-Q_{C2}\right)^2}{U_2^2}X$$

式中：Q_{C2}为线路的电容充电功率和电纳上的无功功率。

$$Q_{C2}=\frac{1}{2}BU_2^2$$

设定$U_2=U_2e^{j0}$，则线路送端电压为

$$U_1=U_2+I_2Z=U_2+\left(\frac{S'_2}{U_2}\right)Z=\left(U_2+\frac{P_2R+(Q_2-Q_{C2})X}{U_2}\right)+j\frac{P_2R+(Q_2-Q_{C2})R}{U_2}$$

$$=(U_2+\Delta U)+j\delta U$$

$$\Delta U=\frac{P_2R+(Q_2-Q_{C2})X}{U_2}$$

$$\delta U=\frac{P_2R+(Q_2-Q_{C2})R}{U_2}$$

由上面式子可以看出：线路的有功损耗与输送的有功和无功的平方和成正比，与电压平方成反比。因此，在输送相同功率情况下，提高输电线路电压能显著减少线路有功损耗；减少线路的无功传输，可大大减少线路有功和无功损耗，提高线路运行的经济性，减少受端并联无功补偿投资。从上面式可以看出：电压损耗与输送无功成正比，与电压成反比，减少线路无功的传输，有利于输电系统电压调节，提高受端电压水平，从而提高输电的电压稳定性。

从上面式子可以看出：线路的等效电容产生的无功与电压平方成正比。1100kV线路单位长度电纳约为500kV的1.1倍以上。这样，1000kV线路电容产生的无功约为500kV线路的4.4倍。

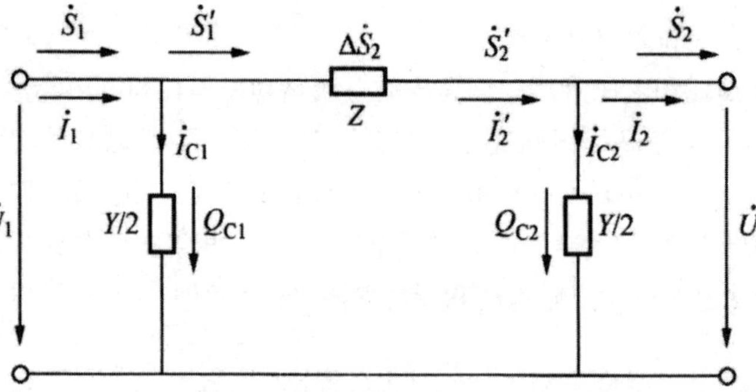

图7-3　计算输电线路功率和电压的π形等值电路

输电线路电阻功率损耗与流过输电线路的电流平方成正比，与电阻值成正比。电阻上的功率损耗是输电距离、导线的电阻率和电压的函数。输电线路流过的电流$I=S/U$与电压成反比。当输送功率一定时，提高线路输电电压，可减少电流，从而显著减少输电线路电阻功率损耗。增加导线截面和减少导线材料的电阻率可减少输电线路电阻，亦可减少输电线路电阻功率损耗。通常情况下，1000kV级输电线路每千

米电阻值约为500kV的20%，两个电压等级的输电线路流过相同电流，1000kV输电线路电阻功率损耗仅为500kV线路的20%。在满足稳定条件下，单回1000kV输电线输送功率通常为500kV输电线路的4倍以上。采用特高压输电能特别明显地降低输电线路电阻功率损耗，其经济效益体现在：①减少电网内发电机组安装容量；②缓解电网调峰压力；③提高电网企业的输电效率，减少电量损失，从而减少电网运行费用。

除了电阻功率损耗外，特高压输电线路功率损耗，还有电晕放电功率损耗和绝缘子泄漏损耗。电晕功率损耗几乎与电压成正比，而与输送功率大小无关。当采用非对称分裂导线布置时，还可使电晕损耗有所降低。绝缘子泄漏损耗，几乎微乎其微。

（2）自然功率。自然功率，又称波阻抗负荷，指的是输电线路的受端每相接入一个波阻抗$Zc=\sqrt{Z_0/Y_0}$的负荷。输送自然功率是一种比较不同电压等级输电线路输电能力和分析电压、无功调节的一种方法。当输电线路受端接入波阻抗Zc时，下列关系成立

$$\frac{\dot{U}_1}{\dot{I}_1}=\frac{\dot{U}_2}{\dot{I}_2}=Z_C$$

以输送自然功率来看特高压线路，特高压输电有如下特性。

①线路在输送自然功率时，送端和受端的电压和电流间相位相同，功率因数没有变化，沿线路电压和电流幅值不变。

②线路在输送自然功率时，线路电抗的无功损耗基本等于线路电纳（线路电容）产生的无功功率，在线路的送端和受端不产生无功功率，也不吸收无功功率。特高压输电线路按自然功率输送是最经济合理的。

（3）有功功率与无功功率的输送。自然功率是电压和线路单位长度阻抗和导纳的函数，线路输送的自然功率与线路长度无关，长线路和短线路输送的自然功率一样。由于线路电容产生的无功和线路电抗的无功损耗均是线路长度的函数，即线路长度增加，电抗和电容的无功损耗都增加，反之亦然，特高压输电与超高压输电在输送功率与无功的关系的变化规律是一样的。同一电压等级下，特高压线路越长线路电容产生的无功损耗越多，同样长线路下，电压等级越高，线路电容产生的无功损耗越多。

为了限制工频过电压，特高压输电线路通常在线路送端和受端装设并联电抗补偿，一般补偿度选为75%左右。但是当并联电抗补偿接入线路时，无功差与输电功

率的特性将往下移，增加了电压和无功调节的难度，甚至要影响特高压线路的输电能力。如果用可控电抗补偿代替固定并联电抗补偿，将能兼顾工频过电压限制和无功调节，大大有利于特高压电网的运行。

（4）功率—电压特性。特高压输电线路的功率—电压特性分两种情况进行讨论；①线路空载时的电压特性；②线路受端接有不同功率因数负荷的功率—电压特性。

①受端开路的线路电压和电流分布。如图7-4所示为一条长为300km的1100kV输电线路的电压和电流分布。

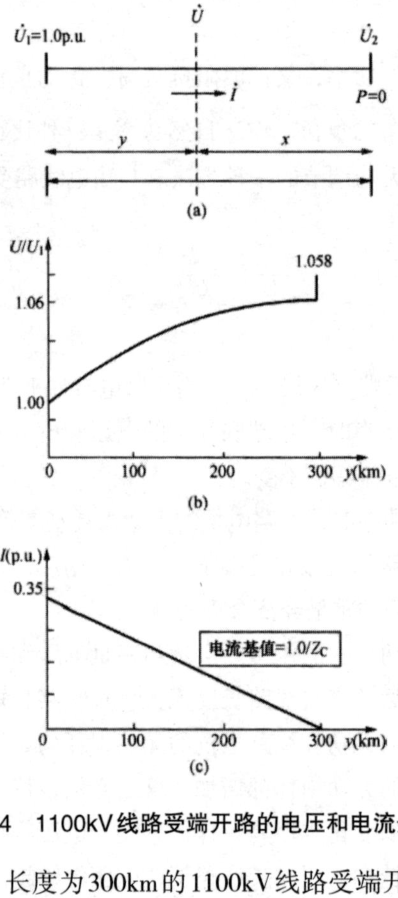

图7-4　1100kV线路受端开路的电压和电流分布

从图7-4可以看出，长度为300km的1100kV线路受端开路时，即I_2=0，其受端电压高于送端5.8%。而对于一条长600km的线路，受端电压将高于送端25%。对于远距离特高压输电线路来说，按300km左右建立电压支持点是比较合适的。

②线路两端连接电源、空载时的电压和电流分布。假设送、受端电压相等，如图7–5所示给出了一条长400km特高压线路送、受端接有固定电压，空载时沿线电压和电流的分布。

从图7–5可以看出：为了保证特高压输电的稳定运行，送、受端的发电机应能吸收线路充电产生的无功功率。如果这样超过了发电机低励限制或稳定限制的无功容量，必须加装无功补偿。

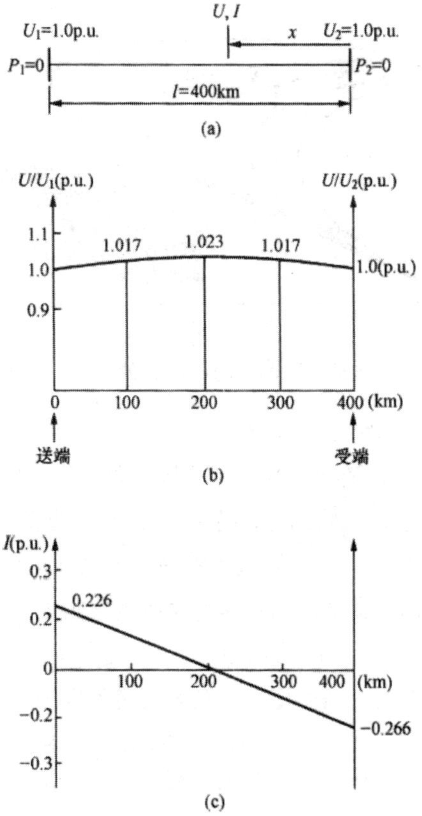

图7–5　400km空载线路电压和电流分布

③带负荷电压—功率特性。如图7–6所示为在送端电压固定情况下，受端电压和负荷之间的关系曲线。

从图中7–6可以看出：①对于任意的负荷功率因数，有一个固有的最大传输功率极限；②低于最大极限的功率值可以有两个不同的电压值，正常运行时，电压应在较高的值，一般应限制在1.0p.u.左右的较小的范围内，在较低的电压运行取决于负荷特性，有可能产生电压不稳定；③负荷功率因数对电压U_2和最大传输功率有明显的影响。当受端为感性负荷时，功率极限和U_2均较小。当受端为容性负荷时，电压U_2比较平稳，功率极限较高。这不难看出，在受端安装并联电容补偿或SVC将能较好地调节电压，提高功率极限。此外对于较长的线路，受端电压U_2对所传输的功率P_2的变化极为灵敏。

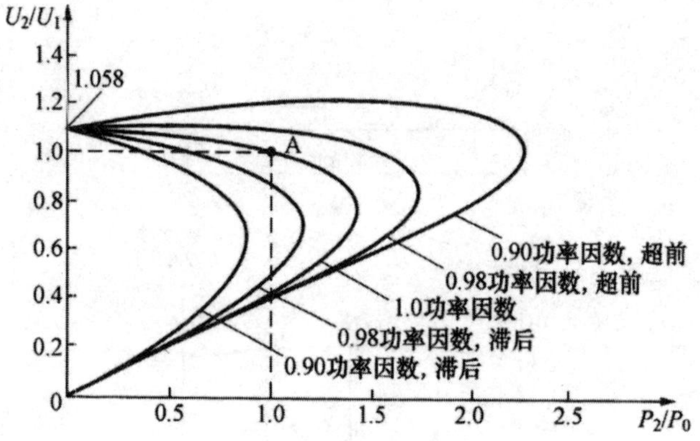

图7-6　送端电压固定时，线路的电压—功率特性

2. 特高压输电的稳定性

特高压输电的显著特点是能输送比超高压线路大得多的功率。如果特高压输电线路突然中断大功率的输送，将给受端系统造成大的功率缺额，给下一级500kV电网带来严重的安全运行问题。为了使包括特高压电网在内的整个电力系统安全稳定运行，通常采用双回特高压输电线路将送端系统的电力输送到远方的负荷中心。

特高压输电线路实际运行时所输送的功率和超高压输电一样，必须满足电力系统功角稳定，包括静态稳定、暂态稳定、动态稳定和电压稳定的要求。

根据特高压输电稳定性的要求和特高压输电的性能特点，从静态稳定和小干扰电压稳定考虑，特高压输电能力应满足如下稳定限制要求。

（1）静态稳定裕度应达到30%～35%，包括送、受端系统等值阻抗在内的等效的两端电动势的功角相应地为44°～40°。相对于超高压输电来说，发电机的暂态电抗x'_d和特高压变压器短路电抗在整个特高压输电的系统阻抗比率值比超高压输电的大。在一般的送、受端系统强度下，双回输电线路的输电能力为单回输电能力的1.3倍或小于1.3倍。如果单回输电线的静态稳定裕度能保持在30%～35%，则一回输电线路故障跳开后，特高压输电系统仍能保持在静态稳定极限范围之内。按照这样的静态稳定裕度确定线路的输送功率的能力，双回输电线路的静态稳定裕度还要大一些。如果采用快速继电保护和快速断路器跳开故障线路，一般来说，其暂态稳定性是可以得到保证的。

（2）特高压输电线路两端电压降落应保持在5%左右。从特高压输电线路的P–U和Q–U曲线可知，线路两端电压降落保持在5%左右，运行点离临界电压点有足够的有功和无功距离。当然首先要配置好受端系统的无功补偿，使输电线路在重负荷条件下，电压失稳的临界电压应低于最低电压，达到5%。

按以上稳定性原则确定的输电能力，还应将输电系统接入到整个电力系统进行详细的暂态稳定、动态稳定和电压稳定仿真计算，从功角稳定和电压稳定的角度，确保特高压输电有高的可靠性。

二、特高压交流输电系统过电压

电力系统内部过电压是指由于电力系统故障或开关操作而引起电网中电磁能量的转化，从而造成瞬时或持续时间较长的高于电网额定允许电压并对电气装置可能造成威胁的电压升高。内部过电压是电力系统中的一种电磁暂态现象。内部过电压分为操作过电压和暂时过电压两大类。在故障或操作时，瞬间发生的过渡过程过电压称为操作过电压，其持续时间一般在几十毫秒之内。在暂态过渡过程结束以后出现持续时间大于0.1s至数秒甚至数小时的持续性过电压称为暂时过电压。

操作过电压是由断路器及隔离开关操作和系统故障引起的暂态过渡过程，既包括断路器的正常操作，也包括各种分闸以及故障及故障切除过程引起的过电压。操作过电压具有幅值高、存在高频振荡、阻尼较强以及持续时间短等特点。操作过电压对电气设备绝缘和保护装置的影响，主要取决于其幅值、波形和持续时间。操作过电压的波头陡度一般低于雷电过电压。

暂时过电压又分为工频过电压和谐振过电压。电力系统中由于出现串、并联谐振而产生的过电压称为谐振过电压。工频过电压的频率为工频或者接近工频。工频过电压在特高压系统中有重要影响，因为：①它的大小直接影响操作过电压的幅值；②它是决定避雷器额定电压的重要依据，进而影响系统的过电压保护水平；③可能危及设备及系统的安全运行。

潜供电流不属于过电压，但它是单相重合闸过程中产生的一种需要重视的电磁暂态现象。在特高压系统中普遍采用单相自动重合闸消除单相瞬时性故障，当线路由于雷击闪络等原因发生单相瞬时接地，故障相线路两侧断路器分闸后，由于健全相与故障相的电容和互感耦合，弧道中仍然流过一定的感应电流，称为潜供电流（或称作二次电流）。潜供电流是影响单相重合闸成功率的重要因素。

1. 工频过电压及限制措施

特高压电网工频过电压主要考虑单相接地三相甩负荷和无接地三相甩负荷两种工频过电压。影响工频过电压的因素有如下几种（见表7-2）。

表7-2　影响工频过电压的因素

影响因素	主要内容
空载长线路的电容效应及系统阻抗的影响	对于长输电线路，当末端空载时，线路的输入阻抗为容性。当计及电源内阻抗（感性）的影响时，电容效应不仅使线路末端电压高于首端，而且使线路首、末端电压高于电源电动势，这就是空载长线路的工频过电压产生的原因之一
线路单相接地故障的影响	不对称短路是输电线路最常见的故障模式，短路电流的零序分量会使健全相出现工频电压升高，常称为不对称效应。系统中不对称短路故障，以单相接地故障最为常见，当线路一端跳闸甩负荷后，由于故障仍然存在，可能进一步增加工频过电压
线路甩负荷效应	当输电线路重负荷运行时，由于某种原因线路末端断路器突然跳闸甩掉负荷，也是造成工频电压升高的原因之一，通常称为甩负荷效应。此时，电源容量越小，阻抗越大，可能出现的工频过电压越高；线路越长，线路充电的容性无功越大，工频过电压越高
影响工频电压升高的另一个因素是甩负荷后发电机转速的增加及自动电压调节器（AVR）和调速器也会对工频过电压有所影响	甩负荷后，由于调速器和制动设备的惰性，不能立即起到应有的调速效果，导致发电机加速旋转，使电动势及其频率上升，从而使空载线路中的工频过电压更为严重；另一方面由于自动电压调节器（AVR）作用，也会影响工频过电压的作用时间和幅值

限制工频过电压可考虑采取以下措施。

（1）使用高压并联电抗器补偿特高压线路充电电容。线路接入并联电抗器后，由于电抗器的感性无功功率部分地补偿了线路的容性无功功率，相当于减少了线路长度，降低了工频电压升高。从线路首端看，在通常采用的欠补偿情况下，线路首端输入阻抗仍为容性，但数值增大，空载线路的电容电流减少，同样电源电抗的条件下，降低了线路首端的电压升高。因此，并联电抗器的接入可以同时降低线路首端及末端的工频过电压。但也要注意，高抗的补偿度不能太高，以免给正常运行时的无功补偿和电压控制造成困难。在特高压电网建设初期，一般可以考虑将高抗补偿度控制在80% ~ 90%，在电网比较强的地区或者比较短的特高压线路，补偿度可以适当降低。

（2）考虑使用可调节或可控高抗。重载长线路80% ~ 90%左右高抗补偿度，可能给正常运行时的无功补偿和电压控制造成相当大的问题，甚至影响到输送能力。解决此问题比较好的方法是使用可控或可调节高抗：在重载时运行在低补偿度，这样由电源向线路输送的无功功率减少，使电源的电动势不至于太高，还有利于无功平衡和提高输送能力；当出现工频过电压时，快速控制到高补偿度。

（3）使用良导体地线（或光纤复合架空地线OPGW）。使用良导休地线可降低系数X_0/X_1，有利于减少单相接地甩负荷过电压。

（4）使用线路两端联动跳闸或过电压继电保护。该方法可缩短高幅值无故障甩负荷过电压持续时间。

（5）使用金属氧化物避雷器限制短时高幅值工频过电压。随着金属氧化物避雷器（MOA）性能的提高，使得MOA限制短时高幅值工频过电压成为可能；选择合理的系统结构和运行方式，以降低工频过电压。过电压的高低和系统结构与运行方式密切相关，这在特高压线路建设和运行初期尤为重要，应高度重视。

2. 潜供电流及限制措施

特高压线路一般都采用单相重合闸，以提高系统运行的稳定水平，为了提高单相重合闸成功率，应注意重合闸过程的潜供电流和恢复电压问题。如图7–7所示，当线路发生单相（A相）接地故障时，故障相两端断路器跳闸后，其他两相（B、C相）仍在运行，且保持工作电压。由于相间电容C_{12}和相间互感M的作用，故障点仍流过一定的电流I，即为潜供电流，其电弧称为潜供电弧。特高压线路的潜供电流大，恢复电压高，潜供电弧难以熄灭，可能影响单相重合闸的无电流间歇时间和成功率，故需研究限制潜供电流和加快潜供电弧熄灭的措施。

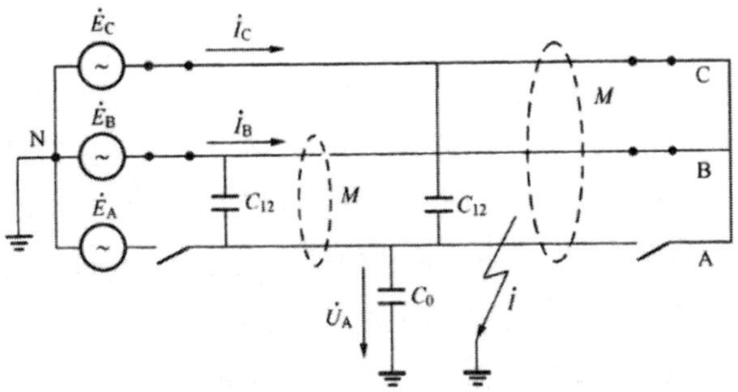

图7–7　潜供电流示意图

特高压系统主要采取以下两种措施来加快电网潜供电流熄灭措施。

（1）加装高压并联电抗器。在装有合适并联电抗器的线路，为了限制潜供电流及其恢复电压，利用加装高压并联电抗器中性点电抗（又称小电抗）的方法，减小潜供电流和恢复电压。

（2）使用快速接地开关（HSGS）。这种方法是在故障相线路两侧开关跳开后，先快速合上故障线路两侧的快速接地开关，将接地点的潜供电流转移到电阻很小的两侧闭合的接地开关上，以促使接地点潜供电弧熄灭；然后打开快速接地开关，利用开关的灭弧能力将其电弧强迫熄灭；最后再重合故障相线路。

3. 操作过电压及限制措施

操作过电压是决定特高压输电系统绝缘水平的最重要依据。特高压输电系统主要考虑三种类型操作过电压，即合闸（包括单相重合闸）、分闸过电压和线路接地或短路引起的过电压。

相当一部分限制操作过电压措施是建立在限制工频过电压基础上，除了上述采用的限制工频过电压措施外，主要还考虑下列可能的措施。

（1）金属氧化物避雷器（MOA）。它是目前国际上限制操作过电压的主要手段之一。在现阶段特高压研究中，变电站和线路侧都采用额定电压为828kV的MOA。

（2）断路器合闸电阻限制合闸过电压。合闸时，辅助触头先合上，经过一段时间（称为合闸电阻接入时间），主触头合上，以此达到限制合闸过电压目的。

（3）使用控制断路器合闸相角方法降低合闸过电压。使合闸相角在电压过零点附近，以降低合闸操作过电压。

（4）使用断路器分闸电阻限制甩负荷分闸过电压的可行性。分闸时，主触头先打开，经过一段时间（称为分闸电阻接入时间），辅助触头打开，以此达到限制分闸过电压目的；选择适当的运行方式以降低操作过电压。

4. 雷电过电压及保护

雷云放电会在导线或电气设备上形成过电压。雷电过电压分为直击雷过电压和感应雷过电压两类。雷电直击于电网（导线、设备等）时产生的过电压称直击雷过电压，直击雷过电压对任何电压等级的线路和设备都可能产生危险。雷击于大地或其他目的物附近的导线或电气设备上形成的过电压称感应雷过电压，感应雷过电压通常只对35kV及以下电压等级的线路和设备构成威胁。

对绝缘强度很高的特高压输电线路而言，雷电击中导线后，仍然很容易引起绝缘子的闪络。因此，为了防止雷直击导线，在我国110kV及以上架空输电线路几乎全部采用悬挂避雷线的措施。雷直击于电气设备时，如果电气设备无避雷器保护，则会出现极高的过电压，使电气设备绝缘损坏。因此，电气设备必须并联避雷器以限制直击雷过电压。

日本1000kV特高压架空输电线路东西线所在地区年雷暴日数为25天，在以500kV运行期间雷击跳闸率高达0.9次/100km·a（即每100km线路每年由雷击引起的跳闸次数）。尽管其避雷线采用了负保护角，但据分析认为是线路杆塔很高，在遭到线路侧面雷击导线时引起了绝缘子闪络。

根据我国大量110～500kV变电站多年来的运行经验，如特高压变电站采用敞开式高压配电装置（AIS）、敞开式电气设备时，可直接在特高压变电站构架上安装避雷针或避雷线作为直击雷保护装置。

第四节　特高压交流输电系统绝缘配合

现代电网应具有安全、不间断运行的基本功能。衡量电网安全运行的可靠性指标包括故障次数和故障的停电时间。实践表明，全部的停电事件中电网电气装置（输电线路和变电站电气设备）的绝缘闪络或击穿，为最主要的原因。因此，为了保证电网具有一个可以接受的可靠性指标，科学合理地选择电网电气装置的绝缘水平至关重要。

一、绝缘的分类

（1）特高压架空输电线路绝缘的分类。特高压架空输电线路的主要绝缘介质是空气。导线与悬挂导线的杆塔之间则采用绝缘子实现导线与地之间的绝缘。因此，特高压架空输电线路绝缘可分为两类：一类是导线与杆塔或大地之间的空气间隙，而另一类则是绝缘子。前者又分为四种，它们是导线对杆塔之间的空气间隙、导线之间的空气间隙、档距中间导线对地的空气间隙、档距中间导线对地面上运输工具或传动机械间的空气间隙。

（2）特高压变电站绝缘的分类。与特高压架空输电线路绝缘一样，如果特高压变电站采用敞开式高压配电装置（AIS），那么空气也是特高压变电站的主要绝缘介质。导线与悬挂导线的架构之间也采用绝缘子实现导线与地之间的绝缘。

如特高压变电站采用半封闭组合电器（HGIS）或全封闭组合电器（GIS），则其GIS部分有六氟化硫（SF_6）气体绝缘和内部合成绝缘子外，GIS还要引入、引出套管等绝缘元件。

特高压变电站电气设备，诸如电力变压器、高压并联电抗器、电流互感器等设备的内绝缘主要是油纸绝缘，这类绝缘在过电压多次作用下，会因累积效应使绝缘性能下降；一旦绝缘被击穿或损坏，不能自动恢复原有的绝缘性能，故属非自恢复型绝缘。

二、绝缘子

特高压输电工程对绝缘子提出了比现有绝缘子更多更高的要求，如高机械强度、防污闪、提高过电压耐受能力和降低无线电干扰等。

作为特高压架空输电线路的绝缘子，由于其悬挂的相导线根数多、截面大，加之风力、覆冰等极为苛刻的运行条件，因此必须有足够大的机械荷载能力，一般要有210kV、330kN和540kN。

绝缘子运行中需要承受工作电压和操作过电压的作用，而前者与绝缘子表面的爬电距离（Lo）有关，后者则与绝缘子的结构高度（H）有关。对于特高压输电线路，其操作过电压已被限制到较低水平（1.6p.u.左右）。因此，在考虑设计特高压输电线路绝缘子时，应充分注意这一特点，以使绝缘子串在承受上述两种电气荷载的特性方面能有较好的配合。根据研究，绝缘子设计为Lo/H≥3比较适宜。

此外，特高压输电线路工作电压高，由于无线电干扰的要求，对于特高压绝缘子球头、钢脚及其间的距离和钢帽边缘的形状和加工的粗糙度等均应精心设计和处理。

美国和日本特高压架空线路使用盘形悬式绝缘子，日本特高压输电线路使用防雾型绝缘子；一般在较重污秽地区的特高压架空输电线路适合采用复合绝缘子，苏联1150kV特高压输电线路就是采用了这种绝缘子。

三、空气间隙的放电特性

空气是特高压输电工程中重要的绝缘介质之一。特高压输电工程中存在着大量的各式各样的空气间隙。空气间隙在交流工作电压、操作/雷电过电压作用下，呈现出不同的放电电压。空气间隙的放电电压与作用的电压种类，极性（操作/雷电过电压），波形（操作过电压的波头长度），构成空气间隙电极的形状、距离以及所在地区的空气气象参数等因素有关。正极性操作/雷电过电压作用时，空气间隙呈现出较小的放电电压。

苏联对超/特高压架空输电线路空气间隙的放电特性作了大量的研究工作，意大利、美国、加拿大、英国等对架空输电线路的外绝缘特性也都进行了大量研究。研究表明，当分裂导线中心至地面距离不变，且为正极性电压时，导线对地间隙的放电电压与导线结构关系不大。空气间隙距离在2m以下时，放电电压与导线结构无关；当空气间隙距离超过5m，且距离不变时，分裂半径增加，能使放电电压增加，与空气间隙距离增加时效果相同。这就表明，从导线对称轴到杆塔构件间的空气间隙距离不变时，放电电压与导线的分裂半径无关。空气间隙的距离S >2.5m时，放电电压与导线结构有关。

四、绝缘配合

绝缘配合的方法，见表7–3。

表7–3　绝缘配合的方法

方法	主要内容
半统计法	对于特高压变电站的空气间隙选择则一般采用半统计法。该方法的前提是对于操作/雷电过电压不再视为随机变量，而是采用变电站内安装的金属氧化物避雷器（MOA）的相应保护水平。但是对于空气间隙的放电电压则视为随机变量，且为安全起见，采用其50%放电电压和MOA的保护水平低3倍的空气间隙放电电压的标准偏差作为绝缘配合。此种配合方法保证了空气间隙闪络放电概率仅为0.00135
惯用法	用惯用法处理绝缘配合问题时，通常是使电气设备的绝缘水平（以其耐受电压来表征）与作用的最大过电压值之间保留一定裕度，以保证电气设备运行的安全。实质上，该裕度是用于补偿在估计最大过电压和确定最低耐受电压时的误差。目前对电气设备非自恢复型内绝缘采用惯用法进行绝缘配合
统计法	对于绝缘子或空气间隙（以下均对它们统称为绝缘）这类自恢复型绝缘而言，其绝缘闪络电压是一个随机变量，而且作用于绝缘的过电压也是一个随机变量。当获知它们的信息之后，即可通过概率论理论应用统计法来进行绝缘配合设计。目前，在330kV及以上的特高压输电线路工程中，绝缘配合的统计法已被广泛地应用

第八章　自动控制系统的时域分析法

第一节　基础内容

时域分析法是在一定的输入条件下，使用拉氏变换直接求解自动控制系统时域响应的表达式，从而得到控制系统直观而精确的输出时间响应曲线和性能指标。

在控制工程中，严格来说，任何一个控制系统几乎都是高阶系统（描述系统动态特性的运动方程是高阶微分方程）。系统越复杂，微分方程的阶次越高。分析高阶系统通常是相当复杂的，即使我们使用计算机处理，所求出响应的性能指标也不一定能满足工程上的需要，甚至系统还可能是不稳定的。使用时域分析法难以直接提出改善系统动静态性能的校正方案。在工程实践中，往往根据被控制对象的使用要求确定系统的静态和动态性能指标，再根据性能指标的要求确定预期响应曲线，进而通过校正的方法人为地改变系统的结构、参数和性能，使之满足所要求的性能指标。它并不要求校正后的响应曲线严格按照预期的响应曲线变化，而只要求它的变化趋势与预期响应曲线一致，并满足性能指标的要求即可。工程上常将一阶、二阶等系统响应曲线作为自动控制系统的预期时域响应曲线。

控制系统的时域响应不仅取决于系统本身的结构与参数，还与外加信号有关。因此，需要有一个对各种控制系统性能指标进行比较的基础，也就是预先设定一些典型输入信号，然后比较各种系统对这些输入信号的响应。时域分析法中常用的典型输入信号有如下几种。

（1）单位阶跃函数1（t）也称为位置信号，其数学表达式为

$$r(t)=1(t)=\begin{cases}0 & t<0\\1 & t\geqslant 0\end{cases}$$

单位阶跃函数如图8-1a所示，其拉氏变换式为

$$R(s)=L[1(t)]=\frac{1}{s}$$

该信号相当于在t=0处突加一个恒定的输入信号。对于恒值系统，相当于参考输入量的变化或者扰动量的突变；对于随动系统，相当于突加一个位置输入信号。

（2）单位斜坡函数也称为速度信号，其数学表达式为

$$r(t)=\begin{cases}0 & t<0\\ t & t\geqslant 0\end{cases}$$

单位斜坡函数如图8-1b所示，其拉氏变换式为

$$R(s)=L[t]=\frac{1}{s^2}$$

（3）单位抛物线函数也称为加速度信号，其数学表达式为

$$r(t)=\begin{cases}0 & t<0\\ \frac{1}{2}t^2 & t\geqslant 0\end{cases}$$

单位抛物线函数如图8-1c所示，其拉氏变换式为

$$R(s)=L\left[\frac{1}{2}t^2\right]=\frac{1}{s^3}$$

（4）单位脉冲函数即狄拉克（Dime）函数，其数学表达式为

$$r(t)=\delta(t)=\begin{cases}0 & t\neq 0\\ \infty & t=0\end{cases}$$

单位脉冲函数如图8-1d所示，其拉氏变换式为

$$R(s)=L[\delta(t)]=1$$

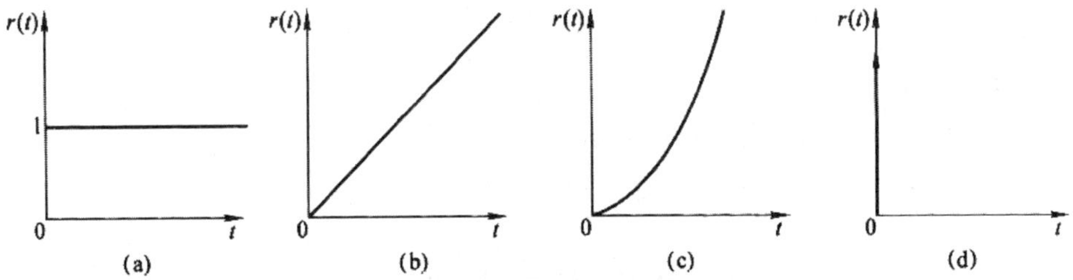

图8-1　典型时域输入信号

对控制系统来说，只要输入信号的强度足够大，且信号持续时间相对于系统的时间常数可以忽略不计时，则该信号可以视为脉冲函数。

对实际系统进行分析时，应根据系统的工作情况选择合适的典型输入信号。同一系统选择不同的输入信号时，其响应也不同。为了对系统的动态性能指标进行比较和研究，通常选用单位阶跃函数。

第二节　一阶系统阶跃响应分析

一阶系统指用一阶微分方程式描述的控制系统，也就是闭环系统的传递函数分母中s的最高次幂为1的系统。

一、典型一阶系统

典型一阶系统框图如图8-2所示。

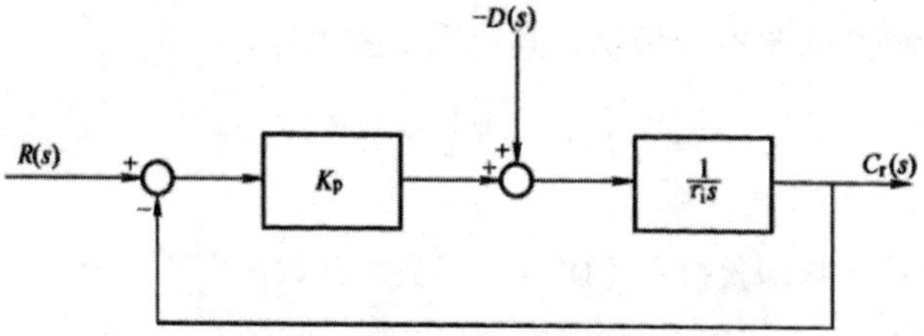

图8-2　典型一阶系统框图

当$D(s)=0$时，系统参考输入量的传递函数为

$$G_R(s)=\frac{C_R(s)}{R(s)}=\frac{1}{\frac{\tau_i}{K_p}s+1}=\frac{1}{\tau s+1}=\frac{1/\tau}{s+1/\tau}$$

式中τ_i——积分环节时间常数；

T——典型一阶系统时间常数，$\tau=\tau i/Kp$

当$r(t)=1(t)$时，$R(s)=1/s$，则

$$C_R(s)=\frac{1/\tau}{s(s+1/\tau)}$$

由拉氏反变换可得

$$c_r(t)=L^{-1}\left[\frac{1}{s}+\frac{-1}{s+1/\tau}\right]=1-e^{-\frac{1}{\tau}t}$$

由上式可知，闭环系统传递函数为一阶惯性环节，式中第一项为单位阶跃响应的稳态分量，它等于单位阶跃信号的幅值；式中第二项为瞬态分量。典型一阶系统单位阶跃响应曲线如图8–3所示。

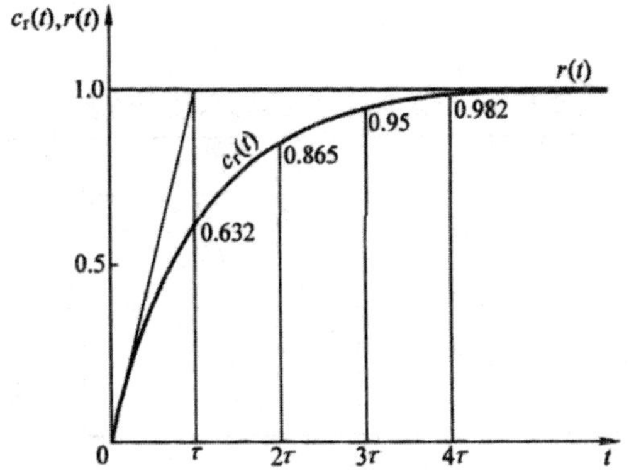

图8–3　典型一阶系统单位阶跃响应

由上述分析可知：

（1）时间常数T是表征系统响应的唯一参数，它与系统响应之间具有确定的对应关系。

例如$t=\tau$时，$Cr（t）=0.632$，$t=$（2 ~ 4）τ时所对应的值如图8–3所示。用实验法求取一阶系统时间常数$Cr（t）$的方法如图8–3所示。

（2）系统响应曲线在$t=0$处的斜率最大，即

$$\frac{dc_r(t)}{dt}\Big|_{t=0}\left(\frac{1}{\tau}e^{-\frac{1}{\tau}t}\right)\Big|_{t=0}=\frac{1}{\tau}$$

运用这一特点也可以通过实验法求取时间常数r。同时，这一特点也是区分一阶系统和非周期响应曲线与高阶系统的无超调响应曲线的基本标志，后者在$t=0$处的斜率为0。

（3）由$Cr（t）$的计算过程可知：

①$Cr（t）$由两个分量组成。其中一个分量$-e^{-\frac{1}{\delta}t}$是随时间衰减的，称为暂态分

量（或瞬态分量）；另一分量与输入信号成正比，称为稳态分量。稳态分量与输入信号$R(s)=1/s$的极点$s=0$有关，而与传递函数的极点无关；暂态分量与传递函数$G_R(s)=1/(\tau s+1)$的极点$s=-1/\tau$有关。

②在暂态分量尚未衰减到零时，输出响应不可能与输入信号同规律变化，也就是动态过程中存在误差（称为动态误差）。可见，动态误差是由暂态分量决定的。

③上述两个分量的概念适合于任何控制系统。

同理，可以求出一阶系统对单位脉冲函数、单位斜坡函数和单位抛物线函数的响应，详见表8–1。

表8–1　一阶系统对典型输入信号的响应

$r(t)$	$c(t)$	$r(t)$	$c(t)$
$\delta(t)$	$\frac{1}{\tau}e^{-\frac{1}{\tau}t}$	t	$t-\tau(1-e\frac{1}{\tau}t)$
$1(t)$	$1-e\frac{1}{\tau}t$	$\frac{1}{2}t^2$	$\frac{1}{2}t^2-\tau t+\tau^2\left(1-e^{-\frac{1}{\tau}t}\right)$

从表3–1可以看出，系统对输入信号导数的响应等于系统对该输入信号响应的导数；系统对输入信号积分的响应等于系统对该输入信号响应的积分，其积分常数由输出响应的初始条件确定。这一重要特性适用于任何阶次的线性定常系统。

二、一阶系统阶跃响应指标

（1）稳定性从图8–3可以看出，一阶系统单位阶跃响应是从一个稳态过渡到另一个稳态，因而它是一个绝对稳定（简称稳定）系统。同时，可以看出系统传递函数的极点为负实数。

当图8–2接成正反馈时，系统传递函数的极点为正实数，其单位阶跃响应曲线是逐渐上升的，没有稳定状态，因而是不稳定系统。读者可以自行分析。

（2）上升时间t_r一般指系统响应曲线第一次上升到稳态值所需的时间。对于响应无振荡的系统，为了便于测量，常常将上升时间定义为从稳态值的10%上升到90%所需的时间。

$$0.1=1-e^{-\frac{1}{\tau}t_1}$$

$$0.9 = 1 - e^{-\frac{1}{\tau}t_2}$$

$$t_r = t_2 - t_1 \approx 2.2\tau$$

（3）建立时间t_s从图8–3可知，$t=3\tau$时，$\delta=0.05$，$t=4\tau$，$\delta<0.02$。由此可知，一阶系统单位阶跃响应曲线的建立时间$t_s=(3\sim4)\tau$。工程上一般认为$t=t_s$时系统的瞬态过程已经结束，系统进入稳态阶段。

（4）稳态误差e_{ss}可由下式确定：

$$e_{ss}=1-c_r(\infty)$$

由于该系统稳态误差为零，因而又称为无差系统。

三、具有惯性环节的一阶系统

图8–4为前向通道具有惯性环节，且反馈系数为a的环节所组成的一阶系统，其传递函数为

$$\frac{G_R(s)}{R(s)} = \frac{K_P/(1+aK_p)}{\left[\tau/\left(1+aK_p\right)\right]s+1} = \frac{K'_p}{\tau's+1}$$

式中τ'——系统时间常数，$\tau'=\dfrac{\tau}{1+aK_p}$

K'_p——系统比例系数，$K'_p=\dfrac{K_p}{1+aK_p}$。

当$r(t)=1(t)$时，由拉氏反变换可得

$$c_r(t)=K'_P\left(1-e^{-\frac{1}{\tau}t}\right)$$

与图8–2比较，图8–4有如下特点：

（1）具有惯性环节的一阶系统除了可以通过减小τ或增大K_P来提高瞬态过程的响应速度，还可以通过加大反馈系数a来进一步减小时间常数。图8–5示出了a分别为a_1和a_2（$a_2>a_1$）时的响应曲线。

（2）增大反馈系数减小了时间常数，同时也减小了比例系数，因而稳态值也随之减小，如图8–5所示。

（3）图8–4所示系统单位阶跃响应时的稳态误差为

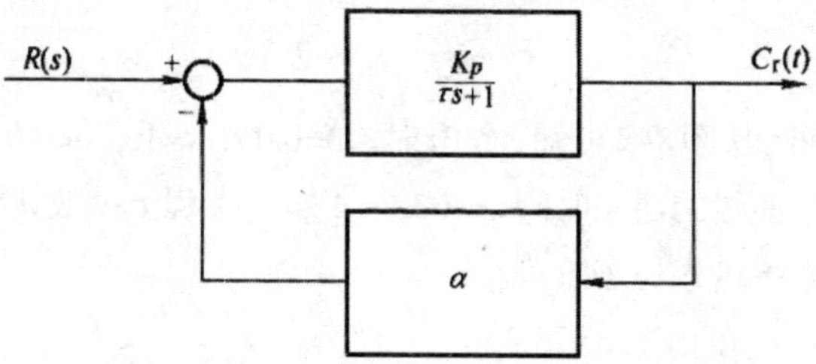

图8–4 具有惯性环节的一阶系统示意图

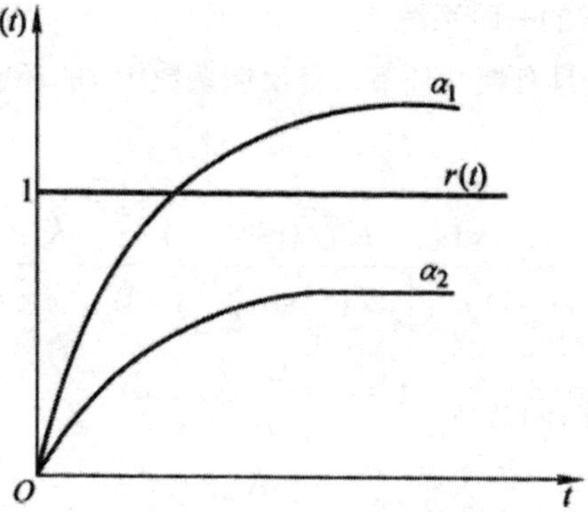

图8–5 具有惯性环节的一阶系统阶跃响应

$$e_{ss}=1-aK'_P=\frac{1}{1+aK_P}$$

由于该系统在稳态时存在误差，故常称为有差系统。对比图8–2可知，系统前向通道中存在积分环节时，系统的稳态误差为零。

第三节 二阶系统阶跃响应分析

二阶系统指由二阶微分方程描述的系统，即闭环系统传递函数分母中s的最高次幂为2的系统。

一、二阶系统基本特性

图8-6为典型的二阶系统框图，其开环传递函数为

$$G_0=\frac{K}{s(\tau s+1)}=\frac{\omega_n^2}{s(s+2\zeta\omega_n)}$$

式中K——系统的开环放大系数，$K=K_1K_2$；

ω_n——无阻尼自然角频率，$\omega_n=\sqrt{\frac{K}{\hat{o}}}$

ζ—— 阻尼比，$\zeta=\frac{1}{2\sqrt{\tau k}^{0}}$

当D（s）=0时，参考输入量的传递函数为

$$G_R(s)=\frac{G_R(s)}{R(s)}=\frac{K}{\tau s^2+s+K}=\frac{\omega_n^2}{s^2+2\zeta\omega_n s+\omega_n^2}$$

令上式的分母为零，得到系统特征方程式为

$$s^2+2\zeta\omega_n s+\omega_n^2=0$$

特征方程的根，即闭环传递函数的极点为

$$s_{1.2}=-\zeta\omega_n\pm\omega_n\sqrt{\zeta^2-1}$$

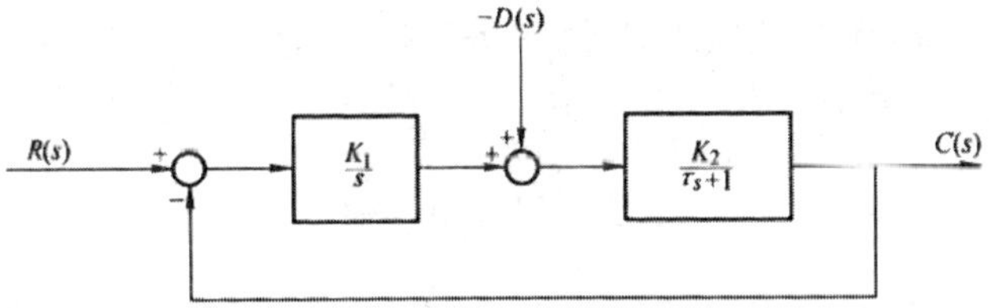

图8-6　典型二阶系统框图

当$0<\zeta<1$时，系统有一对实部为负的共轭复数，称为欠阻尼状态，系统时间响应具有振荡性。

当$\zeta=1$时，系统有一对相等的负实数，称为临界阻尼状态。

当$\zeta>1$时，系统有两个不相等的负实根，称为过阻尼状态。临界阻尼状态和过阻尼状态下，系统时域响应均无振荡现象。

当$\zeta=0$时，系统有一对虚根，称为无阻尼状态，系统时间响应为等幅振荡曲线。

当$\zeta<0$时，系统有一对实部为正的共轭复根。

二阶系统的响应特性完全由ζ和ω_n决定，所以ζ和ω_n是描述二阶系统重要的结构参数。当$\zeta=0$和$\zeta<0$时，系统分别处于临界稳定状态和不稳定状态，系统响应无法跟随参考输入量变化，系统无法正常工作。因而下面只讨论$0<\zeta<1$、$\zeta=1$和$\zeta>1$三种情况下系统的阶跃响应。

二、临界阻尼状态时的阶跃响应

$$\zeta=1$$

$$s_{1.2}=-\omega_n=-\frac{1}{\tau}$$

$$G_R(s)=\frac{\omega_n^2}{s^2+2\zeta\omega_n s+\omega_n^2}\frac{1}{s}=\frac{\omega_n^2}{\left(s+\omega_n^2\right)^2}\frac{1}{s}$$

由拉氏反变换可得

$$c_r\left(t\right)=1-\left(1+\omega_n t\right)e^{-\omega nt}t\geqslant 0$$

从二阶临界阻尼状态传递函数的极点来看，它相当于两个时间常数为r的惯性环节相串联。二阶系统临界阻尼单位阶跃响应如图8–7所示，其特点如下：

（1）阶跃响应曲线是单调上升的，且稳态值为1，这一特点与一阶系统相同。因而，它是一个稳定的无差系统。

（2）一阶系统阶跃响应曲线的斜率在$t=0$处最大，并逐渐递减至零；而二阶临界阻尼响应曲线的斜率为

$$\frac{dc_r\left(t\right)}{dt}=\omega_n^2 te^{-\omega nt}$$

对上式求导可知，响应曲线斜率的最大值$\omega_n e^{-1}$出现在$t=1/\omega_n=\tau$处。由此可知二阶临界阻尼响应曲线斜率由零逐渐增大到最大值$\omega_n e^{-1}$，然后再逐渐减小到零，曲线形状呈S形。

（3）根据上升时间的定义，可计算出$t_r=3.358\tau$。

（4）根据建立时间的定义，可计算出δ为0.05和0.02时的建立时间分别为4.75τ和5.84τ。显然，其建立时间比一阶系统长。

（5）如果已知二阶系统阶跃响应曲线，可用下述方法判断是否为临界阻尼状态：首先，响应曲线必须为S形；其次，采用两点法进行判断。

所谓两点法就是测量响应曲线c_r（t）值分别为0.4和0.8处所对应的时间t_1和t_2，如图8–7所示。当$t_1/t_2=0.46$时，即可判定为临界阻尼状态，且$\tau=$

（t_1+t_2）/4.37。

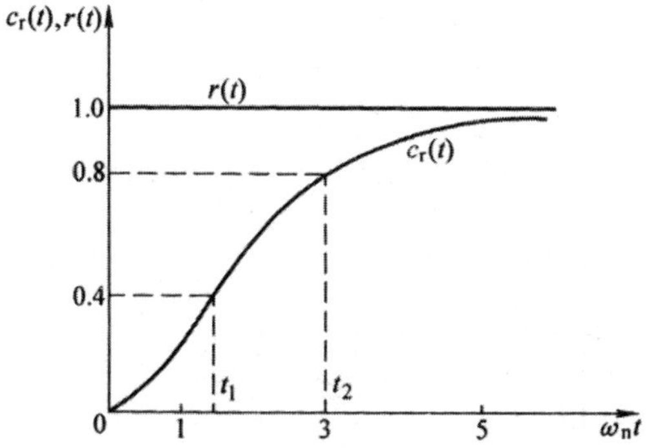

图8–7　二阶系统临界阻尼单位阶跃响应

三、过阻尼状态时的阶跃响应

$$\tau_1 > \tau_2$$

$$\zeta > 1$$

$$s_{1.2} = -(\zeta \pm \sqrt{\zeta^2 - 1})\omega_n$$

$$\tau_1 = 1/(\zeta \pm \sqrt{\zeta^2 - 1})\omega_n$$

$$\tau_2 = 1/(\zeta \pm \sqrt{\zeta^2 - 1})\omega_n$$

$$G_R(s) = 1 - \frac{\omega_n^2}{\left[s + \left(\zeta - \sqrt{\zeta^2 - 1}\right)\omega_n\right]\left[s + \left(\zeta + \sqrt{\zeta^2 - 1}\right)\omega_n\right]}$$

$$= \frac{1/(\tau_1 \tau_2)}{(s + 1/\tau_1)(s + 1/\tau_2)}$$

由拉氏反变换可得

$$c_r(t) = 1 - \frac{1}{\tau_1 - \tau_2}\left(\tau_1 e^{-\frac{1}{\tau_1}t} - \tau_2 e^{-\frac{1}{\tau_2}t}\right)$$

从二阶系统响应表达式来看，它由稳态分量和暂态分量组成，其特点如下：

（1）暂态分量为两个衰减的指数函数。若$\tau_1 > \tau_2$，则时间常数为τ_2的项衰减快，因而它主要对系统响应曲线的前期有影响；时间常数为τ_1的项衰减慢，因而它主要影响系统响应曲线的后期。

（2）ζ与τ_1和τ_2比值关系如下：

$$\frac{\tau_1}{\tau_2}=\frac{\zeta+\sqrt{\zeta_2-1}}{\zeta-\sqrt{\zeta^2-1}}$$

可见，随着ζ增大，τ_1/τ_2也迅速增加。当ζ分别为1.25和2时，τ_1和τ_2比值分别为4和13.9。图8-8所示曲线1、2为ζ分别为1.25和2时的单位阶跃响应。

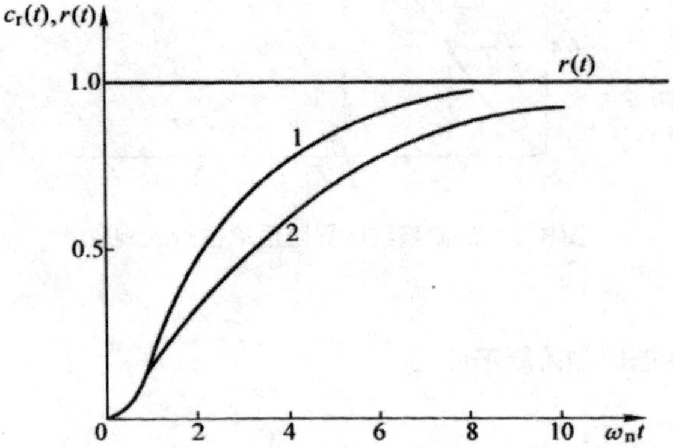

图8-8　二阶系统过阻尼单位阶跃响应

（3）求取建立时间时，可忽略时间常数较小的项，特别是当ζ>1.25时，误差更小。因而

$$t_s\approx\tau_1\ln\delta\frac{\tau_1}{(\tau_1-\tau_2)}(\zeta>1.25)$$

（4）当$\zeta\geqslant2$时，τ_1/τ_2很大，输出响应表达式第二项的系数接近1，第三项的系数很小，因而，输出响应的表达式可近似为一阶系统，即

$$c_r(t)\approx1-e^{-\frac{1}{\delta_1}4}$$

当$\zeta\geqslant2$时，阶跃响应主要取决于极点自动控制原理中常称这样的极点为主导极点。

四、欠阻尼状态阶跃响应

$$0<\zeta<1$$

$$s_{1.2}=-\zeta\omega_n\pm j\omega_n\sqrt{1-\zeta^2}$$

$$G_R(s)=\frac{\omega_n^2}{(s+\zeta\omega_n)^2+\left(\omega_n\sqrt{1-\zeta^2}\right)^2}$$

由拉氏反变换可得

$$c_r(t)=1-\frac{1}{\sqrt{1-\zeta^2}}e^{-\zeta\omega nt}\ \sin(\omega_d t+\beta)t\geqslant 0$$

式中$\omega_d=\omega_n\sqrt{1-\zeta^2}$

$$\beta=\arctan\frac{\sqrt{1-\zeta^2}}{\zeta}=\arccos\zeta$$

从二阶系统响应表达式来看，它由稳态分量和暂态分量组成，其特点如下：

（1）暂态分量是一个按指数曲线衰减的正弦振荡表达式，因此，该环节在$0<\zeta<1$时具有振荡的特点，称为振荡环节。二阶系统欠阻尼单位阶跃响应曲线如图8–9所示。

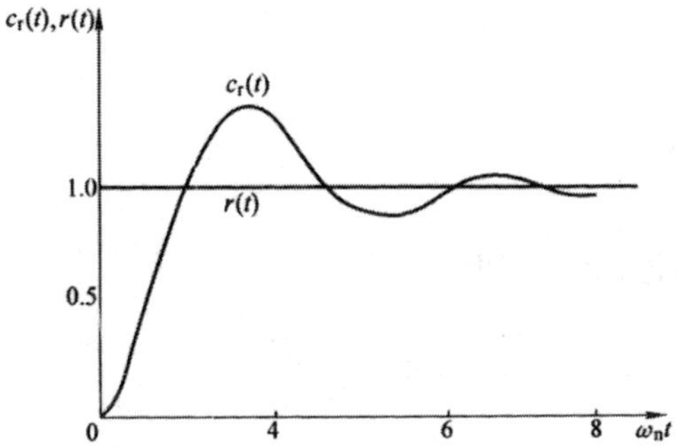

图8–9　二阶系统欠阻尼单位阶跃响应

（2）$e^{-\zeta v nt}/\sqrt{1-\zeta^2}$是一条指数衰减曲线，它是二阶系统欠阻尼单位阶跃响应曲线的包络线（Envelope）。$\zeta\omega_n$的大小直接反映了正弦幅值衰减的快慢，因而，称其为衰减系数。ω_d是正弦振荡的角频率，因与阻尼有关，所以称为有阻尼自然振荡角频率（DampedFrequency）。β称为阻尼角。

（3）稳态分量为1，稳态误差为零。

图8–10为二阶系统不同ζ值时的单位阶跃响应曲线。

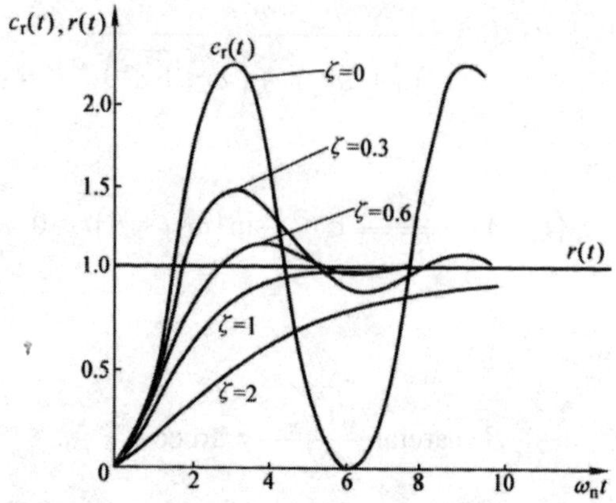

图8-10　二阶系统不同 ς 值时的单位阶跃响应

第四节　二阶系统欠阻尼单位阶跃响应性能指标

一、快速性能指标

1. 上升时间 t_r

根据上升时间的定义可计算出

$$t_r = \frac{\pi - \beta}{\omega_d}$$

由上式可见，当 ω_n 一定时，阻尼比 ζ 越小，上升时间越小，系统响应速度越快；阻尼比 ζ 一定时，ω_n 越大，上升时间越小。

2. 峰值时间 L

峰值时间指系统输出量超过其稳态值，达到第一个峰值所需要的时间。根据定义可计算得到

$$t_p = \frac{\pi}{\omega_d}$$

由上式可见，ζ 越小或 ω_n 越大，峰值时间越短，响应越快。

3. 建立时间

根据建立时间的定义，为简便计算，可用响应曲线的包络线取代实际响应曲线

（实际响应曲线的收敛速度比包络线收敛速度快）来近似计算建立时间，即

$$t_s = \frac{1}{\zeta\omega_n} ln \frac{1}{\delta\sqrt{1-\zeta^2}}$$

当$0.4 \leqslant \zeta \leqslant 0.8$时，$t_s$可近似为

$$t_s \approx \frac{3}{\zeta\omega_n} 6\tau, \delta = 0.05$$

或 $t_s \approx \frac{4}{\zeta\omega_n} 8\tau, \delta = 0.02$

t_r、t_s、t_p都是快速性能指标。阻尼比ζ一定，w_n越大t_r、t_s、t_p就越小，快速性能越好；而无阻尼自然角频率w_n一定，ζ越小，t_r和t_p也越小，快速性能越好；当ζ过小时，虽然响应的起始速度较快，但因振荡强烈，衰减缓慢，所以反而增长，快速性变差。当ζ=0.7 ~ 0.8时，t_s最小。

二、相对稳定性能指标

1. 最大超调量σ_p%

根据最大超调量的定义可求出

$$\sigma_p\% = e^{-\zeta\pi/\sqrt{1-\zeta^2}} \times 100\%$$

上式表明，最大超调量是阻尼比ζ的函数，ζ越大，最大超调量越小，系统相对稳定性越高。如已知最大超调量，可由下式求得ζ：

$$\zeta = \frac{1}{\sqrt{\left(\pi / 1m\sigma_p\right)^2 + 1}}$$

阻尼比ζ通常根据最大超调量的要求来确定，并在满足系统相对稳定性的前提下增大ω_n来加快系统响应。当ζ=0.707时，$\omega_{n2}=2\omega_{n1}$，则t_{r1}、t_{s1}、t_{p1}均为t_{r2}、t_{s2}、t_{p2}的2倍，而它们的最大超调量则是相同的，如图8–11所示。

2. 振荡次数N

振荡次数N指系统响应在t_s时间内输出响应的振荡周期数，也就是在t_s时间范围内系统响应曲线穿越稳态值次数的一半。若阶跃响应的有阻尼振荡角频率为ω_d，即周期为T_d，根据定义有

$$N = \frac{t_s}{T_d} \approx \frac{(3\sim4)/\zeta\omega_n}{2\pi/\omega_d} = \frac{(1.5\sim2)\sqrt{1-\zeta^2}}{\zeta\pi} (0.4 < \zeta < 0.8)$$

可见，振荡次数仅与阻尼比ζ有关。ζ越小，N越大，振荡越厉害。根据上式计算振荡次数时，若计算结果不为整数，需取与计算结果近似的数，如0.5、1、

1.5、2等。

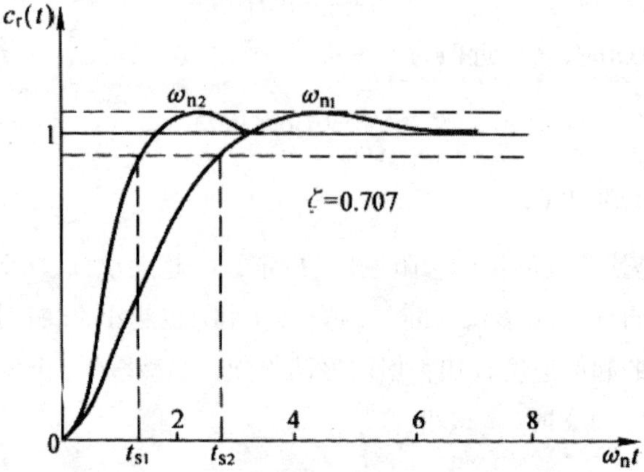

图8–11　ζ 一定时，ω_n 对系统阶跃相应的影响

综上所述，欲使二阶系统达到满意的性能指标，必须选择合适的ζ和ω_n。增大ζ，可以减弱系统的振荡性能，提高相对稳定性，从而降低最大超调量和振荡次数；提高ω_n…，可以加快系统响应的快速性。但一般来讲，系统的相对稳定性与系统的快速性之间是存在矛盾的。为了兼顾系统的快速性和稳定性，只有采取折中的办法。一般工程设计时常采用所谓的“二阶最佳系统”，即取ζ=0.707（称为最佳阻尼比），这时$\sigma_p\%<5\%$，ζ也接近最小值，系统具有比较理想的响应过程。

三、系统实际参数与动态指标的关系

在本章第三节中已讨论了二阶系统实际参数K、τ与ζ和ω_n的关系。根据前面的分析可以看出系统实际参数与动态指标的关系。当$0<\zeta<1$时，有如下关系：

（1）当开环放大系数K增大时，ζ减小，$\sigma_p\%$、N增加。即K越大系统相对稳定性越差。

（2）当时间常数τ增大时，ζ减小，$\sigma_p\%$、N增大，同时也引起ω_n的减小。ω_n和ζ的减小均会引起t_s增加。因此，τ增大对系统快速性不利。

对于阻尼比大于等于1的系统，增大K会引起ζ减小以及ω_n增大，导致t_s减小。τ增大会引起ζ和ω_n下降，但会使t_s上升。

第五节　二阶系统扰动阶跃响应分析

当系统中出现扰动输入时，会引起被控制量的变化。系统克服扰动量的影响并恢复稳定运行的能力（即抗扰能力），通常用抗扰性能指标来评价。抗扰性能指标的定义与跟随性能指标相似，一般以系统运行中突加阶跃扰动信号后的动态过程作为抗扰过程。现以二阶系统为例分析系统的抗扰性能指标。

一、二阶系统在扰动作用下的响应曲线

二阶系统在扰动作用下的框图如图8–12所示。

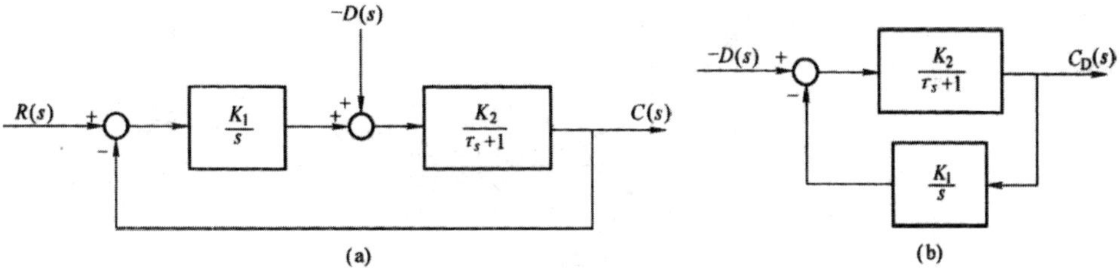

图8–12　二阶系统在扰动作业下的框图

被控制量对扰动的传递函数为

$$G_D(s)=\frac{G_D(s)}{-D(s)}=\frac{\Delta C(s)}{-D(s)}=\frac{K_2 S}{s(\tau_s+1)+K_1K_2}=\frac{1}{K_1}\frac{s\omega_n^2}{s^2+2\zeta\omega_n+\omega_n^2}$$

$$\omega_n=\sqrt{\frac{K}{\tau}}$$

$$\zeta=\frac{1}{2\sqrt{K\tau}}$$

式中$K=K_1K_2$。

G_D（s）[也就是ΔC（s）表示仅有扰动作用时系统的输出量，也就是扰动引起系统输出量发生的变化]。

当$-D$（s）$=-D/s$，$0<\zeta<1$时，由拉氏反变换可得

$$\Delta c(t)=c_d(t)=-2K_2D\frac{\zeta}{\sqrt{1-\zeta^2}}e^{-\zeta\omega nt}\sin\omega_d t$$

系统在扰动作用下的响应曲线如图8-13所示。示图8-13a为在有扰动信号作用时，系统的响应曲线$c(t)$。图8-13b为扰动引起的输出量的变化$\Delta c(t)$，也就是扰动作用下的动态误差。

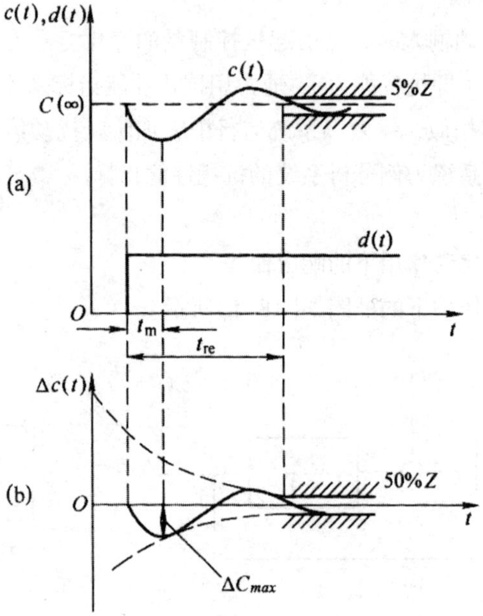

图8-13　二阶系统在扰动作用下的阶跃响应

二、抗扰性能指标

1. 最大动态降落$\Delta C_{max}\%$（Maximum Dynamic Drop）

令$d\Delta c(t)/ct=0$，可求得对应第一个极值点的时间t_m（即对应最大动态速降的时间）为

$$t_m=\frac{\beta}{w_d}$$

将t_m代入上式可得

$$\Delta C_{max}\%=-2DK_2\zeta e^{-\frac{\zeta\beta}{\sqrt{1-\zeta 2}}}\times 100\%$$

2. 恢复时间t_{re}

恢复时间t_{re}的求取方法与建立时间L的求取方法相似，同样可以采用$\Delta c(t)$的包络线近似求取，但$\Delta c(t)$中并不包含系统的稳态输出值$c(\infty)$，所以通常以包

络线进入某一基准值Z的2%或5%的范围来定义恢复时间t_{re}。基准值Z通常以$\Delta c(t)$表达式中不含ζ参数的部分来确定，即

$$Z=2DK_2$$

根据上述定义和t_{re}的求取方法可求得

$$t_{re}=2\tau\left(\ln\delta+\ln\frac{\sqrt{1-\zeta^2}}{\zeta}\right)$$

3. 扰动作用下的振荡次数N_d

$$N_d=\frac{t_{re}}{T_d}$$

三、抗扰性能分析

由上面的分析可得到抗扰性能指标与系统参数K、τ或ζ之间的关系，见表8–2。

表8–2　二阶系统抗扰性能指标与 ζ 的关系

阻尼比ζ		0.9	0.8	0.7	0.6	0.5
最大动态降落$\Delta C_{max}\%$		0.36Z	0.34Z	0.32Z	0.30Z	0.21Z
恢复时间t_{re}	δ=5%	7.4τ	6.6τ	6τ	5.4τ	4.9τ
（误差带为δ_Z）	δ=2%	9.4τ	8.6τ	8τ	7.4τ	6.9τ

由上面的分析可知：

（1）K_1增大，K增大，ζ减小，$\Delta C_{max}\%$减小。

（2）$\Delta C_{max}\%$与基准值Z成正比。因此，扰动量增大，或者K_2（一般为系统固有参数）增大，则$\Delta C_{max}\%$也随之增大。

（3）增大扰动作用点之前的增益K_1，则K增大，ζ减小，$\sigma_p\%$增大。因此，增益值的改变对系统的抗扰性能和跟随性能的影响不同。

（4）虽然系统的抗扰性能指标和跟随性能指标的求取方法是一样的，但由于扰动量与给定量作用点不同，两者的有关传递函数不同，因而，它们之间不存在一一对应的关系。

在图9–12所示的系统中，若将G_1（s）与G_2（s）所处的位置互换，跟随性能指标并不发生变化，但抗扰性能指标将发生很大的变化。因此，对系统的抗扰性能指标的分析，应根据具体情况进行具体分析。

（5）一般来说，最大动态降落越小，恢复时间越短，系统的抗扰性能就越强。

第六节　自动控制系统稳定性分析

一、系统稳定性的概念

稳定性是指控制系统在受到扰动信号作用，原有平衡状态被破坏后，经过自动调节能够重新达到平衡状态的性能。当系统在扰动信号作用（如电网电压波动、电动机负载转矩变化等）下，偏离了原来的平衡状态，若系统能通过自身的调节作用使偏差逐渐减小，重新回到平衡状态，则这种系统是稳定的；若偏差不断增加，即使扰动消失，系统也不能回到平衡状态，则这种系统是不稳定的。稳定系统与不稳定系统如图8–14所示。

系统稳定性包括绝对稳定性与相对稳定性。绝对稳定性是指系统稳定与否，而相对稳定性是指在绝对稳定的前提下，系统稳定的程度。

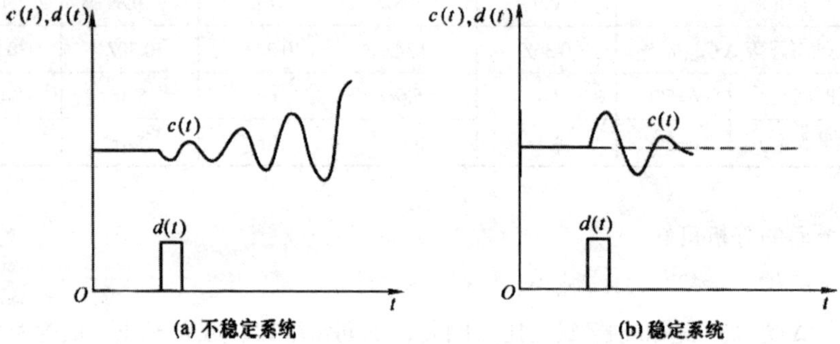

图8–14　稳定系统与不稳定系统

二、系统稳定的充分必要条件

由两个分量的概念可知，系统输出由稳态分量和暂态分量组成。稳态分量取决于输入控制信号，暂态分量取决于闭环传递函数。控制系统要求其输出量总是跟随输入控制信号变化，这就要求系统进入稳态后，暂态分量逐渐衰减到零。

暂态分量的变化主要取决于系统闭环传递函数的极点。由一阶系统和二阶系统的分析可知：

（1）若传递函数的极点为负实数，则暂态响应是收敛的，它按指数规律逐渐衰减并趋于零；相反，若传递函数的极点为正实数，则暂态响应是发散的，它按指数曲线增长。

（2）若传递函数的极点是一对共轭虚数，则暂态响应是等幅振荡的，处于临界稳定状态。（由于在临界稳定状态下系统输出响应曲线无法跟随输入控制信号变化，因而工程上认为临界稳定状态也是不稳定状态）。

（3）若传递函数的极点为一对共轭复数，当实部为负时，则暂态响应是收敛的，其振幅按指数规律逐渐衰减并趋于零；相反，当实部为正时，暂态响应是发散的，其振幅按指数规律增长。

（4）若传递函数极点为零，则响应为一阶跃信号。

只要系统任意一个暂态分量是发散的（或等幅振荡的），则系统响应必然是发散的（或等幅振荡的）。因此，系统稳定的充分必要条件是系统闭环传递函数所有的极点必须处于复平面（[S]平面）的左半部。

同时，对于一个稳定的系统，极点离虚轴越远（即实部值$|-\sigma|$越大），即衰减系数越大，其暂态分量衰减越快，系统的调节时间越短；若传递函数的极点为一对共轭复数，虚部值越小（即β角越小），w_d越小，振荡倾向越弱，相对稳定性越好。

三、赫尔维茨稳定判据

设闭环系统传递函数特征方程为

$$a_n s^n+a_{n-1}s^{n-1}+a_{n-2}s^{n-2}+\cdots+a_1 s+a_0=0$$

赫尔维茨稳定判据判断系统稳定的必要条件是系统闭环传递函数特征方程的各项系数均大于零。凡不满足此必要条件的，系统必然不稳定。

赫尔维茨稳定判据指出，n阶系统特征方程的根均为负实部的充分条件是赫尔维茨行列式Δ_k；（$k=1,2,3,\cdots,n$）全部为正。根据林纳特－戚伯特（Lienard-Chipard）的证明：在特征方程式所有系数均大于零的情况下，奇数的或偶数的赫尔维茨行列式的各子行列式均大于零为系统稳定的充分必要条件。因此，使用赫尔维茨判据时，并不需要对所有赫尔维茨行列式进行验算，只需检验Δ_{n-1}，Δ_{n-3}，Δ_{n-5}，…等是否大于零即可。

赫尔维茨行列式的最高阶次为系统特征方程的阶数。赫尔维茨行列式的编写方法表现为以下几点：

（1）主对角线上的各元素由系数a_{n-1}开始直写至a_0。

（2）主对角线以上的各元素的下标递减，主对角线以下的各元素的下标递增。

（3）凡元素的下标号小于零或大于n时，均以零补足。

根据赫尔维茨稳定判据，可方便地判定一、二阶系统的稳定条件是特征方程式的系数全部大于零；对于三阶系统，系统特征方程式的系数均大于零时，只要$\Delta_2>0$，即可判定系统是稳定的；对于四阶系统，系统特征方程式的系数均大于零时，系统稳定的充分条件是$\Delta_3>0$。

赫尔维茨稳定判据主要用于判断系统稳定与否和确定系统参数的允许范围，但不能给出系统的稳定程度（相对稳定性），也不能提出改善系统相对稳定性的途径。赫尔维茨稳定判据适用于低阶系统，因为它应用于高阶系统时计算工作量大，这时常运用劳斯稳定判据或对数频率稳定判据来判断控制系统的稳定性及稳定程度。

四、参数变化对系统稳定性的影响

根据赫尔维茨稳定判据，可确定系统个别参数变化对稳定性的影响，以及在系统稳定的前提下，这些参数允许的取值范围。使系统稳定的开环放大系数的临界值称为临界放大系数。

第七节　自动控制系统稳态性能分析

评价一个控制系统的性能时，应在系统稳定的前提下，对系统的动态性能与稳态性能进行分析。如前文所述，系统的动态性能用相对稳定性能和快速性能指标来评价。而系统的稳态性能用稳态误差来评价，即根据系统响应某些典型输入信号的稳态误差来评价。稳态误差反映自动控制系统跟踪输入控制信号或抑制扰动信号的能力和准确度。稳态误差主要与系统的结构、参数和输入信号的形式有关。

一、稳态误差的定义

控制系统的误差（Error）有两种定义方法。

（1）系统误差$\varepsilon(t)$定义为：系统响应的希望值$c_0(t)$与实际值$c(t)$之差，即

$$\varepsilon(t)=c_0(t)-c(t)$$

$$\varepsilon(s)=C_0(s)-C(s)$$

通常以偏差信号$R(s)-H(s)C_0(s)$为零来确定希望值，即

$$R(s)-H(s)C_0(s)=0$$

$$C_0(s)=\frac{R(s)}{H(s)}$$

由上式可知，闭环控制系统可以抑制主通道上元件产生的误差，但无法克服反馈通道上元件的误差。例如，$H(s)$ 的误差为10%，则系统将产生的误差为

$$\varepsilon(s)=\frac{R(s)}{H(s)}-\frac{R(s)}{1.1H(s)}=0.09\frac{R(s)}{H(s)}$$

即由于反馈通道元件误差，将使系统产生几乎相等的误差。因而，高精度的自动控制系统必须要有高精度的反馈元件（检测元件）作为保证。

（2）系统误差 $\varepsilon(t)$ 定义为：系统参考输入量 $r(t)$ 与反馈量 $b(t)$ 之差，即

$$\varepsilon(t)=r(t)-b(t)$$

$$E(s)=R(s)-B(s)$$

用这种方法定义的误差，又常称为偏差（Deviation）。由于它是可以测量的，因而在应用中具有实际意义。如图8-15所示的系统，令 $G(s)=G_1(s)G_2(s)$，则

$$\frac{E(s)}{R(s)}=\frac{1}{1+G(s)H(s)}$$

$$\varepsilon(s)=\frac{R(s)}{H(s)}-\frac{G(s)R(s)}{1+G(s)H(s)}=E(s)\frac{1}{H(s)}$$

由上式可知，从输出端定义的误差 $\varepsilon(s)$ 与从输入端定义的误差 $E(s)$ 之间具有一一对应的关系。对于单位反馈系统，$\varepsilon(s)=E(s)$。在以下的分析中，将采用第二种方法定义的误差来分析稳态误差。

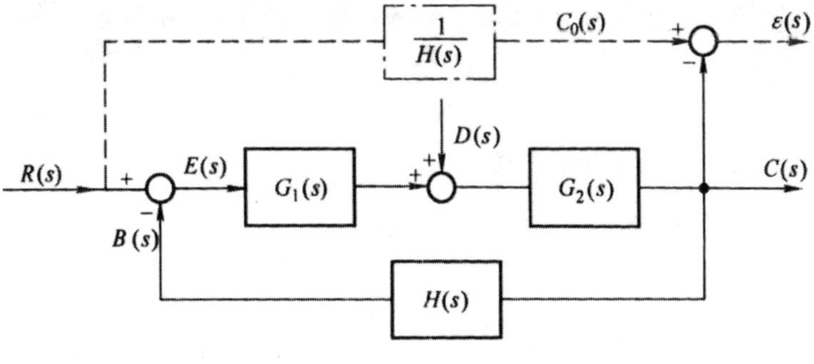

图8-15 控制系统稳态误差

（3）稳态误差的定义：当时间 $t\to\infty$ 时，稳定系统误差的终值，用 e_{ss} 表示，即

$$e_{ss}=\lim_{t\to\infty}\left[r(t)-b(t)\right]=\lim_{t\to\infty}e(t)$$

由拉氏变换终值定理可得

$$e_{ss}=\lim_{t\to\infty}e(t)$$

二、参考输入信号作用下的稳态误差

参考输入信号作用下的稳态误差（又称为跟随稳态误差）为

$$e_{ssr}=\lim_{s\to0}sE\ s=\lim_{s\to0}s\frac{R(s)}{1+G(s)H(s)}=\lim_{s\to0}s\frac{R(s)}{1+G_0(s)}$$

1. 阶跃信号输入时的稳态误差

设 $r(t)=R_0\cdot1(t)$，即 $R(s)=R_0/s$，则

$$e_{ssr}=\lim_{s\to0}s\frac{1}{1+G_0(s)}\frac{R_0}{s}=\frac{R_0}{1+\lim_{s\to0}sG_0(s)}$$

令 $Kp=\lim_{s\to0}sG_0(s)$ 称为位置（稳态）误差系数。阶跃信号输入时的稳态误差为

$$e_{ssr}=\frac{R_0}{1+K_p}$$

2.斜坡（等速）输入信号时的稳态误差设 $r(t)=R_0t\ (t\geqslant0)$，即 $R(s)=R_0/s^2$，则

$$e_{ssr}=\lim_{s\to0}s\frac{1}{1+G_0(s)}\frac{R_0}{s}=\frac{R_0}{\lim_{s\to0}sG_0(s)}$$

令 $Kv=\lim_{s\to0}sG_0(s)$ 称为速度（稳态）误差系数。斜坡输入信号时的稳态误差为

$$e_{ssr}=\frac{R_0}{K_v}$$

3. 抛物线输入信号时的稳态误差

设 $r(t)=\frac{1}{2}R_0t^2\ (t\geqslant0)$，即 $R(s)=R_0/s^3$，则

$$e_{ssr}=\lim_{s\to0}s\frac{1}{1+G_0(s)}\frac{R_0}{s^3}=\frac{R_0}{\lim_{s\to0}s^2G_0(s)}$$

令 $Ka=\lim_{s\to0}s^2G_0(s)$，称为加速度（稳态）误差系数。抛物线输入信号时的稳态误差为

$$e_{ssr}=\frac{R_0}{K_a}$$

上述三种误差系数定量地描述了系统在稳态误差与给定信号种类和大小之间的关系，统称为系统稳态误差系数。

三、系统的型号与无差度

系统的开环传递函数可以看成由一些典型环节组成，即

$$G_0(s)=\frac{K(\tau_1 s+1)\cdots(\tau_2 s^2+2\tau_2\zeta s+1)\cdots}{s^v(\tau_1's+1)\cdots(\tau_2's^2+2\tau_2'\zeta s+1)\cdots}$$

式中 K——系统的开环放大系数；

v——系统的型号；

s^v——系统开环传递函数中含有v个积分环节。

当 v=0时，称系统为0型系统；当 v=1时，称系统为Ⅰ型系统；v=2时，称系统为Ⅱ型系统；当 v>2时，要使系统稳定是相当困难的，因此实际系统中几乎没有Ⅲ型或Ⅲ型以上的系统。

误差系数、稳态误差、系统型号及参考输入信号的系数见表8–3。

表8–3　误差系数、稳态误差、系统型号及参考输入信号的关系

误差 系统型号	误差系数			阶跃输入	斜坡输入	抛物线输入
	Kp	Kv	Ka	e_{sar}	e_{sar}	e_{sar}
0	K	0	0	$\frac{R_0}{1+K_P}$	∞	∞
Ⅰ	∞	K	0	0	$\frac{R_0}{K_V}$	∞
Ⅱ	∞	∞	K	0	0	$\frac{R_0}{K_a}$

由表8–3可知：

（1）0型系统对单位阶跃输入信号的稳态误差为常数。

（2）Ⅰ型系统对单位阶跃输入信号的稳态误差为零。

（3）Ⅱ型系统对单位阶跃输入信号和单位斜坡信号的稳态误差为零。

（4）系统的型号越高，跟踪输入信号的能力越强。所以系统的型号反映了系统对输入信号无差的度量，故又称为无差度。例如，Ⅰ、Ⅱ型系统可以分别称为是对给定阶跃输入信号的一、二阶无差系统；而0型系统可以称为是对给定阶跃输入信号

的有差系统。

为了提高系统的稳态精度可以在前向通道中引入串联的积分环节。但反馈通道中若出现积分环节将使系统输出无法跟踪参考输入量的变化，造成系统失控。

四、扰动输入作用下的稳态误差

扰动输入信号作用下的稳态误差又称为扰动稳态误差。在图8-16a中，扰动量D_1（s）D_2（s）作用点不同，下面分别讨论它们对系统稳态误差的影响。

1. D_1（s）作用下的稳态误差e_{Bsdl}

令R（s）=0、D_2（s）=0，等效框图如图8-16b所示，误差传递函数为

$$\frac{E_{d1}(s)}{D_1(s)}=-\frac{K_3 s}{s(\tau s+1+K_1K_2K_3}$$

当D_1（s）为单位阶跃信号时的稳态误差为

$$e_{ssd1}=\lim_{s\to 0} s\frac{1}{s}\left[-\frac{K_3 s}{s(\tau s+1)+K_1K_2K_3}\right]=0$$

2. D_2（s）作用下的稳态误差e_{ssd2}

令R（s）=0、D_1（s）=0时，等效框图如图8-16c所示，误差传递函数为

$$\frac{E_{d2}(s)}{D_2(s)}=-\frac{K_2K_3}{s(\tau s+1)+K_1K_2K_3}$$

当D_2（s）为单位阶跃信号时的稳态误差为

$$e_{ssd2}=\lim_{s\to 0} s\frac{1}{s}\left[-\frac{K_2K_3}{s(\tau s+1)+K_1K_2K_3}\right]=-\frac{1}{K_1}$$

由上述分析可知，扰动输入时的稳态误差特点表现为以下几点：

（1）若扰动作用点之前有一个积分环节，如D_1（s），则阶跃扰动时的稳态误差为零。

（2）若扰动作用点之前无积分环节，如D_2（s），则阶跃扰动时的稳态误差不为零，其值与扰动作用点前的K_1有关。K_1越大，稳态误差越小，但相对稳定性也将降低。

综合输入控制量和扰动量引起的系统稳态误差分析可知：

（1）对同一系统，由于作用量和作用点不同，其跟随稳态误差和扰动稳态误差是不同的。对于恒值自动控制系统来说，后者是主要的；而对于随动自动控制系统来讲，前者是主要的。

（2）跟随稳态误差e_{ssr}与前向通道的积分环节数目v和开环增益K有关。v越大（但v不能大于2），K越大，跟随稳态误差e_{ssr}越小。对跟随信号而言，系统为v型。

（3）扰动稳态误差e_{ssd}与扰动作用点前的前向通道积分环节数目v_1和增益K_1有关。v_1越大（但v不能大于2），K_1越大，扰动稳态误差e_{ssd}越小。对扰动信号而言，系统为v_1型。

（4）对于扰动稳态误差、稳态误差系数可参照跟随稳态误差的结论，用v_1、K_1分别取代v和K即可求得。

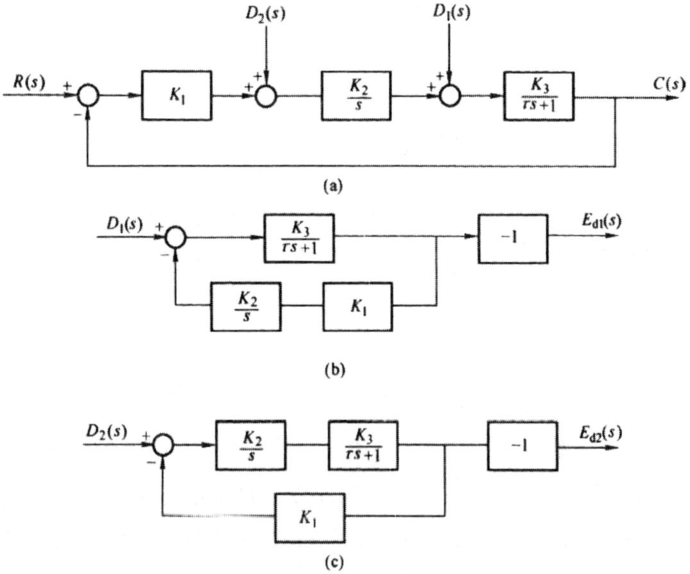

图8-16　不同作用点扰动输入的稳态误差

五、采用前馈控制进行误差补偿

从以上分析可知，要减小系统的稳态误差，可以增大系统开环增益或增加前向通道串联的积分环节数目。但由本章第三节的分析可知，这两个措施都使系统的相对稳定性变差，甚至会导致系统不稳定。也就是说，系统的动态性能与稳态性能之间是矛盾的。因此，常常需要在它们之间进行折中处理。但是，当系统的动态性能与稳态性能指标要求都很高时，或者系统存在很强的扰动时，这种折中处理往往是不可能实现的。在这些情况下，应采用前馈控制进行误差补偿。采用前馈控制与反馈控制相结合的控制方法称为复合控制。

1. 采用前馈控制补偿扰动输入引起的误差

采用前馈控制补偿扰动输入引起的误差如图8–17所示。这种补偿方法的前提是该扰动量是系统主要的扰动量，而且该扰动量是可测的。它通过设计好的补偿装置G_D（s）经过补偿通道来控制和抵消扰动对系统输出的影响。G_D（s）参数可由下式确定：

$$D(s)G_D(s)G_1(s)-D(s)=0$$

$$G_D(s)=\frac{1}{G_1(s)}$$

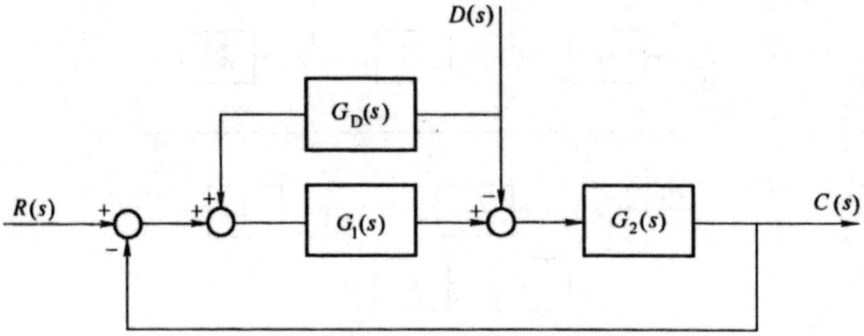

图8–17　补偿扰动输入误差的复合控制

从图8–17看出，扰动信号一条通道直接到达第二相加点，另一条通道经过C_D（s）、第一相加点、G_1（s）到达第二相加点。扰动信号从两条不同通道传到第二相加点时，它们的大小相等，方向相反，从而实现了对扰动信号的全补偿，即由扰动引起的E_D（s）和e_{ssd}均为零。此时系统输出量为

$$C(s)=\frac{C_1(s)C_2(s)}{1+C_1(s)C_2(s)}R(s)$$

由上式可见，系统输出量与扰动量无关，加入前馈控制前后传递函数的特征方程式不变，因而系统的跟随性能不变。

2. 采用前馈控制补偿参考输入引起的误差

如图8–18所示，补偿装置为G_R（s）。

当E（s）=0时，有

$$C(s)=R(s)G_R(s)G(s)$$

若

$$G_R(s)=\frac{1}{G(s)}$$

则
$$C(s)=R(s)$$

从上式可以看出，由于输出量完全复现了输入信号，因而系统具有理想的跟随性能。

此时，输入控制信号沿开环传递，闭环控制的作用仅仅是用来消除扰动引起的误差。

上述系统实现全补偿较困难，特别是参数的变化和元件的非线图8-18补偿参考输入误差的复合控制性因素可能导致全补偿条件的破坏。但可以实现近似的全补偿（欠补偿），大幅提高系统的抗扰性能或跟随性能。同时，从上述两例还可以看出，前馈控制属于开环控制方式，复合控制是既有开环控制又有闭环控制的控制方式。

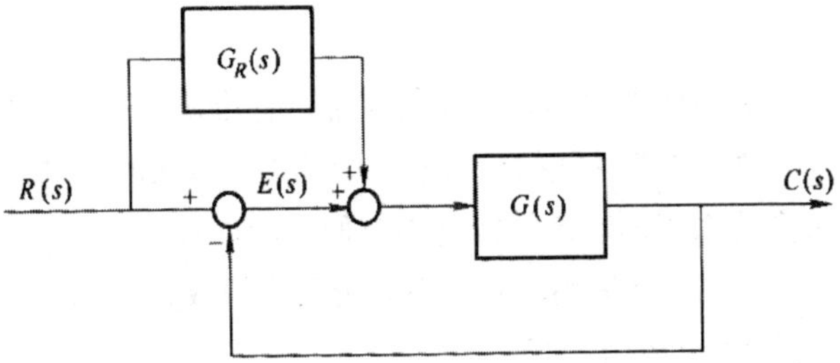

图8-18　补偿参考输入误差的复合控制

第九章　自动控制系统的频率分析法

第一节　频率特性的基本概念

工程实践中不一定需要把输出量变化的全部过程准确地计算出来，往往只需要简便地把控制系统的几个主要性能指标与系统的结构参数之间的联系直接表达出来。用时域分析法分析高阶系统的动态性能并不方便，因而提出了一些分析和研究控制系统的工程方法。目前，广泛采用的有频率分析法（频域分析法）、根轨迹法等。本书仅介绍工程上广泛使用的频率分析法。

频率分析法又称为频率响应法，它是元件或系统对不同频率正弦输入信号的响应特性。应用频率分析法来分析、研究控制系统的方法称为频率特性法。这种方法的突出优点是：系统的频率特性所确定的频率指标与时域指标存在着一定的对应关系，而系统的频率特性又很容易和它的结构、参数联系起来，因而应用频率特性法可以方便地得到系统定性和定量的结论。首先，根据频率特性曲线的形状提出改进系统性能的方法，选择系统的结构和参数，使之满足时域指标的要求；其次，频率特性不但很容易由传递函数求得，而且它还可以方便地通过实验方法直接求得，这对于那些难以从机理上求得微分方程或传递函数的系统（或元件）尤为重要；最后，采用频率特性法分析系统时所使用的曲线、图表及经验公式使得控制系统的分析更为方便、简洁。

一、频率特性和频域分析

如图9–1所示，对于一个线性定常系统

$$C(s)=\frac{C(s)}{R(s)}=\frac{b_m s^m+\cdots+b_o}{a_n s^n+\cdots+a_o}(n\geqslant \mathrm{m})$$

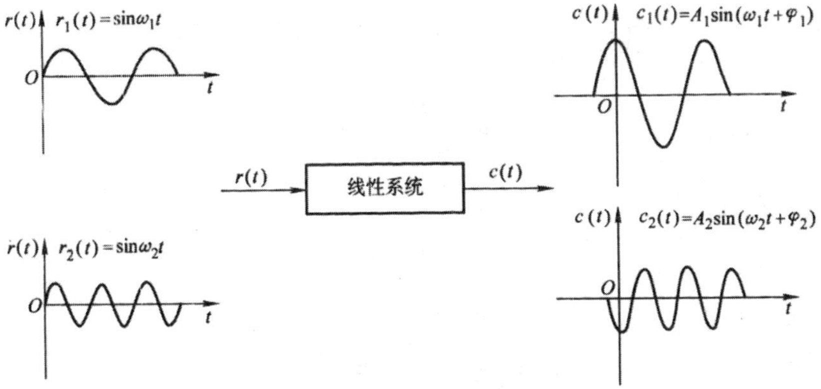

图9-1 线性系统的频率响应

令 $r(t)=\sin wt$，即

$$R(s)=\frac{\omega}{s^2+\omega^2}$$

则 $C(s)=\dfrac{b_m s^m+\cdots+b_o}{a_n s^n+\cdots+a_o}R(s)$

由拉氏反变换得

$$c(t)=\left(\Sigma Gie^{sit}+\Sigma D_i t^{k-1}e^{sit}\right)+\left(Be^{-jwt}+\bar{B}e^{jwt}\right)$$

等式右边第一部分为暂态分量，其中第一项对应特征方程的根为单根时的响应，第二项对应k重根时的响应。等式右边第二部分为稳态分量，它主要取决于输入函数。对于一个稳定系统，系统所有的特征根&的实部均为负，暂态分量必将随时间趋于无穷大而衰减到零。因此，系统的稳态分量为

$$c_{ss}(t)=Be^{-jwt}+\bar{B}e^{jwt}$$

式中的B、$\bar{B}$可用待定系数法求得，即

$$B=G(s)\frac{w}{s^2+w^2}(s+jw)|_{s=-jw}=-\frac{G(-jw)}{2j}$$

$$\bar{B}=G(s)\frac{w}{s^2+w^2}(s+jw)|_{s=-jw}=-\frac{G(-jw)}{2j}$$

$G(jw)$为复数变量，它可以通过模

$$|G(jw)| = A(w) = \sqrt{[ReG(jw)]^2 + [ImG(jw)]^2}$$

及幅角$\angle G(jw) = \phi(w) = \arctan\left[\frac{Im\,G(jw)}{Re\,G(jw)}\right]$

来表示，即

$$G(jw) = A(w)e^{i\phi(w)}$$

$$G(-jw) = A(w)e^{-i\phi(w)}$$

将B、$\bar{B}$代入上式中，并应用欧拉公式可得

$$c_{ss}(t) = |G(jw)|\sin[wt + \phi(w)] = A(w)\sin[wt + \phi(w)]||$$

式中$A(w)$——输出稳态分量的振幅，$A(w)=|G(jw)|$；

$\phi(w)$——输出稳态分量的初相角，$\phi(w)=\angle G(jw)$。

由上式可以得到：

（1）在正弦信号$r(t)=\sin wt$的作用下，线性定常系统输出的稳态分量$css(t)$是与输入信号同频率的正弦信号。

（2）输出量与输入量幅值之比$A(w)/l=|G(jw)|=A(w)$，可描述系统对不同频率正弦输入信号在稳态时的放大（或衰减）特性，称为幅频特性。

（3）输出稳态分量相对于正弦输入信号的相位差$\phi(w)=\angle G(jw)$，可描述系统稳态输出时对不同频率正弦输入信号在相位上产生的相角迟后（或超前）的特性，称为相频特性。

（4）幅频特性和相频特性统称为频率特性，记为

$$G(jw) = |G(jw)|e^{j\angle G(jw)} = A(w)e^{j\phi(w)}$$

（5）频率特性适用于线性定常系统或元件。

（6）由拉氏变换可知，传递函数的复变量当$s=\sigma+jw$时，$s=jw$。所以$G(jw)$就是$\sigma=0$时的$G(s)$，即复频域与频域的关系为

$$G(jw) = G(s)|_{s=jw}$$

二、频率特性的性质

（1）从频率特性与传递函数的关系中看出，频率特性包含了系统或元件的全部动态结构参数，因此它是和微分方程、传递函数一一对应的数学模型。频率特性是系统在频域中的数学模型，运用它分析、研究控制系统性能的方法称为频率特性分

析法。

（2）频率特性为使用实验法求取未知系统或元件的数学模型提供了切实可行的办法。

（3）有关频率特性的推导是在系统稳定的前提下进行的。如果系统不稳定，就不能观测到系统输出的稳态分量，因而无法使用实验法求取系统的频率特性。

虽然频率特性的概念是从稳定系统推导出来的，但我们知道，系统的输出总是由两个分量组成的，其稳态分量与系统的稳定性无关，主要取决于输入信号。因此，从理论上讲，稳态分量总是可以从系统的动态响应中分离出来。所以频率特性的定义可以推广为：线性定常系统输出的稳态分量与正弦输入信号的复数比。也就是说，无论系统稳定与否，其频率特性总是存在的。

（4）由傅里叶变换可知，输入信号可以分解为一系列不同频率谐波的叠加。根据频率特性的物理意义，$G(jw)$ 相当于一个广义的滤波器，它对一些频率的信号进行放大和相应的相移处理，对另一些频率的信号进行衰减和相应的相移处理。频率特性不同，则具体放大或衰减的倍数、超前或迟后的相角不同。因此，控制系统的输出就是通过这一广义滤波器的各次谐波之叠加。

使用频域法校正控制系统，就是将系统设计成为合理地放大有用信号、衰减无用信号，并按要求进行相移的广义滤波器。

第二节　典型环节的伯德图

频率特性常使用图示法。图示法比数学表达式更形象、更方便。研究频率特性常用的图示法有极坐标图（又称为奈氏图、Nyquist图）、幅频特性和相频特性图、对数幅频及对数相频特性图（又称为伯德图、Bode图）、以及对数幅相频率特性图（又称为尼柯尔斯图、Nichols图）。本书仅介绍工程上广泛采用的Bode图。

Bode图通过两张图——对数幅频特性图（又称为幅值伯德图）和对数相频特性图（又称为相位伯德图）来表示系统的频率特性。对数幅频特性图和对数相频特性图是画在一张半对数坐标纸上的，即横坐标w是以对数分度值表示的角频率w。角频率w变化倍数用频程表示。频程是指高频与低频频率的对数比（以10为底）。因此，角频率w变化10倍，在横坐标上距离的变化为一个单位，即$\lg 10=1$，称为一个“10倍频程（Decade）”，记为dec。由于横坐标采用对数分度，因此零频（$w=0$）不可能在横坐标上表示出来。横坐标的最低频率，一般以我们感兴趣的频率范围来决定，如图9–2所示。

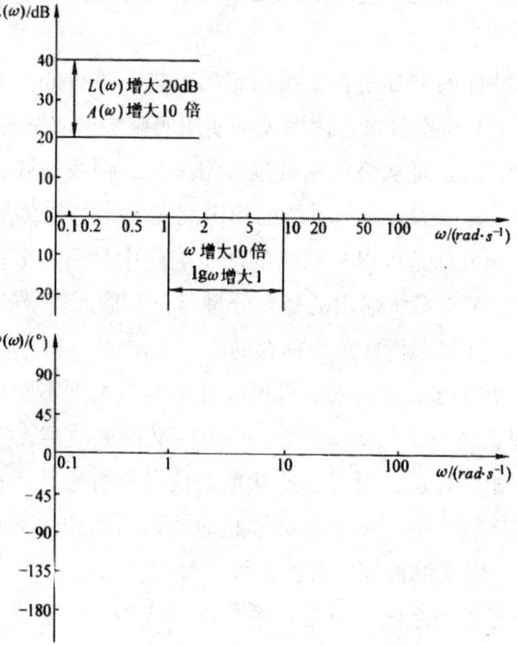

图9–2　伯德图坐标系

对数幅频特性L（w）定义为

$$L(w)=20\lg A(w)$$

对数幅频特性图纵坐标以L（w）的值表示，单位为分贝（dB），按线性均匀分度。对数相频特性图纵坐标以ϕ（w）的值表示，单位为度，也是按线性均匀分度的，如图9–2所示。

采用伯德图的优点在于：首先，它可以将串联环节的幅值相乘转化为对数幅值相加的运算，这样可以简化图形的处理和分析计算；其次，采用了对数分度的横坐标，在有限的图纸范围内将频率表示范围大大地增加了，可以在一张图纸上清楚地画出频率特性的低、中、高频段特性；最后，对数幅频特性曲线是建立在渐近线基础上的，因此可以利用简便的方法来绘制近似的幅频特性曲线。

一、比例环节

1. 传递函数

$$G(s)=K$$

2. 频率特性

$$G(jw)=K$$

3. 对数频率特性

$$L(w)=20\lg k$$

$$\phi(w)=0$$

4. Bode图

（1）对数幅频特性比例环节的增益为常数，其对数幅频特性曲线$L(w)$是一条通过纵轴的水平直线，高度为20lgK（dB）。若$k>1$，则$L(w)$为正值，特性曲线位于横轴上方；若$k<1$，则$L(w)$为负值，特性曲线位于横轴下方；若$k=1$，则$L(W)=0$，特性曲线与横轴重合。

（2）对数相频特性由于$\phi(w)=0$，因此其对数相频特性曲线是一条与横轴重合的水平线，如图9-3所示。

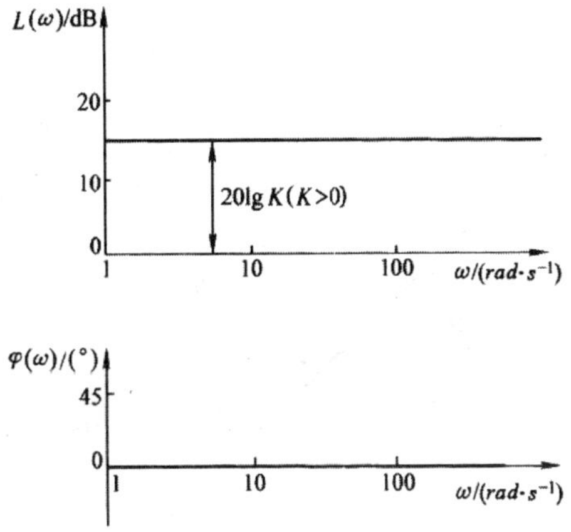

图9-3　比例环节的Bode图

二、积分环节

1. 传递函数

$$G(s)=\frac{1}{\tau_i s}$$

2. 频率特性

$$G(jw)=\frac{1}{j\tau w}=-j\frac{1}{\tau_i w}=\frac{1}{\tau_i w}e^{-j\frac{\pi}{2}}$$

3. 对数频率特性

$$L(w)=2=0lg\frac{1}{\tau_i w}=-20lg\tau_i w$$

$$\phi(w)-\frac{\pi}{2}$$

4. Bode 图

（1）对数幅频特性由于

$L(w)=-20lg\tau_i w=20lg\frac{1}{\tau_i}=-20lgw$ 因此，对数幅频特性 L（w）为一条斜率为每十倍频程下降20dB（–20dB/dec）的直线。当巧=1（称 τ_i=1时的积分环节为理想积分环节）时，该直线通过横轴 τ_i=1处；当 $\tau_i\neq 1$时，该直线通过横轴 $w=1/\tau_i$处。

对数相频特性由于对数相频特性 ϕ（w）=– π/2，因此其对数相频特性曲线是一条通过纵轴 – ϕ（w）=– π/2处、与横轴平行的直线，如图9–4所示。

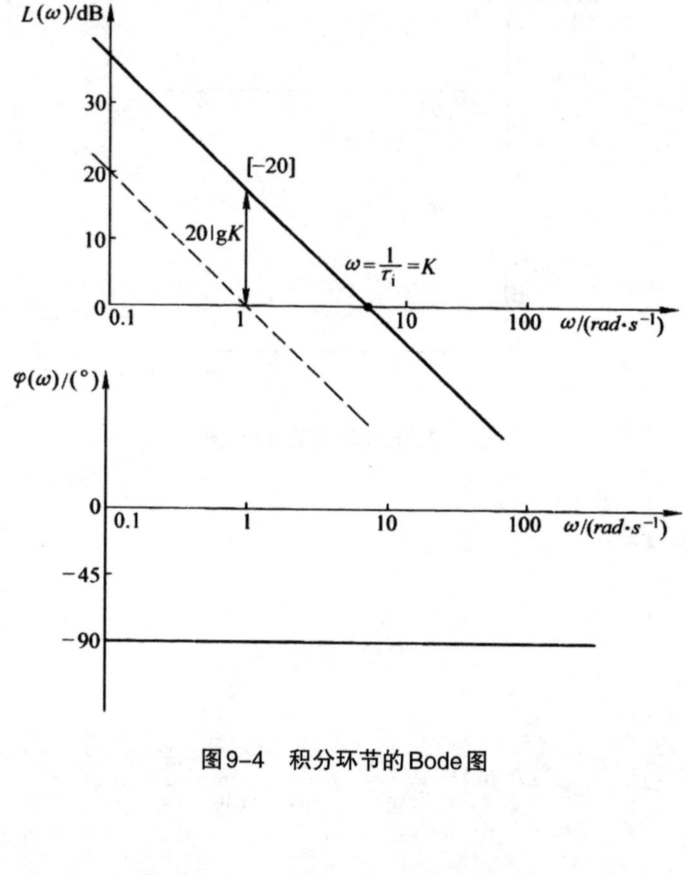

图9–4　积分环节的Bode图

三、微分环节

1. 传递函数

$$G(s)=\tau ds$$

2. 频率特性

$$G(jw)=j\tau_d w=\tau_d we^{j\frac{w}{2}}$$

3. 对数频率特性

$$L(w)=20lg\tau_d w$$

$$\phi(w)=\frac{\pi}{2}$$

4. Bode图

对照上面式子可知，它们之间仅差一个负号，因此它们的Bode图对称于横轴。即对数幅频特性L（W）为一条斜率为20dB/dec的直线。当τ_d=1时（称为理想微分环节），该直线通过横轴w=1处；当$\tau_d\neq 1$时，该直线通过横轴$w=1/\tau_d$处。由于对数相频特性因此对数相频特性ϕ（w）=$-\pi/2$曲线是一条通过纵轴ϕ（w）=$-\pi/2$处、与横轴平行的直线，如图9–5所示。

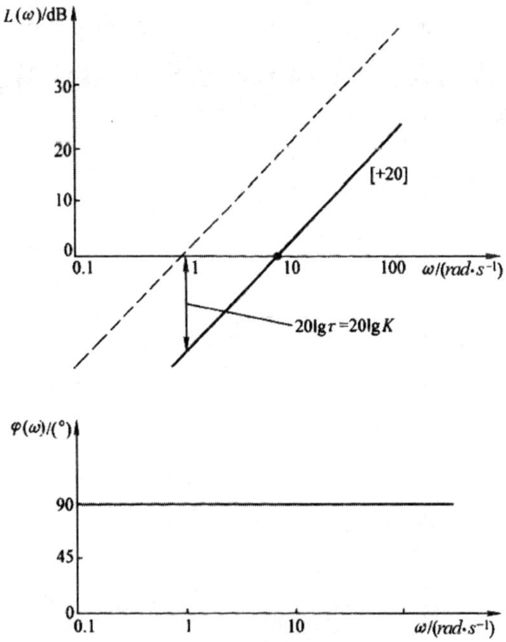

图9–5　积分环节的Bode图

四、惯性环节

1. 传递函数

$$G(s)=\frac{1}{\tau s+1}$$

2. 频率特性

$$G(jw)=\frac{1}{j\tau w+1}=\frac{1}{\sqrt{\tau^2w^2+1}}e^{-j\arctan(\tau w)}$$

3. 对数频率特性

$$L(w)=20\,lg\frac{1}{\sqrt{\tau^2w^2+1}}=-20\,lg\sqrt{\tau^2w^2+1}$$

$$\phi(w)=-\arctan(\tau w)$$

4. Bode 图

（1）对数幅频特性

从上式可以看出，当w«l/τ时，L（w）≈ -20lgl=0（dB），即在低频区（w«l/τ），对数幅频特性曲线为一条与横轴重合的直线；当w»l/τ时，L（w）≈ -20lgl（τw），即在高频区（w>>I/O，对数幅频特性曲线为一条在w=l/r处穿越横轴、且斜率为-20dB/dec的直线。因此，对数幅频特性曲线可近似地用上述两条直线表示，且它们相交于w=l/τ处。w=l/τ处的频率称为惯性环节的转折频率（ComerFrequency）。由上述两条直线构成的近似对数幅频特性曲线称为渐近对数幅频特性曲线，或折线对数幅频特性曲线，如图9–6所示。

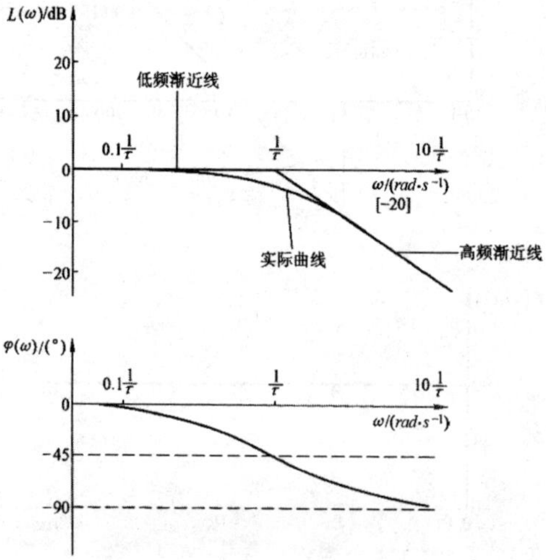

图9–6　惯性环节的Bode图

渐近对数幅频特性曲线相对于对数幅频特性曲线的误差值见表9–1。

从表9–1中可以看出，以横轴处为中心，相对于横轴几何尺寸对称处的误差值相同，且最大误差值只有3dB。为简化对数频率特性曲线的绘制，常常使用渐近对数幅频特性曲线（特别是在初步设计阶段）。同时，如需由渐近对数幅频特性曲线获取精确曲线，只需分别在低于或高于转折频率的一个十倍频程范围内对渐近对数幅频特性曲线进行修正就足够了。经过修正后的特性曲线如图9–6所示。

（2）对数相频特性由上式可知，w=0时，ϕ（w）=0；w=1/τ时，ϕ（w）=–45°；$w\to\infty$时，ϕ（w）→–90° 性曲线将对应于w=l/τ及ϕ（w）=–45° 这一点对称。惯性环节相移计算见表9–2。

表9–1　惯性环节对数幅频特性误差值

$\tau\omega$	0.1	0.25	0.4	0.5	1.0	2.0	2.5	4.0	10.0
误差/dB	–0.04	–0.32	–0.65	–1.0	–3.0	–1.0	–0.65	–0.32	–0.04

表9–2　惯性环节相移计算表

$\omega\tau$	0.1	0.25	0.4	0.5	1.0	2.0	2.5	4.0	10.0
相移/（°）	–5.7	–14.1	–21.8	–26.6	–45	–63.4	–68.2	–75.9	–84.3

惯性环节的时间常数r改变时，其转折频率1/τ将在Bode图的横轴上向左或向右移动。与此同时，对数幅频特性及对数相频特性曲线也将随之向左或向右移动，但它们的形状保持不变。

五、比例微分环节

1. 传递函数

$$G\left(_{\delta}\right)=\tau_d s+1$$

2. 频率特性

$$G\left(jw\right)=j\tau_d w+1=\sqrt{\tau_d^2 w^2+1}e^{j\arctan\tau dw}$$

3. 对数频率特性

$$L(w)=20lg\sqrt{\tau_d^2 w^2+1}$$

$$\phi\left(w\right)=\arctan(\tau_d w)$$

4. Bode图

比较上面式子可知，比例微分环节与惯性环节的Bode图将对称于横轴。比例微分环节的Bode图如图9-7所示。与惯性环节一样，比例微分环节的时间常数h改变时，其转折频率$1/\tau_d$将在Bode图的横轴上向左或向右移动。与此同时，对数幅频特性及对数相频特性曲线也将随之向左或向右移动，但它们的形状保持不变。

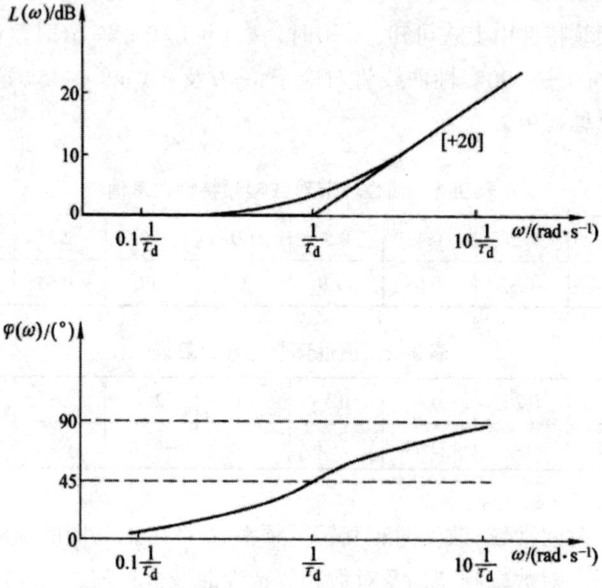

图9–7　比例微分环节的Bode图

六、振荡环节

1. 传递函数

$$G(s)=\frac{1}{\tau^2s^2+2\zeta\tau s+1}=\frac{w_n^2}{s^2+2\zeta w_n s+w_n^2}$$

2. 频率特性

$$G(jw)=\frac{1}{\tau^2(jw)^2+2\zeta\tau(jw)+1}=\frac{1}{\sqrt{\left(1-\tau^2w^2\right)^2+(2\zeta\tau w)^2}}^{-j\arctan\frac{2\zeta\tau w}{1-\tau 2w2}}$$

3. 对数频率特性

$$L(w)=-20lg\sqrt{\left(1-\tau^2w^2\right)^2+\left(2\zeta\tau w\right)^2}$$

$$\phi(w) = -\arctan\frac{2\zeta\tau w}{1\text{-}\tau^2 w^2}$$

4. Bode 图

（1）对数幅频特性从上面式子可以看出，当w«l/τ时，L（w）=20lgl=0dB，即在低频区（w«l/r）时，对数幅频特性曲线为一条与横轴重合的直线；当w«l/τ时，L（w）≈−40lg（τw），即在高频区w«l/τ时，对数幅频特性曲线为一条在w=l/τ处穿越横轴、且斜率为−40dB/dec的直线。因此，对数幅频特性曲线可近似地用上述两条直线表示，且它们相交于w=l/τ处。

w=1/τ处的频率称为振荡环节的转折频率，也就是振荡环节的无阻尼自然角频率w_n。由上述两条直线构成的近似对数幅频特性曲线即为渐近对数幅频特性曲线，如图9−8所示。

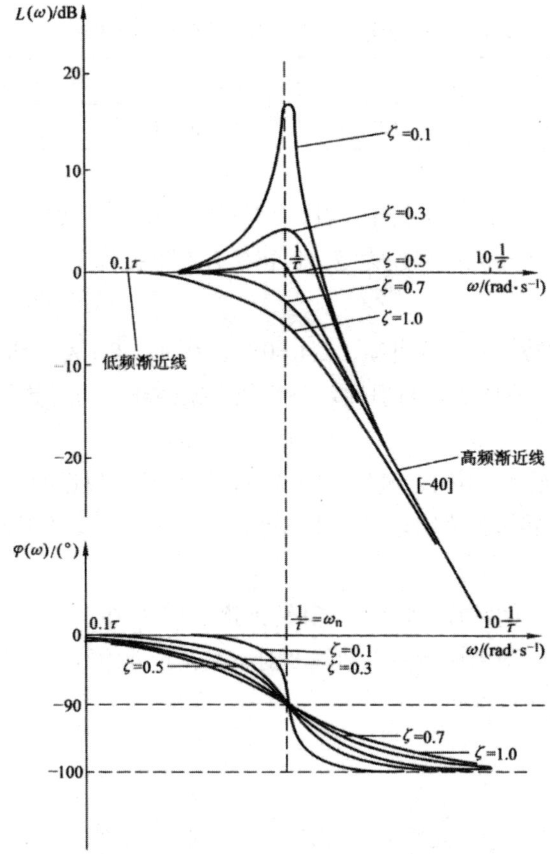

图9−8　振荡环节的Bode图

当w=l/τ时，渐近对数幅频特性曲线与实际曲线的误差为

$$L(w)=-20\,lg\sqrt{(2\zeta)^2}=-20\,lg(2\zeta)$$

由上式可见，振荡环节渐近对数幅频特性曲线与实际曲线的误差不仅与w有关，还与ζ有关。对于不同ζ值，上述误差值列于表9-3中。

由表4-3可见，$0.4\leqslant\zeta\leqslant0.7$时，误差小于3dB，这时可以不对渐近线进行修正；但当$\zeta<0.4$或$\zeta>0.7$时，误差很大，必须对渐近线进行修正。

当$\zeta<0.707$时，振荡环节的对数幅频特性在$w=wr=w_n\sqrt{1-2\zeta^2}$处，$A$（$w$）最大。我们称这时的$A$（$w$）值为谐振峰值$Mr$，而称为$wr$谐振角频率。由此可得

$$M_r=\frac{1}{2\zeta\sqrt{1-\zeta^2}}$$

表9-3　渐近振荡环节对数幅频特性最大误差值

ζ	0.1	0.15	0.2	0.25	0.3	0.4	0.5	0.6	0.7	0.8	1.0
误差/dB	14.0	10.4	8.0	6.0	4.4	2.0	0	–1.6	–3.0	–4.0	–6.0

由上式可知，ζ减小，Mr上升，当ζ趋于零时，Mr趋于无穷大；当ζ=0.5时，虽然频率特性在转折频率处的误差为零，但仍然存在谐振峰；当 ζ >0.707时，不存在谐振峰。

（2）对数相频特性由上式可知，当w=0时，$\phi(w)$ =0；w=1/τ时，$\phi(w)$ =-90°；时，$w\rightarrow\infty$ $\phi(w)$ =—–180°。与惯性环节相似，振荡环节的对数相频特性曲线将对应于w=1/τ及$\phi(w)$ ==-90°这一点对称。振荡环节的对数相频特性既是w的函数，又是ζ的函数。随阻尼比ζ不同，对数相频特性在转折频率附近的变化速度也不同。ζ越小，相频特性在转折频率附近的变化速度越大，而在远离转折频率处的变化速度越小。

当振荡环节的时间常数r改变时，其转折频率1/T将在Bode图的横轴上向左或向右移动。与此同时，对数幅频特性曲线及对数相频特性曲线也将随之向左或向右移动，但它们的形状保持不变。

七、延迟环节

1. 传递函数

$$G(s)=e^{-\tau ds}$$

2. 频率特性

$$G(jw)=e^{-\tau ds}$$

3. 对数频率特性

$$L(w)=20\,lg1=0$$
$$\phi(w)=(-\tau_D w)rad=(-57.3\,\tau_D w)$$

4. Bode 图

（1）对数幅频特性L（w）为一条与横轴重合的直线，如图9–9所示。

（2）对数相频特性$\phi\,\phi$（w）为一条随w增加而增加的滞后的相频特性曲线，如图9–9所示。

（3）当τ_D很小时，延迟环节可近似为一个惯性环节$G'(jw)$，频率特性为

$$G'(jw)=\frac{1}{jv_D w+1}$$

如τ_D=0.005，则对数频率特性为

$$L'(w)=-20\,lg\sqrt{(0.005w)^2+1}$$
$$\phi'(w)=-\arctan 0.005\,w$$

其Bode图如图9–9所示。从图9–9中可以看出，在如<叫的频段中，L（w）和L'（w）、ϕ（w）和ϕ'（w）很接近。因此，若系统的主要性能取决于低频段，则当τ_D很小时，延迟环节可以近似为惯性环节。

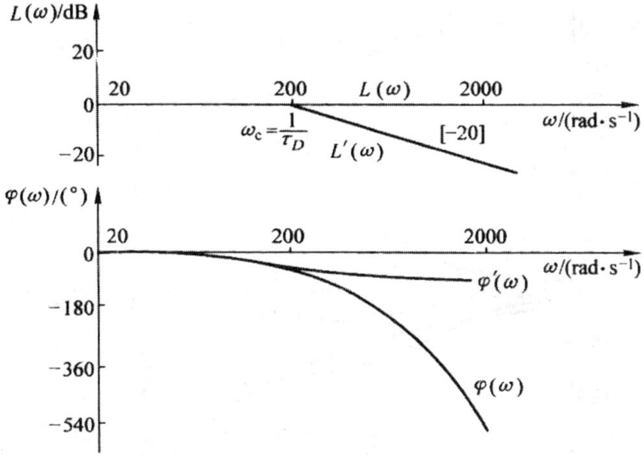

图9–9　延迟环节的Bode图

八、最小相位系统

下面以一个简单例子来说明最小相位系统的概念。已知系统的开环传递函数分别为

$$G_{01}(s)=\frac{\tau_2 s+1}{\tau_1 s+1}G_{02}(s)=\frac{1-\tau_2 s}{\tau_1 s+1}$$

$$G_{03}(s)=\frac{\tau_2 s+1}{1-\tau_1 s}G_{04}(s)=\frac{\tau_2 s+1}{\tau_1 s+1}-\tau_D s$$

式中的τ_1、τ_2均大于零，且$\tau_1=10\tau_2$。四个系统的对数幅频特性相同，如图9–10所示。但它们相频特性不同，分别为

$$\phi_1(w)=\arctan(\tau_2 w)-\arctan(\tau_1 w)$$

$$\phi_2(w)=-\arctan(\tau_2 w)-\arctan(\tau_1 w)$$

$$\phi_3(w)=\arctan(\tau_2 w)+\arctan(\tau_1 w)$$

$$\phi_4(w)=\arctan(\tau_2 w)-\mathrm{arctar}(\tau_1 w)—57.3\tau_D w$$

它们的对数相频特性如图9–10所示。从图9–10中可见，虽然上述四个系统的对数幅频特性相同，但它们的对数相频特性不同。能给出最小相位移角的系统只有一个，并称其为最小相位系统，如图9–10中相频特性$\phi_1(w)$所对应的系统就是最小相位系统。其他几个系统则称为非最小相位系统。

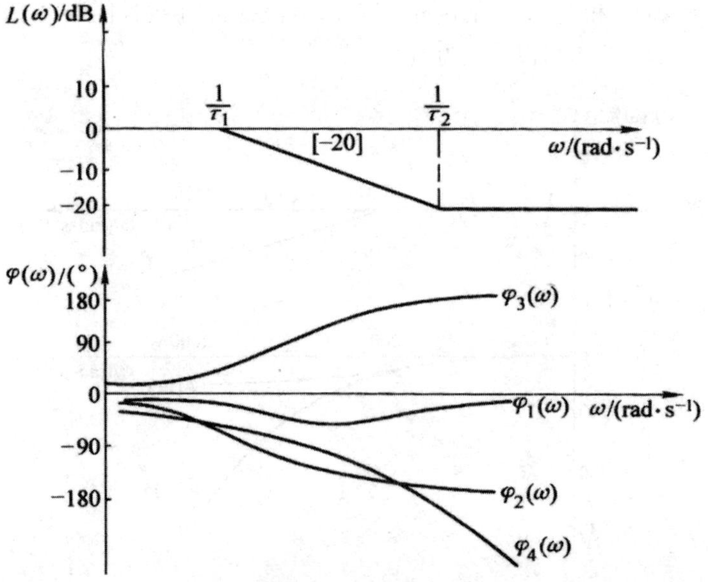

图9–10 最小相位系统的Bode图

分析上述四个系统的开环传递函数可知：开环传递函数的分子、分母中无正实根且无延迟环节时，该系统必定为最小相位系统。由于延迟环节按幂级数分解之后，其各项系数有正负，因而必定有正实根，所以延迟环节属于非最小相位系统。

最小相位系统的对数相频特性和对数幅频特性是一一对应的。也就是说，对于最小相位系统，一条对数幅频特性只有一条对数相频特性与之对应，知道其对数幅频特性，也就知道其对数相频特性。因此，利用Bode图对最小相位系统进行分析时，往往只分析对数幅频特性。

第三节　控制系统开环伯德图的绘制

绘制控制系统Bode图的一般步骤如下：

（1）按系统各坐标轴常用的比例尺，自己动手制作一些典型环节对数相频特性曲线的模型板（如惯性环节、比例微分环节、振荡环节及二阶微分环节等）。

（2）将控制系统的开环传递函数化成典型环节的乘积，并将它们整理成标准形式。

（3）选定Bode图频率范围。一般最低频率的刻度尺为系统最低转折频率的1/10左右，而最高频率为最高转折频率的10倍左右。

（4）在对数幅频特性图上，找到横坐标为w=1、纵坐标为20lg$K$的点，过该点作斜率为20WB/dcC的斜线。其中，v为系统中理想积分环节和理想微分环节数的代数和，理想积分环节数的符号取负，理想微分环节数的符号取正。

（5）计算出各典型环节的转折频率，将它们按由小到大的次序排列。在对数幅频特性图上，按下述原则依次改变系统以L（w）的斜率：

①若过惯性环节的转折频率，斜率减去20dB/dec。

②若过比例微分环节的转折频率，斜率加上20dB/dec。

③若过振荡环节的转折频率，斜率减去40dB/dec。

④若过二阶微分环节的转折频率，斜率加上40dB/dec。

（6）如有必要，可对对数渐近幅频特性进行修正，以得到精确的对数幅频特性。

（7）在对数相频特性图上，分别画出各典型环节的对数相频特性曲线（惯性环节、比例）微分环节、振荡环节和二阶微分环节的对数相频特性曲线用模型板画更方便）。将各典型环节的对数相频特性曲线沿纵轴方向叠加，便可得到系统的对数相频特性曲线。

第四节　对数频率稳定判据与稳定裕量

对数频率稳定判据是建立在Nyquist图基础之上的，因而又称为Nyquist稳定判据。但作Nyquist图较麻烦，所以工程上一般都采用系统的开环伯德图来判断系统的稳定性，这就是对数频率稳定判据。它实际上是Nyquist判据在伯德图上的应用。对数频率稳定判据不但可以回答系统稳定与否的问题，还可以研究系统的稳定裕量（相对稳定性），以及研究系统结构和参数对系统稳定性的影响。

一、对数频率稳定判据

闭环系统稳定的充要条件是：当w从$0\to+\infty$时，开环对数幅频特性不为负的所有频段内，开环对数相频特性ϕ（w）与$-\pi$线的正负穿越次数之差为$p/2$。（其中，p是系统开环传递函数Go（s）在右半s平面的极点数。沿频率w增加方向，对数相频特性由下向上穿越$-\pi$线为正穿越$-\pi$；由上向下穿越$-\pi$线为负穿越。）

对于$q\geqslant1$（q为系统开环传递函数在原点处的极点数）的系统，应将Bode图对数相频特性在w—0^+处附加一段自上而下、变化范围为$-90°q$的直线与相频特性曲线在w—0^+相连，再使用上述稳定性判据。

二、稳定裕量

稳定裕量（Stability Margin）表征系统相对稳定的程度，也就是系统的相对稳定性（Relative Stability）。

当系统处于稳定状态，且接近临界稳定状态时，虽然从理论上讲，系统是稳定的，但实际上，系统可能已处于不稳定状态。其原因可能是：在建立系统数学模型时，采用了线性化等近似处理方法；或系统参数测量不准确；或系统参数在工作中发生变化等。

为了确保系统的可靠稳定，应使系统留有足够的稳定裕量。稳定裕量通常用相位裕量（Phase Margin）和增益裕量（Gain Margin）来表示。

由对数频率稳定判据可知，当系统开环传递函数的全部极点处于S平面的左半平面时，若

$$20\,lg|Go(jw_{gc})H(jw_{gc})|=0$$

$$\angle Go(jw_{gc})H(jw_{gc}) = -180°$$

式中为w_{gc}——对应L（w）时的频率，称为幅值穿越（Gain Crossover）频率；

w_{pc}——对应$\phi(w)$ =-180° 时的频率，称为相位穿越（Phase Crossover）频率。显然，这时w_{gc}=w_{pc}系统处于临界稳定状态。

（1）相位裕量。在系统的开环伯德图上的幅值穿越频率w_{gc}处，使系统达到临界稳定状态所需要附加的相移（超前或迟后）量，也就是系统开环对数相频特性在w=w_{gc}时的值与$\phi(w_{ge})$−180° 之差，称为系统的相位裕量，记为γ或ϕ4 ），即

$$\gamma = \phi(w_{ge}) - (-180^{\circ}) = 180^{\circ} + \phi(w_{ge})$$

系统稳定时，γ >0；系统不稳定时，γ <0，如图9-11所示。

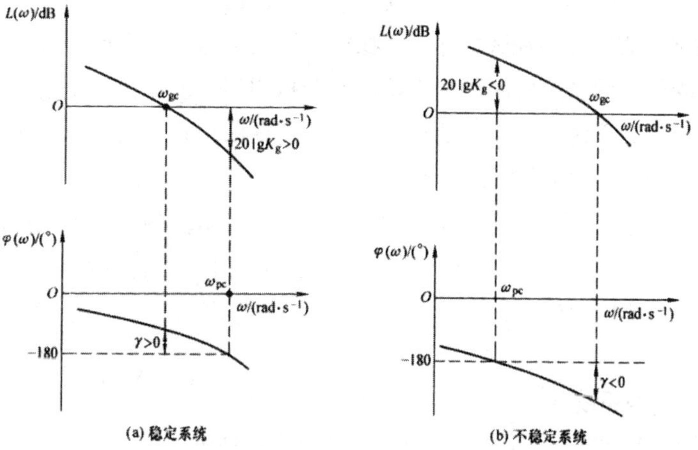

图9-11　相位裕量与增益裕量

（2）增益裕量。在相位穿越频率w_{pc}处，系统开环幅频特性值的倒数称为增益裕量，用Kg（或C_M）表示，即

$$K_g = \frac{1}{|G_0(jw_{pe})|}$$

用分贝表示为

$$20lgKg=-20\lg|G_0(jw_{pc})|\ (\mathrm{dB})$$

系统稳定时，Kg>1，或20lgKg>0，这时称增益裕量为正；系统不稳定时，Kg<1，或20lgKg<0称增益裕量为负，如图9-11所示。

增益裕量的含义：对于最小相位系统，在w=w_{ge}处，使系统处于临界稳定状态

所需要增加（对于稳定系统）或减少（对于不稳定系统）的比例倍数。

（3）根据稳定裕量的概念，仅用相位裕量或幅值裕量都不足以充分说明系统的稳定性。对于最小相位系统，只有当 γ、20lgKg 均为正时，系统才是稳定的。为了确保系统的相对稳定性，在一般情况下，要求系统应具有 40° ~ 45° 的相位裕量和 6 ~ 10dB 的增益裕量。

第五节　典型系统的开环伯德图与频域指标

在控制系统的时域分析法中，已建立了系统阶跃响应的动、静态指标体系。时域指标具有直观、准确、易于理解等优点。因此，在频域分析法中也需要建立一套系统阶跃响应的动、静态频域指标，并找出频域指标与时域指标的对应关系。在频域分析法中既可使用系统的闭环频率特性来分析控制系统，也可使用系统的开环频率特性来分析控制系统。由于系统的开环频率特性曲线易于绘制，因此工程上常使用系统的开环频率特性来分析控制系统。

正如在第三章所述的原因，在这里建立一些典型系统的开环频域指标，并将这些典型系统作为工程上使用的预期模型。同类型系统中，在保证稳定裕量的前提下，最简单形式的系统即为典型系统。

一、典型0型系统

典型0型系统如图9-12a所示。它的开环频率特性为

$$G_0(jw)\frac{K}{jw\tau+1}$$

其开环对数幅频特性如图9-12b所示。开环对数幅频特性曲线低频段与系统的型号及稳态误差有关；而系统的中频段与系统的动态参数有关。

（1）0型系统低频段曲线的斜率为0。（此结论适合于任意阶0型系统）

（2）0型系统低频段曲线的高度为20lg$K$，这里的K值就是系统的稳态位置误差系数Kp。

（此结论适合于任意阶0型系统）

（3）由于

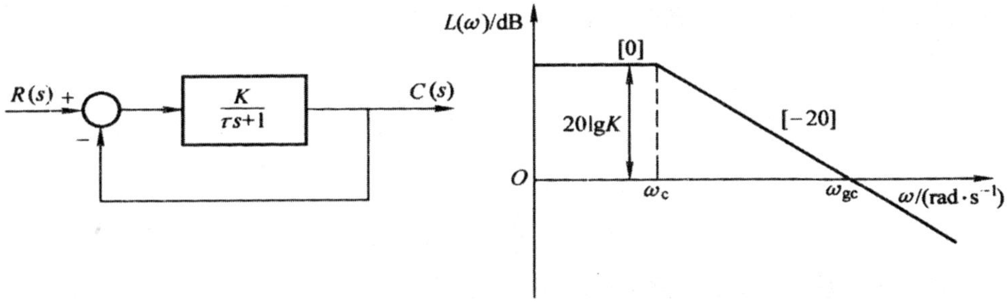

(a) 系统框图　　　　(b) 开环对数幅频特性

图9–12　典型0型系统示意

$$G_R(s)=\frac{\dfrac{K}{1+K}}{\dfrac{\tau}{1+K}s+1}=\frac{K'}{\tau's+1}$$

所以$t_s=(3-4)\tau'$。

二、典型Ⅰ型系统

（1）一阶系统。一阶系统的典型Ⅰ型系统如图9–13a所示。它的开环频率特性为

$$G_u(jw)-\frac{K}{jw}$$

其开环对数幅频特性如图9–13b所示。开环对数幅频特性曲线低频段与系统的型号及稳态误差有关；而系统的中频段与系统的动态参数有关。

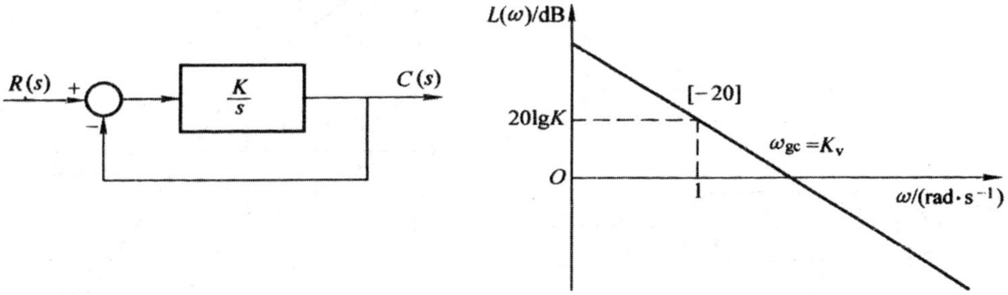

(a) 系统框图　　　　(b) 开环对数幅频特性

图9–13　典型Ⅰ型系统（一阶系统）1）Ⅰ型系统低频段曲线的斜率为–20dB/dec。（此结论适合于任意阶Ⅰ型系统）

①系统对数幅频特性曲线低频段在w=1处的高度为20lg$K$，这里的K值就是系统

的稳态速度误差系数K_v。（此结论适合于任意阶I型系统）

②由于

$$|G_0(jW_{ge})| = |\frac{K}{jW_{ge}}| = 1$$

$$G_R(s) = \frac{1}{s/K+1} = \frac{1}{\tau s+1}$$

所以Ⅰ型系统$w_{ge}=K$。（此结论适合于任意阶I型系统）

③由于

$$w_{ge} = K = \frac{1}{\tau}$$

所以$t_s = (3-4)\tau = (3-4)\frac{1}{w_{ge}}$

（2）二阶系统。二阶系统的典型I型系统如图9-14a所示。它的开环频率特性为

$$G_0(jw) = \frac{K}{jw(jw\tau+1)} = \frac{w_n^2}{jw(jw+2\zeta w_n)}$$

式中$w_n = \sqrt{\frac{K}{\tau}}; \zeta = \frac{1}{2\sqrt{\tau K}}$。

其开环对数幅频特性如图9-14b所示。开环对数幅频特性曲线低频段与系统的型号及稳态误差有关；而系统的中频段与系统的动态参数有关。

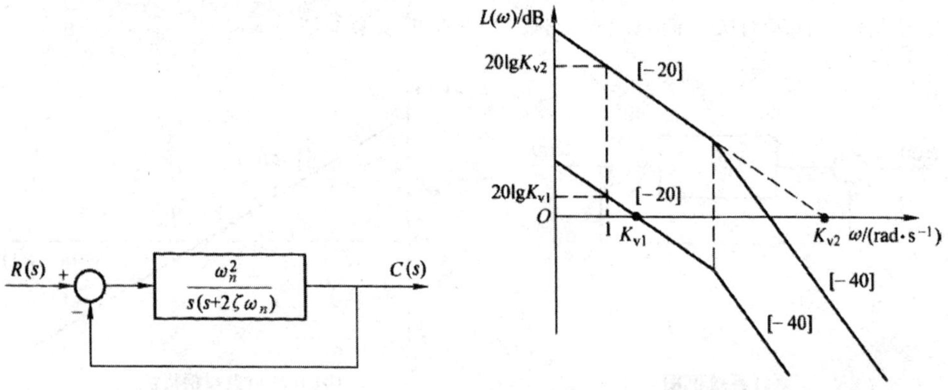

(a) 系统框图　　(b) 开环对数幅频特性

图9-14　典型Ⅰ型系统（二阶系统）

①Ⅰ型系统低频段曲线的斜率为-20dB/de。（此结论适合于任意阶I型系统）

②系统对数幅频特性曲线低频段（或其延长线）在w=1处的高度即为20lg$K$，这里的K值就是系统的稳态速度误差系数K_v。（此结论适合于任意阶I型系统）

③系统低频段与w轴的交点（或低频段的延长线与w轴的交点）即为K_v。（此结论适合于任意阶I型系统）

系统的中频段与系统的动态参数有关：

（1）$A(w_{ge})=\dfrac{w_n^2}{w_{ge}\sqrt{(w_{ge})^2+4\zeta^2w_n^2}}$

$$w_{ge}=w_{ge}\sqrt{\sqrt{4\zeta^4+1}-2\zeta^2}=bw_n$$

$$b=\sqrt{\sqrt{4\zeta^4+1}-2\zeta^2}$$

（2）$t_s=(3-4)\dfrac{1}{\zeta w_n}=(6-8)\tau=\dfrac{(3-4)\sqrt{\sqrt{4\zeta^4+1}-2\zeta^2}}{\zeta w_{ge}}=\dfrac{(3-4)b}{\zeta w_{ge}}$

（3）$\phi(w_{ge})=-90^\circ-\arctan(\tau w_{ge})=-180^\circ+arcan\dfrac{2\zeta}{b}$

（4）$\gamma=\phi(w_{ge})+180^\circ=\arctan\dfrac{2\zeta}{\sqrt{4\zeta^4+1}-2\zeta^2}=arcan\dfrac{2\zeta}{b}$

由上式得到的 γ=f(ζ) 的关系，再根据时域中 σp%=f(ζ)，可得到 σp%=f(γ)，如图9-15所示。

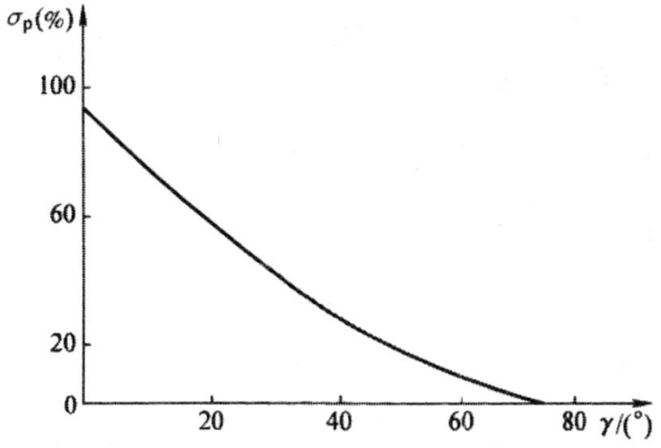

图9-15　σp%=f（γ）曲线

（5）由上述分析可知，γ、W_{ge}。为系统的开环频域指标。ζ提高，γ也随之提高，σp%下降。

三、典型Ⅱ型系统（典型三阶系统）

典型Ⅱ型系统如图9-16a所示，它的开环频率特性为

$$G_0(jw)=\frac{K(jw\tau_1+1)}{(jw)^2(jw\tau_2+1)}$$

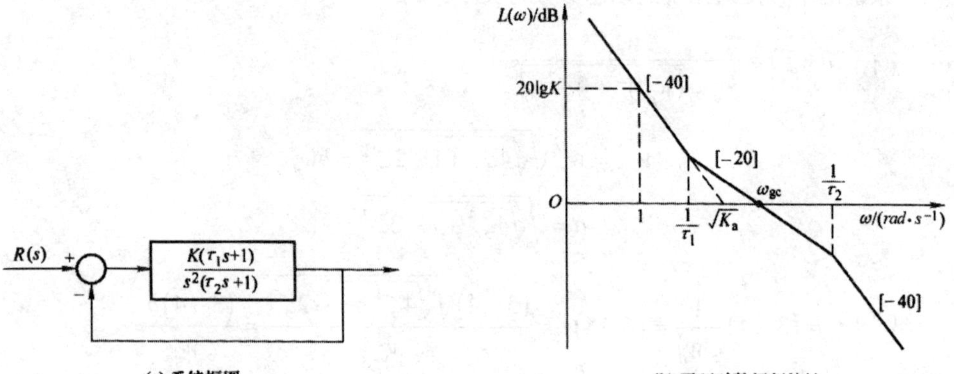

(a) 系统框图　　(b) 开环对数幅频特性

图9-16　典型Ⅱ型系统（三阶系统）

（1）Ⅱ型系统低频段曲线的斜率为–40dB/dec。（此结论适合于任意阶Ⅱ型系统）

（2）系统对数幅频特性曲线低频段（或其延长线）在w=1处的高度为20lg$K$，这里的尺值就是系统的稳态加速度误差系数K_a。（此结论适合于任意阶Ⅱ型系统）

（3）系统低频段与W轴的交点（或低频段的延长线与W轴的交点）即为$\sqrt{K_a}$：。（此结论适合于任意阶Ⅱ型系统）

（4）$K=w_{ge}w_1=\frac{w_{ge}}{\tau_1}$

式中如$w_1=\frac{1}{\tau_1}$

$$h=w_2/w_1$$

（5）中频宽

式中

$$w_2=\frac{1}{\tau_2}$$

（6）对于三阶系统，不像二阶系统的时域与频域指标那样存在一一对应的关系。工程上常采用M_r=Mmin准则，或γ=γmax准则来设计典型三阶系统。但由于第一种准则优于第二种准则，因而下面仅介绍M_r=Mmin准则。

按M_r=Mmin准则设计，可以证明：

$$M_x = \frac{h+1}{h-1}$$

$$h = \frac{M_r+1}{M_r-1}$$

$$\frac{w_1}{w_{ge}} = \frac{2}{h+1}$$

典型Ⅱ型系统的跟随性能指标见表9–4。

表9–4　典型Ⅱ型系统跟随性能指标

h	3	4	5	6	7	8	9	10
σ p%	52.6%	43.6%	37.6%	33.2%	29.8%	27.2%	25%	23.3%
N	3	2	2	1	1	1	1	1
t_s/τ_2	12	11	9	10	11	12	13	14

可以证明：按M_r=Mmin准则设计，当h=5时，系统的跟随性能指标与抗扰性能的综合性能指标最好。而按γ=γmax准则设计，当h=4时，系统的跟随性能指标与抗扰性能的综合性能指标最好（按这种方式设计的系统称为三阶最佳系统）。但按M_r=Mmin准则设计、h=5时系统的跟随性能指标与抗扰性能，优于按γ=γmax准则设计、h=4时的性能指标。

四、典型高阶系统

为保证系统的稳定性和使其具备良好的动态性能，对数幅频特性曲线应使斜率为–20dB/dec的一段与横轴相交。典型高阶系统的开环对数幅频特性如图9–17所示。

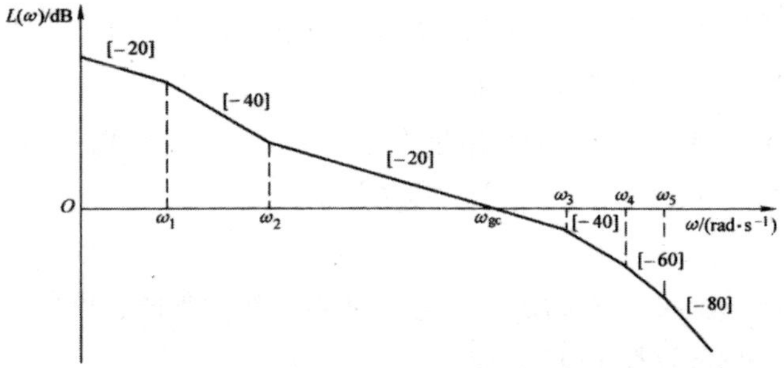

图9–17　典型高阶系统的开环对数幅频特性

1. 稳态指标

$$K_v = w_{ge}\frac{w_2}{w_1}$$

2. 动态指标

典型高阶系统动态指标可用典型Ⅱ型系统的公式进行估算，但应考虑到以下因素的影响。

（1）低频段大时间常数的惯性环节（又称为大惯性环节）的影响系统对数相频特性及相位裕量分别为

$$\begin{aligned}\phi_A &= -90^\circ - \arctan(w\tau_1) + \arctan(w\tau_2)\text{-}\arctan(w\tau_3)\\ &= -90^\circ - (90^\circ - \arctan\frac{1}{w\tau_1}) + \arctan(w\tau_2)\text{-}\arctan(w\tau_3)\end{aligned}$$

$$\gamma_A = \arctan\frac{1}{w\tau_1} + \arctan(w_{ge}\tau_2)\text{-}\arctan(w_{ge}\tau_3)$$

同理，当忽略W_1叫的影响时，即将大惯性环节近似为积分环节时，系统的相位裕量为

$$\gamma_B = \arctan(w_{ge}\tau_2)\text{-}\arctan(w_{ge}\tau_3)$$

对比γ_A、γ_B可知：

$$\Delta\gamma = \gamma_A\text{-}\gamma_B = \arctan\frac{1}{w_{ge}\tau_1} = \arctan\frac{w_1}{w_{ge}}$$

因此，忽略W_1的影响，实际系统的相位裕量将比按典型Ⅱ型系统估算的结果大$\Delta\gamma$，即实际系统的阻尼性能将比估算的结果好。但γ上升将导致t_s增加。若要保持γ不变，则可将w_3移至w_3'，使

$$\frac{w_1}{w_g e} = \frac{w_{ge}}{w_3'} - \frac{w_{ge}}{w_3}$$

（2）高频段若干小时间常数的惯性环节（又称为小惯性环节）的影响同理，忽略这些小惯性环节将使γ减少$\Delta\gamma$，即

$$\begin{aligned}\Delta\gamma &= \arctan(w_{ge}\tau_4) + \arctan(w_{ge}\tau_5) + \cdots w_{ge}\tau_4 + w_{ge}\tau_5 + \cdots\\ &= w_{ge}(\tau_4 + \tau_5 + \cdots) = w_{ge}\tau_4'\\ \tau_4' &= \tau_4 + \tau_5 + \cdots\end{aligned}$$

因此，忽略w_4、w_5、…的影响时，实际系统的阻尼性能将比估算的结果差。若要保持γ不变，可将w_3'移至w_3''，使

$$\tau_3'' = \tau_3' - \tau_4'$$

第六节　开环频率特性与阶跃响应之间的关系

由频率特性的分析可知，控制系统相当于一个广义的滤波器，因而伯德图低频段主要决定系统的稳态性能，中频段主要决定系统的动态性能，而高频段主要决定系统的抗扰性能以及系统阶跃响应的起始阶段。系统频段的划分是相对的，一般以伯德图对系统动态性能影响最大的频段，即对应系统开环对数幅频特性$L(w)$等于30 ~ -15dB的频段，作为中频段。

（1）中频段。对于最小相位系统，若在$0 \leqslant w \leqslant \infty$的整个区间中，开环对数频率特性$L(s)$的斜率都为±20A：dB/dec（$k$=1、2、3、…），则$\phi(w) = \pm k\pi/2$；若在$0 \leqslant w \leqslant \infty$的整个区间中，$L(w)$的斜率不是常数，则在任意角频率$w=w_1$处的$\phi(w_1)$不仅取决于在这一角频率下的斜率，而且也受到$L(w)$在其他角频率下斜率的影响。离$w_1$处越远，其影响越小。

为保证一定的相位裕量及系统的快速性，一般来说，控制系统对数幅频特性在w_{ge}点附近相当宽的频段内斜率应保持为-20dB/dec，而在相当远的地方的斜率才能取-40dB/dec或--60dB/dec，如图9-18所示。这样，斜率为-40dB/dec或-60dB/dec的频段对w_{ge}处的影响已不太大，因此，w_{ge}处的相角虽然小于-90%但不会达到-180°。根据Nyquist判据，系统是稳定的。

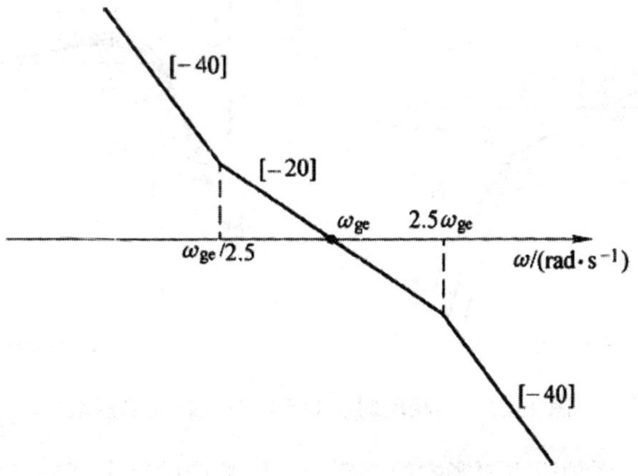

图9-18　控制系统中频段的设置

为了保证控制系统具有足够的相位裕量，系统对数幅频特性L（w）在低于w_{ge}/2.5的频段内斜率不小于-40dB/dec，在w_{ge}/2.5的-2.5w_{ge}的频段内斜率为-20dB/dec，而在高于2.5%的频段内斜率不小于-80dB/dec，这样的系统是稳定的。

中频段斜率若采用0dB/dec，虽然可保证系统的稳定裕量，但由于w_{ge}降低使系统的快速性能大大降低；若要保证系统的快速性能不变，则系统的抗扰性能将大大降低，如图9-19所示。

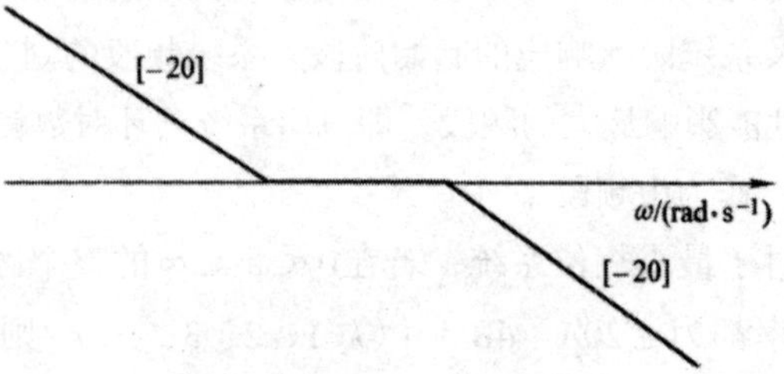

图9-19　中频段斜率为0dB/dec时的Bode图

（2）高频段。高频段斜率越小，对高频谱的衰减越快，系统抗扰性能越好。但高频段将影响系统阶跃响应的起始阶段，如图9-20所示。

从图9-20b中可以看出，三条曲线的差别仅在于高频段。高频段衰减快，对高频谱的抑制太多，使输出响应动态误差加大，同时使中频段附近的相角从$-\pi/2$拉向$-\pi$的速度加快，使γ下降，$\sigma p\%$增加，如图9-20b中曲线1所示。

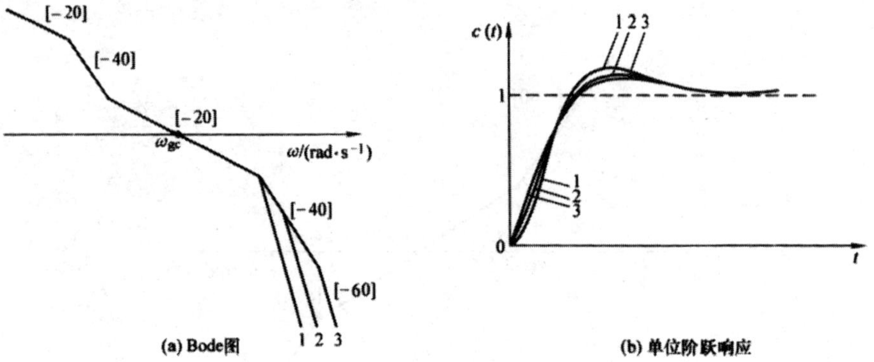

图9-20　高频段对控制系统阶跃响应的影响

（3）低频段。低频段主要影响控制系统阶跃响应的结束部分，如图9-21所示。

从图9-21b中可以看出，曲线3斜率为-40dB/dec的频段影响最小，所以$\sigma p\%$

最小。图9-21b中曲线1对低频谱放大太多，因而阶跃响应后期的动态误差较大，但进入稳态之后，稳态误差反而小。从该图还可以看出，K越大，对动态性能越不利，而对稳态性能越有利。

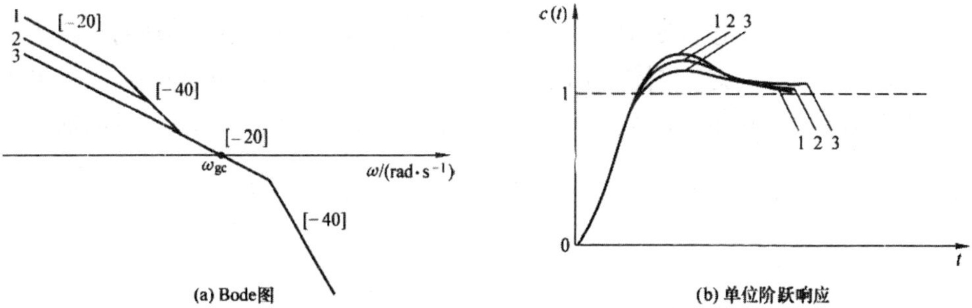

图9-21　低频段对控制系统阶跃响应的影响

（4）中低频段。图9-22中三条特性曲线低频段K相等，稳态精度一样，高频段特性也相同。曲线1的 γ 最小（因斜率为-40dB/dec的频段离wge最近），系统超调量最大，动态性能最差。但对中低频段频谱抑制太多，使得控制量的中低频段频谱不能很好地复现出来，因此系统调节过程的结束部分将受到影响，调节时间可能增长。例如曲线3，从表面上看，调节时间显得较短，但实际上它在5%的范围内形成了缓慢的“爬行”现象。因此，中低频段对系统动态性能影响极大。

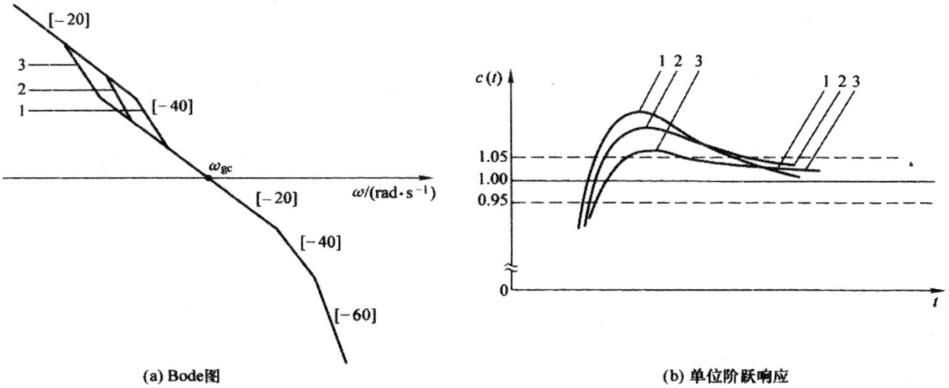

图9-22　中低频段对控制系统阶跃响应的影响

（5）截止角频率与通频带。系统闭环对数幅频特性等于-3dB所对应的频率称为系统的截止角频率。由于系统的截止角频率近似为w_{ge}，因此常用w_{ge}来表示系统的截止角频率。系统的截止角频率越高，则系统通过的信号频带也越宽，该系统也就越能复现输入信号。从前面的分析可知，如果系统的对数幅频特性形状不变，则系统响应的调节时间反比于系统的截止角频率。

系统的通频带也不宜设计得过宽。因为控制系统中的功率部件以及被控制对象通常是大惯性环节，它们各自的截止角频率较低，这本身就限制了系统的通频带宽度。同时，通频带太宽，将使系统抗扰能力下降。应当使对数幅频特性在比 w_{ge} 稍高一些的角频率上（在保证系统稳定裕度的前提下）迅速下降，以提高系统的抗干扰能力。

第十章　直流相控调速系统

第一节　基础内容

直流相控调速系统具有良好的起动和制动性能，可以方便地在宽范围内平滑调速，因此，具有优越调速性能的直流调速系统在许多工业场所一直使用。同时，直流相控调速系统在反馈控制理论及实践应用上比较成熟，利用其经典性可以强化系统构成思想、系统调试方法的学习。通过直流相控调速系统的学习，建立较为扎实的控制系统分析与设计的概念及能力对学习交流调速系统的分析与设计有重要的指导意义。

本书从本章开始介绍的各种自动控制系统始终贯穿系统结构、关键部件、性能指标、典型响应、系统参数确定与调试、实例和仿真分析主线，强化分析问题与解决问题的能力。

传统的直流电动机调速方法可根据下式进行分类。基本的调速方法可分为三大类，即调节电枢电压 U_d、减弱励磁磁通 Φ 和改变电枢回路电阻 Rd。

$$n=(U_d-I_dR_d)/K_e\Phi$$

常见的直流调速方法如下：

（1）调节电枢电压调速。能够实现宽范围无级平滑调速，是最好的直流调速方案。

（2）减弱励磁磁通调速。虽然也能实现无级平滑调速，但调速范围有限，只能配合电枢电压调速方案，在额定转速以上作小范围的弱磁升速。

（3）改变电枢回路电阻调速。电枢回路串电阻调速时机械特性变软，带负载能力变差，且电阻耗能增加。

调节电枢电压调速是直流调速系统的主要调速方法。改变电动机电枢电压必须依赖可控直流电源。可控直流电源主要分为两大类：一类是采用半控型器件——晶闸管，以相位控制方式得到的晶闸管变流装置作为可变直流电源，它主要用于大功率的调速系统中；另一种是采用全控型器件——双极型晶体管等，以脉冲宽度调制控制方式得到的脉冲宽度调制装置作为可变直流电源，它主要用于中小功率的调速系统中。本章主要讲述基于晶闸管变流装置的直流调速系统的组成、工作原理，以及系统静、动态特性等。

第二节　单闭环转速有静差调速系统

一、转速负反馈调速系统的组成、原理及其静态特性

晶闸管-电动机开环调速系统的组成及其特点在第一章已做简单介绍。从它的特性方程$n=(AU_2c0sa-I_dR_\Sigma)(K_e\Phi)$可知，电动机转速随着负载增加而下降的原因是由于电枢回路电压降I_dR_Σ增大之故。如果能够做到随着负载增加转速有所下降时及时调整晶闸管的控制角a，提高整流电源的输出电压，电动机的转速就会有一定的回升。这就必须依靠转速的闭环控制。

如图10-1所示为转速负反馈调速系统的原理。转速负反馈的闭环调速系统，除触发整流装置、电动机及给定电源以外，还必须有一个测速反馈装置和放大器。给定电位器给出控制电压U_{sn}，与反馈电压U_{fn}相比较后得到偏差电压ΔU，经过放大器产生触发装置的控制电压U_c，用以控制电动机的转速。通过改变控制电压就可以改变触发控制角a及整流电压U_{do}，相应地就改变电动机的转速，达到调速的目的。

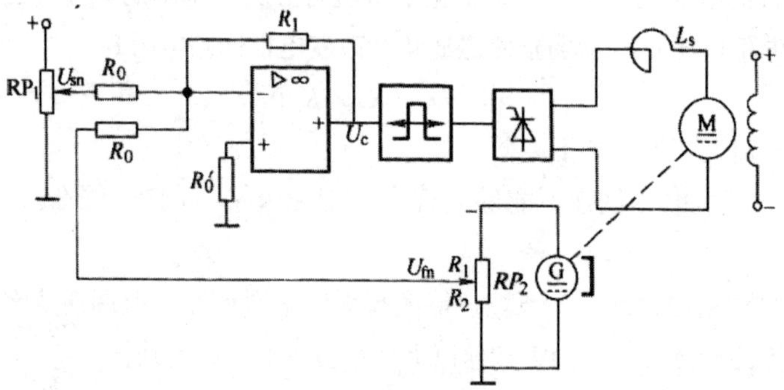

图10-1　转速负反馈调速系统原理

1. 系统的静态特性

分析系统稳态特性的目的，就是要找出减少静态速降、扩大调速范围的途径，

改善系统的调速性能。当放大器输入电阻、给定电位器和反馈电压电位器内阻，以及各环节的非线性因素均忽略时，系统中各环节输入、输出的稳态关系如下：

电压比较环节　$\Delta U=U_{sn}-U_{fn}$

放大器　　$U_c=K_p\Delta U$

触发器和晶闸管整流装置

$$U_{d0}=K_{tr}U_c$$

电动机系统的开环机械特性

$$n=\frac{U_{d0}-I_dR_\Sigma}{K_e\Phi}=K_m(U_{d0}-I_dR_\Sigma)$$

测速发电机 $U_{fn}=a_nn$

式中 k_p——放大器的电压放大系数；

K_{tr}——触发器和晶闸管整流装置的电压放大系数；

K_m——电动机的放大系数，$K_m=1/(K_e\Phi)$；

a_n——测速反馈系数；

R_Σ——电动机电枢回路总电阻。

根据上述稳态关系，画出转速闭环系统的稳态结构如图 10-2 所示。

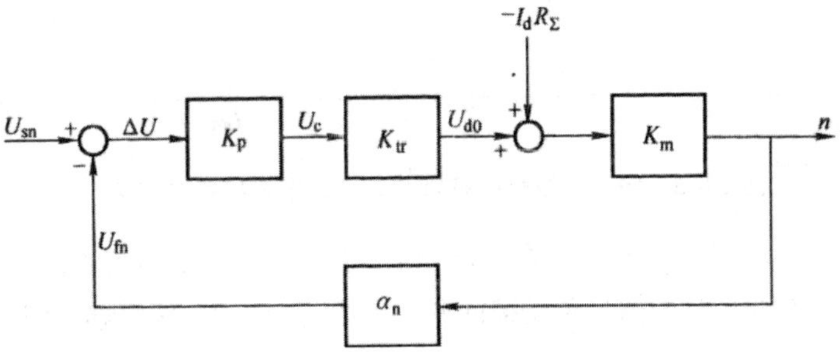

图 10-2　转速负反馈调速闭环系统稳态结构

由系统稳态结构图导出系统的静态特性方程式如下：

$$n=\frac{K_pK_{tr}K_mU_{sn}}{1+K_pK_{tr}K_ma_n}-\frac{K_mI_dR_0}{1+K_pK_{tr}K_ma_n}=\frac{K_pK_{tr}K_mU_{sn}}{1+K_n}-\frac{K_mI_dR}{1+K_n}=n0_c-\Delta n_c$$

式中 K_n——闭环系统的开环放大系数，$K_n=K_pK_{tr}K_{man}$；

$n0_c$——闭环系统的理想空载转速；

Δn_c——闭环系统的稳态速降。

2. 开环系统机械特性和闭环系统静态特性的比较

闭环系统的工作情况与开环系统有着本质的不同。图11–3中一组平行的斜线表示开环系统的机械特性当负载电流为I_{d1}时，电动机运行在机械特性1的点A上。当负载增加到I_{d2}时，若是开环系统，由于U_{sn}不变，则转速将由A点沿着机械特性1下降至A'点，$I_{d2}R_{\Sigma}>I_{d1}R_{\Sigma}$变大，系统不能自动地进行调节使转速回升。但在闭环系统中，由于反馈调节作用，ΔU上升的结果导致触发整流电压U_{d0}增加，由U_{d01}变为U_{d02}，使转速回升，系统稳定工作在对应U_{d02}的机械特性2的点B上。随着负载不断地增加，U_{d0}也会相应增加，电动机的工作点也相应为C和D等。

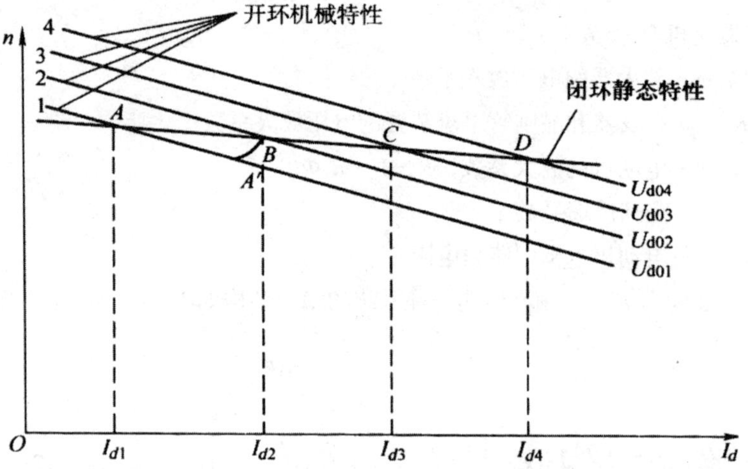

图10–3 闭环系统静态特性和开环系统机械特性的关系

上述调节过程表明，在闭环系统中，由于引入了被调量的闭环控制，转速因负载的改变而稍有变动时，通过负反馈的调节作用，能自动地提高整流电压，获得一条新的特性曲线A–B–C–D.此特性曲线实际上是一组开环机械特性上的各相应工作点的集合，它表示闭环系统电动机转速与负载电流（或转矩）的稳态关系，称作“静态特性”。显然，闭环系统静态特性比开环系统机械特性硬得多。如果把图10–2中的转速闭环系统的反馈回路断开就变成了开环系统，其机械特性方程式为

$$n=\frac{U_{d0}-I_d R_{\Sigma}}{K_e \Phi}=K_p K_{tr} K_m U_{sn}-K_m I_d R_{\Sigma}=n_0-\Delta n_0$$

式中n_0——开环系统的理想空载转速；

Δn_0——开环系统的转速降落。

比较上面式子，不难得出以下结论：在相同负载电流变动下，转速闭环系统引起的转速降落明显减小。两者的转速降落比为

$$\frac{\Delta n_c}{\Delta n_0}=\frac{1}{1+Kn}$$

这表明，当负载相同时，闭环系统稳态速降只为开环系统稳态速降的1/(1+K_n)。增大心值，可使系统稳态速降减小到允许范围内。由于闭环系统稳态速降小，当要求的静差率一定时，闭环系统的调速范围是开环系统调速范围的（1+K_n）倍。

3. 稳态参数计算举例

在图10–1所示的直流调速系统中，已知数据如下：

（1）电动机额定参数为2.2kW，220V，12.5A，1500r/min，电枢电阻R_d=1.36Ω。

（2）触发整流装置放大系数&=40，整流装置内阻R_r=3.24Ω。

（3）平波电抗器电阻R_s=0.4Ω。

（4）测速发电机的额定参数为22W，110V，0.2A，2000r/min。

（5）生产机械要求调速范围D=10，静差率$s\leqslant 5\%$。

根据以上数据和稳态要求计算参数如下：

（1）为了满足D=10，$s\leqslant 5\%$，额定负载时调速系统闭环稳态速降应为

$$\Delta n_c=\frac{n_N s}{D(1-s)}=\frac{1500\times 0.05}{10\times\left(1-0.05\right)}\text{ r/ min}=7.9\text{ r/ min}$$

（2）根据Δn_c，求出系统的开环放大系数心，从上式可知

$$\Delta n_e=\frac{K_m I_d R_\Sigma}{1+K_n}$$

式中$I_d=I_N=12.5A$

$$R_\Sigma=R_d+R_s+R_r=(1.36+0.4+3.24)\Omega=5\Omega$$

$$K_m=\frac{1}{C_e\Phi}=\frac{n_N}{U_N-L_N R_a}=\frac{1}{0.1353}\text{ r/}\left(\text{V}\cdot\text{min}\right)=7.39/\left(\text{V}\cdot\text{min}\right)$$

则$K_n=\dfrac{K_m I_N R_\Sigma}{\Delta n_c}-1\approx 58.5$。

（3）计算测速环节的放大系数和参数。测速反馈系数α_n包含测速发电机的电动势常数K_T和电阻RP_2的分压系数α_2，即

$$\alpha_n=K_T a_2$$

根据测速发电机的数据，可求得K_T为

$$K_T=\frac{E_T}{n}=\frac{110}{2000}\text{V}\cdot\text{min/ r}=0.055\text{V}\cdot\text{min/ r}$$

电位器RP_2的阻值R_{P2}的选择，一般考虑测速发电机输出最高电压时，输出电流为额定电流的1/10 ~ 1/20，在这里选取测速发电机输出电流0.2A × 1/20=0.01A。如果测速发电机与电动机直接耦合，则电动机在最高转速1500r/min时，反馈电动势£7为

$$E_T=K_Tn=82.5\text{V}$$

则$R_{p2}=\frac{82.5}{0.01\times1000}\text{K}\Omega=8.25\text{K}\Omega$，选取9KΩ。

分压系数$\alpha_2=R_2/R_{P2}$是可以任意改变的。增大这个系数可以增强转速负反馈的强度，但分压系数增大后，从测速发电机取出的反馈电压增高，势必要求提高给定电源电压U_{sn}，过高的给定电源电压会增加稳压电源的容量，这是不合适的。若系统的直流稳压电源为 ± 15V，可取U_{sn}为8V，则分压系数α_2可取

$$\alpha_2=\frac{U_{fn}}{E_T}=\frac{8}{82.5}=\frac{R_2}{R_{P2}}=0.097$$

则测速反馈系数α_n为

$$\alpha_n=K_T\alpha_2=0.00534\text{V}\cdot\text{min/r}$$

（4）计算比例放大器的放大系数和参数

$$K_p=\frac{K_n}{K_{tr}K_m a_n}=\frac{58.5}{40\times7.39\times0.00534}=37$$

按运算放大器参数，输入电阻一般可选为几十千欧，现取R_0=20KΩ。则

$$R_1=K_pR_0=37\times20\text{K}\Omega=740\text{K}\Omega$$

二、限流保护——电流截止负反馈环节

由于直流电动机在起动、过载或堵转时会产生很大的电流，将会烧坏晶闸管。在第五章第二节中已初步介绍的带电流截止负反馈的调速系统可以解决这一问题。系统中通过一个电压比较环节，使电流负反馈环节在正常负载电流情况下不起作用，调速系统只存在转速负反馈，系统仍具有较硬的机械特性；而在电流超过某个允许值时该环节才起作用，将电枢电流限制在一定的数值范围内。这种具有限流保护又不使运行段的静态特性变软的负反馈环节称为电流截止负反馈环节。

电流反馈信号可以取自串入电动机电枢回路的小阻值电阻R_c上的压降I_dR_c，如

图10-4a所示。比较阈值电压U_{cp}是由一个辅助电源经电位器RP_3提供的。电流反馈信号（I_dR_e）经二极管VD，与比较电压U_{cp}反极性串联后，再加到放大器的输入端，即$U_{fi}=I_dR_c-U_{cp}$。由于是负反馈，其极性与给定电压U_{sn}相反。

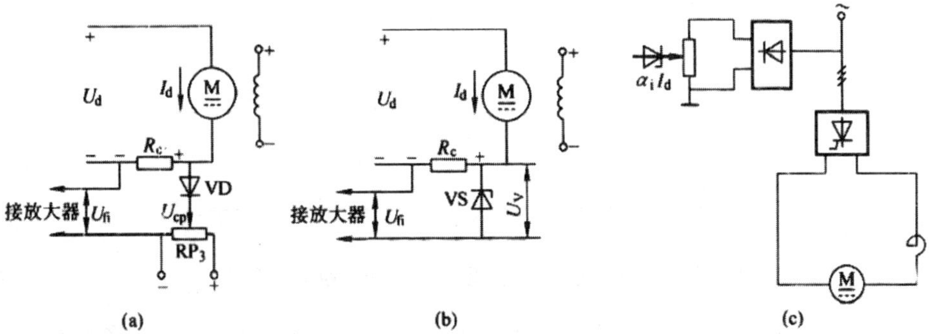

图10-4　电流截止负反馈环节

在正常工作情况下，主回路电流较小，这时$I_dR_e \leqslant U_{cp}$（亦即$I_dR_e \leqslant U_{cp}/R_e$，称$I_c=U_{cp}/R_e$为截止电流），则二极管$VD$截止，电流负反馈不起作用。此时调速系统只有转速负反馈起作用，根据上式可画出系统的静态特性曲线如图11-5中直线n_0A段所示，特性较硬。

当负载电流过大，I_d增加到一定值，使（亦即$I_dR_e > U_{cp}/R_e$时，则二极管VD导通，电流截止负反馈环节起作用，电流负反馈信号电压$U_{fi}=I_dR_e-U_{cp}$将加到放大器的输入端，此时偏差电压$\Delta U=U_{sn}-$（$U_{fn}+U_{fi}$）减小，它将使整流输出电压U_d下降，使电枢电流下降到允许的最大电流。当电流继续增加时，整流输出电压U_d下降，使电枢电流下降到允许的最大电流。当电流继续增加时，整流输出电压U_d下降，使电枢电流下降到允许的最大电流。当电流继续增加时，U_{fi}使ΔU降低，U_c降低，U_d降低，从而限制电流过大的增加。这时，由于U_d的下降，再加上I_dR_e的增大，由式；$n=\dfrac{U_d-I_dR_\Sigma}{K_e\Phi}$可知，转速将急剧下降，从而使静态特性出现很陡的下垂特性，如图10-5中直线AB段所示。这样的特性有时称为“挖土机特性”。A点称为转折点，而B点称为堵转点。一般取$I_c=$（1.1 ~ 1.2）I_N。堵转时，转速及反电动势均为零，但由于电流截止负反馈的作用，使I_d大大下降，从而使4不至于过大，此时电流称为堵转电流I_1。I_1应小于电动机的允许最大电流，即$I_1 \leqslant$（1.5 ~ 2.0）I_N。

图10-4b中采用稳压管VS的稳压值U_v作为比较电压，图10-4c是利用电流互感器上的信号经整流、分压后（为α_iI_d）与稳压管的稳压值U_v相比较。

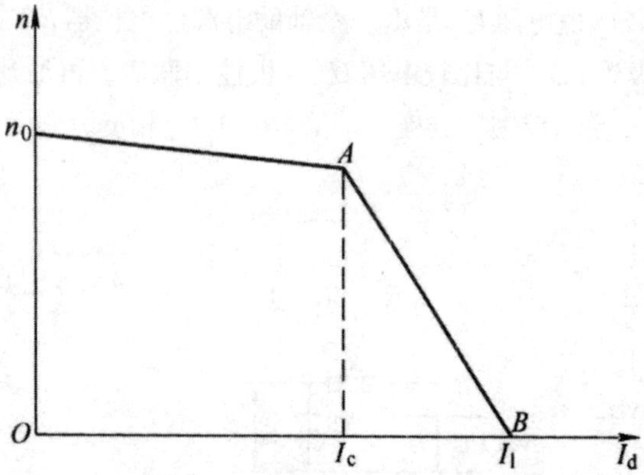

图10-5　带电流截止负反馈闭环调速系统的静态特性

应用电流截止负反馈环节后，虽然限制了电枢最大电流，但在主回路中还必须接入快速熔断器，以防止短路对电动机造成大的损伤。在要求较高的场合，还要增设过电流保护单元，以防止在截止环节出现故障时烧坏晶闸管。整定时，要使熔丝额定电流>过流保护单元动作电流>堵转电流。

第三节　单闭环转速无静差调速系统

要实现无静差调速，应采用积分调节器或比例积分调节器等。实际系统中，为了加快系统的响应，都采用比例积分调节器。

一、比例积分（PI）调节器及其作用

PI调节器的电路结构和特性如图10-6所示。从第五章中可知该电路的传递函数为

$$\frac{U_0(s)}{U_i(s)}=-\left(\frac{R_1}{R_0}+\frac{1}{R_0C_1s}\right)=-K_n\frac{\tau ns+1}{\tau ns}$$

式中 K_n——PI调节器的放大系数，$K_n=R_1/R_0$

τ_n——PI调节器的时间常数，$\tau_n R_1 C_1$。

系统引入PI调节器后，提高了系统的型号，将0型系统提高到I型系统，I型系统对给定阶跃输入时的稳态误差为零。

当突加给定电压U_{sn}的瞬间，电容C_1相当于短路，其放大系数数值不大，可以保证系统的稳定性。在稳态时，电容相当于开路，电容两端电压维持、不变，这时调节器的放大系数为运算放大器的开环放大系数，数值很大（在10^5以上），这使系统的稳态误差近似为零。这样便很好地解决了系统对动、静态放大系数要求的矛盾。

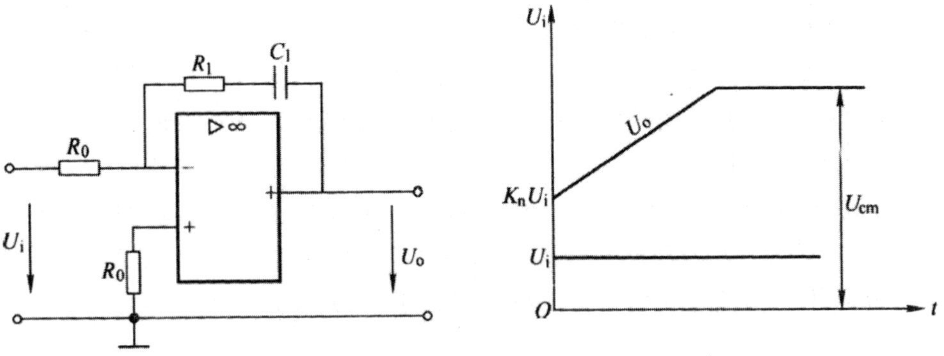

(a) 原理图　　(b) 阶跃输入时的输出特性

图10–6　比例积分调节器的结构和特性

二、具有PI调节器的无静差调速系统

图10–7为采用PI调节器的无静差直流调速系统，该系统由转速负反馈和电流截

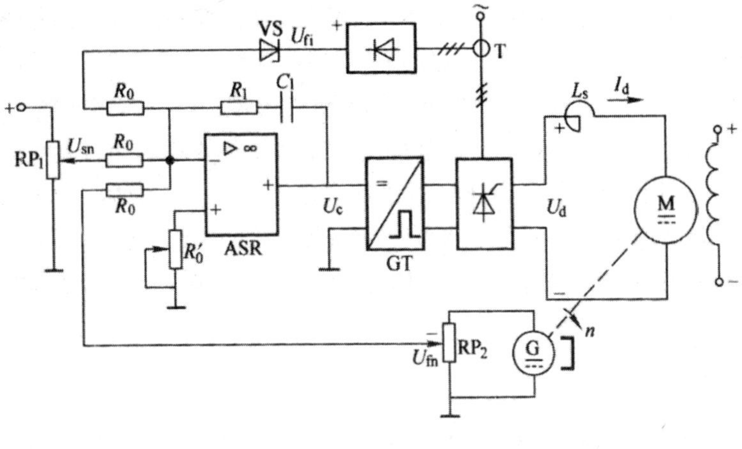

图10–7　采用PI调节器的无静差调速系统

止负反馈环节组成。图中测速反馈电压U_{fn}反映电动机转速的实际值n，PI调节器输入量是速度给定电压%，与速度反馈电压U_{fn}的偏差At/。当调速系统突加U_{sn}起动时，电动机由于机械惯性转速要逐步增加，反馈电压U_{fn}亦要逐步建立，偏差电压$\Delta U=U_{sn}-U_{fn}\approx U_{s}$n较大，使调节器的输出一开始就达到较大值，因而晶闸管整流电压上升很快，使电枢电流迅速上升，产生较大的电动力矩，电动机转速很快上升。由于PI调节器的存在，只要系统就会起调节作用，使转速继续上升，直到$U_{fn}=U_{sn}$，$\Delta U=0$，动态调节作用才停止。调节器的输出U_{c}因积分作用保持在某一数值上，以维持一定的整流输出电压，使电动机保持在给定速度下稳定运行。

从自动控制原理可知，扰动量为负载转矩阶跃输入时，由于扰动量作用点之前具有积分环节，其扰动稳态误差亦为零。

负载转矩变化时，系统的抗扰调节过程是：稳态时，对应于给定电压U_{sn1}及负载转矩T_{L1}，其稳态转速为n_1，此时调节器输入$\Delta U=U_{sn1}-U_{fn1}=0$，而调节器的输出电压$U_{c}$由于积分作用保持在$U_{c1}$上，使晶闸管输出电压为$U_{do1}$，以维持电动机在给定转速$n_1$下运转。

如图10–8所示，当负载转矩由：T_{L1}突增至T_{L2}时，负载转矩大于电动机转矩而造成电动机转速下降，出现了动态速降Δn。此时转速负反馈电压增量ΔU_{fn}=anΔn，使调节器输入电压$\Delta U=\Delta U_{fn}$，于是开始了比例–积分调节过程。此时，PI调节器的比例控制作用$\Delta C_2=U_{C1}+K_p\Delta U$立即使整流电压产生一个增量，及时阻止转速下降。$U_{c2}$的控制作用越强，最大动态速降$\Delta nmax$就越小。在调节过程的初、中期，由于速降$\triangle n$较大，所以PI调节器的比例部分起主要调节作用。在调节过程的后期，转速已逐渐回升，Δn已很小，比例控制作用逐渐减弱，而这时积分部分经过一段时间的积累，积分调节作用逐渐增大，使转速进一步较快地回升。只要转速还没有回升到原先数值，ΔU仍大于零，调节作用就继续存在，直至$n=n_1$，$\Delta U=0$，系统进入新的稳态运行。PI调节器的输出电压增量ΔUc是比例部分电压增量和积分部分电压增量之和。这时电枢电压增加了ΔU_{do}，它正好补偿了由于负载增加引起的主电路电阻压降ΔI_dR_{Σ}。因此，无静差调速系统受扰动作用后仍然存在动态转速偏差，但通过积分调节作用最后可以消除稳态转速偏差。

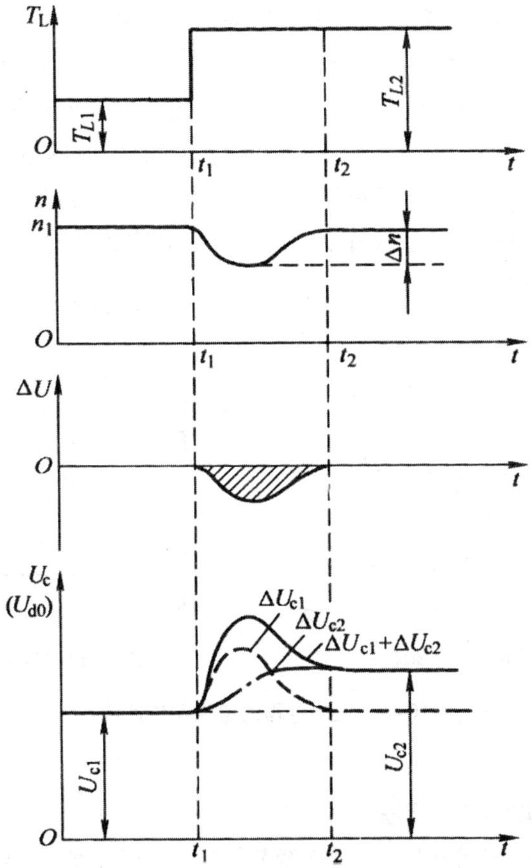

图10-8　PI调节器的抗扰调节过程

第四节　转速、电流双闭环调速系统

采用比例-积分调节器的转速负反馈单闭环调速系统，既保证了系统的稳定性，又能实现转速无静差，引入电流截止负反馈环节后，能够限制起动和堵转时的冲击电流。但是系统的动态性能还不能令人满意。这是因为电流截止负反馈只能限制最大电流，系统起动时，随着转速的上升，反馈电压的增加及电动机反电动势的增长，会使电枢电流达到最大值后迅速下降，电动机转矩亦迅速减小，使起动加速过程变长，如图10-9a所示。

对于经常处于起动、制动运行的生产机械，为了提高生产效率和加工质量，要求尽量缩短过渡过程时间。一个比较理想的办法是，在整个起动过程中，充分利用电动机的过载能力，将电枢电流保持在最大允许值上，电动机输出最大转矩，转速迅速上升，使过渡过程时间大大缩短。理想起动过程的波形如图10–9b所示。根据反馈控制规律可知，采用电流负反馈便能得到近似的恒流过程。为了避免在一个调节器的输入端综合几个信号造成各个参数间的互相影响，经过研究与实践，出现了转速、电流双闭环调速系统。

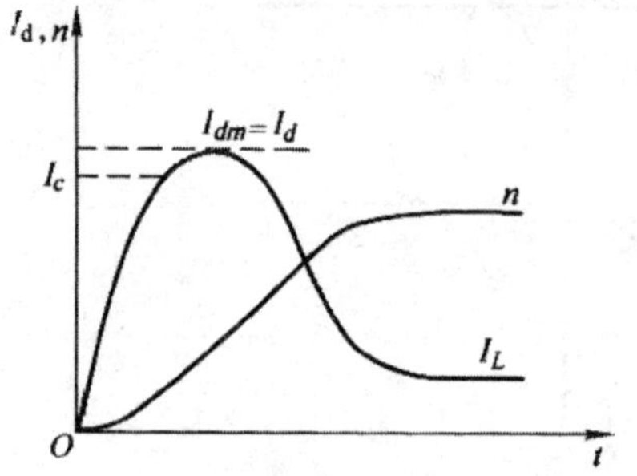

(a) 带电流截止负反馈环节

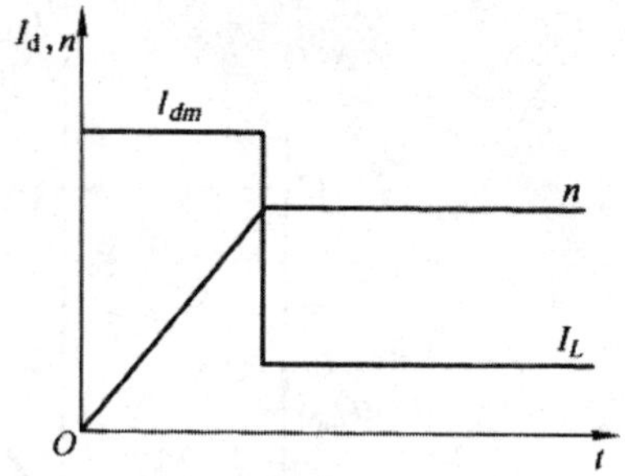

(b) 理想起动过程

图10–9　起动过程的电流和转速波形

一、系统的组成和工作原理

系统中设置了两个调节器，即转速调节器和电流调节器，分别调节转速和电流，二者串联，其电路原理如图10–10所示。其中，电流负反馈环节组成的闭环称为电流环，转速负反馈环节组成的闭环称为速度环，这样就形成了转速、电流双闭环调速系统。

为了获得良好的静、动态性能，双闭环调速系统的两个调节器一般都采用带限幅的PI调节器。转速调节器ASR的输出限幅电压U_{sim}决定了电流调节器给定电压的最大值；电流调节器ACR的输出限幅电压U_{cm}限制了晶闸管整流装置输出电压的最大值。

速度环构成一个转速控制系统，被控制量是电动机的转速n。电流环构成一个电流控制系统，被控制量是电动机的电枢电流I_d，给定值U_{si}是转速调节器的输出。电流调节器输出电压U_c。加到晶闸管整流器的触发电路输入端，控制整流器的输出电压，从而控制电枢电流I_d。电流反馈信号与电动机电枢电流成正比，它可以采用交流互感器、直流互感器、霍尔元件等器件进行检测。这里采用的是交流互感器。

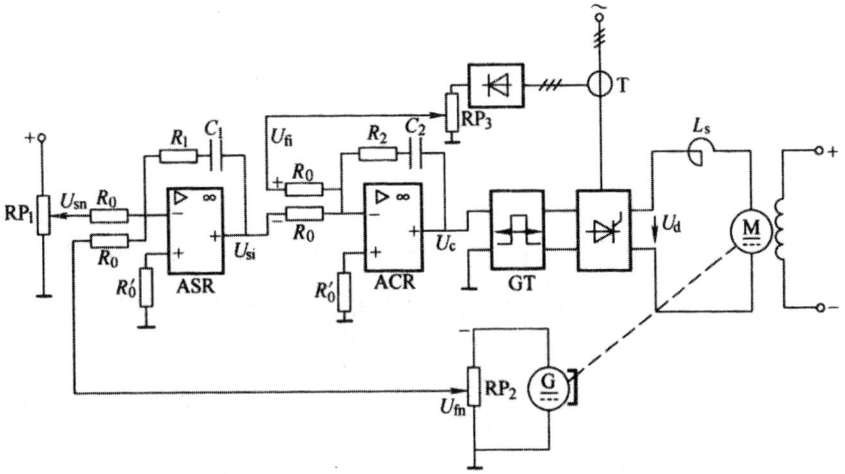

图10-10　双闭环调速系统原理

二、静态特性

双闭环调速系统稳态结构如图10-11所示。由于双闭环系统中转速调节器和电流调节器均选用PI调节器，故为无静差系统。

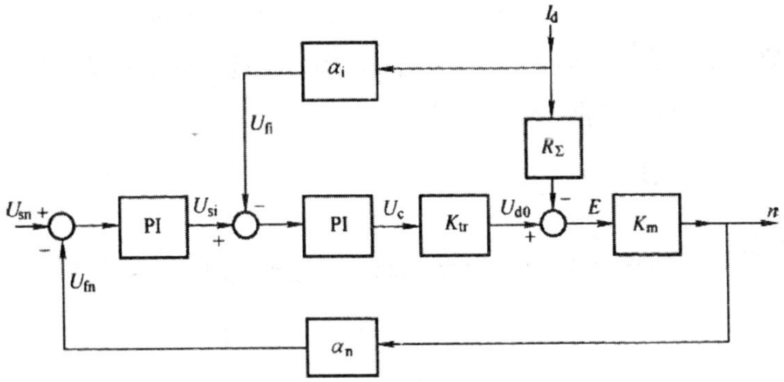

图10-11　双闭环调速系统稳态结构

调速系统在稳态运行时，两个调节器都不饱和，它们的输入偏差电压都是零。即

$$\Delta U_n=U_{sn}-U_{fn}=U_{sn}-\Sigma_n=0$$

$$\Delta U_i=U_{si}-U_{fi}=U_{si}-\Sigma_d=0$$

由上面式子可得

$$n=\frac{U_{sn}}{a_n}$$

$$I_d=\frac{U_{si}}{a_i}$$

上式为双闭环系统的静态特性方程式。由此可见，当调节器不饱和时，静态特性是很硬的，如图10-12中的n_0A段水平线。式中表明，当U_{sn}为一定值，转速调节器ASR不饱和时，电流调节器ACR只起辅助作用，系统依靠ASR的调节作用，保证系统具有转速无静差的特性，转速n将稳定在U_{sn}/α_n上，调节即可调节转速n。式中表明，当U_{si}为一定值时，由于电流调节器的作用，整流装置的电流将保持在U_{si}/α_i的数值上，实现电流无静差。

当电动机发生严重过载，即$I_d \geqslant I_{dm}$，转速调节器的输出电压达到限幅状态，速度环呈开环状态，转速的变化对系统不再产生影响。

电流环在其输入电压不变U_{sim}的情况下进行负反馈控制，使调速系统变成了恒值电流调节系统。其限流调节过程是，当$I_d>I_{dm}$、$U_{fi}-U_{sim}>0$时，电流调节器输入偏差电压大于零，因而电流调节器将使整流器输出电压明显降低。同时，因为I_dR_Σ的增大，一方面限制了电流的继续增长，另一方面由式$n=\dfrac{U_{d0}-R_\Sigma I_d}{K_e\Phi}$可以看出，将使转速迅速下降，最后直至堵转$n=0$，$U_{fi}-U_{sim}=0$，$U_c$减小到使$U_{d0}=R_\Sigma I_d$，出现了很陡的下垂特性，如图10-12中曲线的$AB$段。

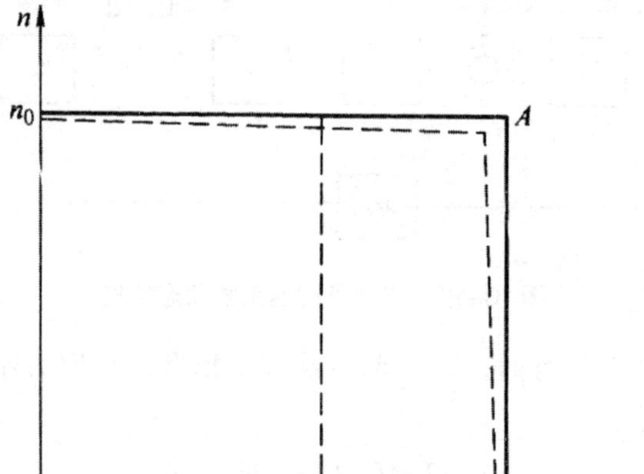

图10-12　双闭环调速系统的静态特性

由图10–12可见，双闭环调速系统的静态特性是理想的挖土机特性，在负载电流小于I_{dm}时表现为转速无静差，这时转速负反馈起主要调节作用。在负载电流达到I_{dm}后，电流调节器起主要调节作用，系统表现为电流无静差，得到了过电流的自动保护。这体现了采用PI调节器分别形成内、外两个闭环的效果。这样的静态特性显然比带电流截止负反馈的单闭环系统静态特性好，但是PI调节器的静态放大系数并非无穷大，系统的实际静态特性与上述的静态特性略有差异，如图10–12中虚线所示。

三、稳态参数计算

由图10–11可见，双闭环调速系统在稳态工作中，当两个调节器都不饱和时，各变量间有下列关系：

$$U_{sn}=U_{in}=\alpha_{nn}=\alpha_{nn}0$$

$$U_{si}=U_{fi}=\alpha_i I_d=\alpha_i I_L$$

$$U_c=\frac{U_{d0}}{K_{tr}}=\frac{K_e\Phi n+I_d R_\Sigma}{K_{tr}}=\frac{K_e\Phi\ U_{sn}\ \alpha_n+I_L R_\Sigma}{K_{tr}}$$

上述关系表明，在稳态工作点上，转速n是由给定电压U_{sn}决定的，转速调节器的输出量U_{si}是由负载电流决定的，而控制电压U_c的大小则同时取决于n和I_d，或者说，同时取决于U_{sn}和I_L这些关系反映了PI调节器的特点，比例调节器的输出量总是正比于其输入量，而PI调节器输出量的稳态值由它后面环节的需要决定。后面环节需要PI调节器提供多大的输出值，它就能提供多大，直到饱和为止。

设计时，根据各调节器的给定值与反馈值计算有关的反馈系数：

速度反馈系数　　$$\alpha_n=\frac{U_{snm}}{n_N}$$

式中U_{snm}——最大给定电压；

n_N——电动机的额定转速。

电流反馈系数　　$$\alpha_i=\frac{U_{sim}}{I_{dm}}$$

式中U_{sim}——转速调节器的输出电压限幅值。

最大电流I_{dm}由设计者选定，取决于电动机的允许过载能力和拖动系统允许的最大加速度。一般I_{dm}=1.5 ~ 2.0I_N。

四、动态特性

考虑双闭环控制的结构并参考图9–17，可绘出双闭环调速系统的动态结构图如图10–13所示。对双闭环调速系统动态性能的分析，主要是从系统对突加给定时的动态过程和它的动态抗干扰性能进行分析。

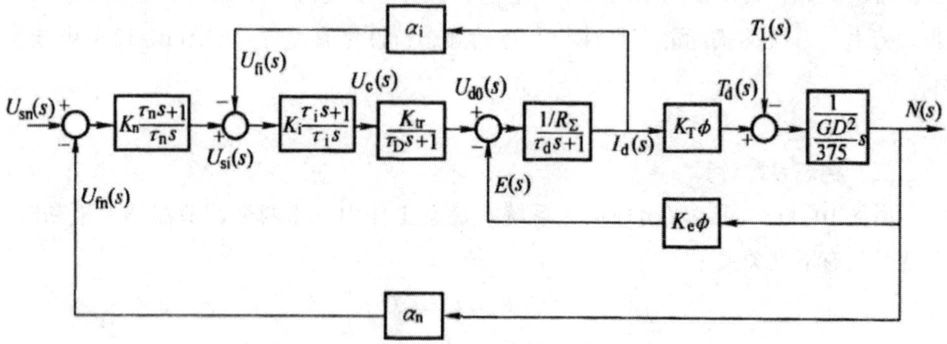

图10–13　双闭环调速系统的动态结构图

1. 突加给定时的起动过程分析

图10–14示出了在突加给定时的起动过程中各物理量的动态响应波形，整个过程可分为三个阶段，在图中分别标以Ⅰ、Ⅱ和Ⅲ。

（1）第Ⅰ阶段是电流上升阶段。在此阶段，由于电动机的机电惯性较大，加入给定电压后，转速增长很慢，U_{fn}缓慢增加。由于ΔU_n（即$U_{sn}-U_{fn}$）和K_n较大，所以转速调节器输出很快达到限幅值U_{sim}。这个U_{sim}加在ACR输入端，使U_c上升，因而可控整流电压、电枢电流迅速升高，当$I_d \approx I_{dm}$时，$U_{si} \approx U_{sim}$，电流调节器的作用使I_d不再迅速增长。当电流增长到$I_d>I_L$时，电动机开始起动。

（2）第Ⅱ阶段是恒流升速阶段。这是双闭环系统起动的主要阶段。在这段时间内，由于ΔU_n（>0，ASR一直处于饱和状态，不起调节作用，转速环相当于开环。ASR的输出电压保持在限幅状态，为电流环提供最大电流给定信号U_{sim}。此时只有电流环起调节作用，系统表现为一个恒值电流调节系统。

随着转速n的上升，电动机反电动势E也跟随上升。E对电流调节系统相当于一个线性渐增的扰动量。由I_d=（U_{do}–E）/R_Σ可见，电流将从I_{dm}如回降下来。当$I_d<I_{dm}$后，由于$\Delta U_i<0 \rightarrow U_c \uparrow \rightarrow U_{do} \uparrow$，从而使$U_{do}$能迅速适应E的上升而上升，并保持电流接近最大值Idm。转速n按最大加速度线性增加，保证了最短的起动时间。

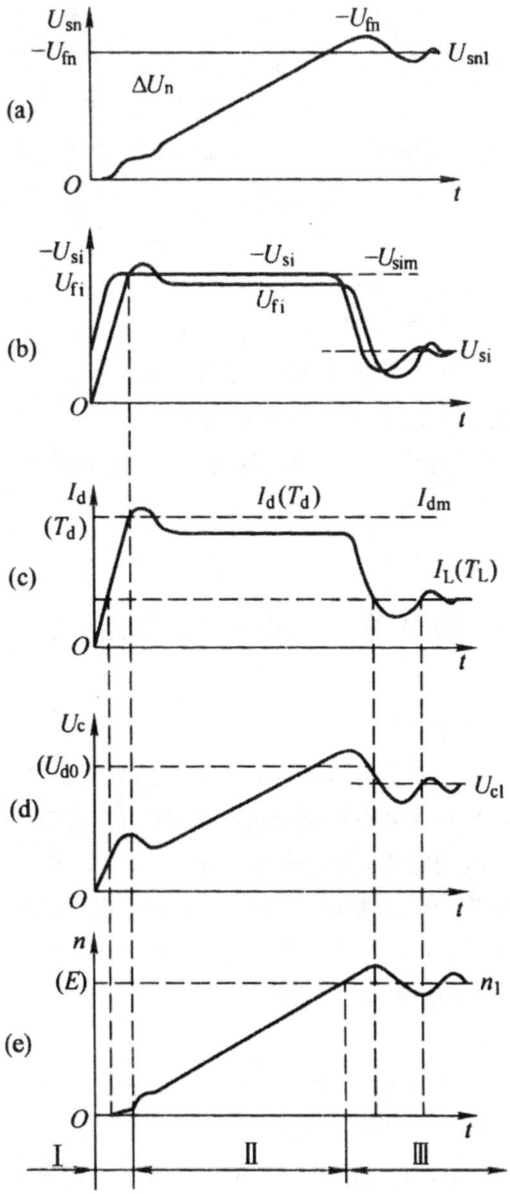

图10-14　环调速系统起动时的波形图

（3）第Ⅲ阶段是转速调节阶段。当转速n达到给定值时，$\Delta U_n=U_{sn}-U_{fn}=0$。但由于积分作用，ASR输出仍保持限幅值$U_{sim}$，电流仍为$I_{dm}$，转速必然继续上升，于是出现转速超调现象。当$U_{fn}>U_{sn}$，$\Delta U_n<0$时，ASR迅速退出饱和，转速负反馈进入线性调节状态。由于U_{si}的减小，使电流I_d也迅速下降。此后经过一些小幅的衰减振荡，使转速达到稳态值，电流$I_d=I_L$，系统稳定在给定转速下运行。

由以上分析可知，双闭环调速系统能够获得较理想的起动电流动态过程，但是在初期和后期，电流仍不是最佳过渡过程。

2. 抗扰性能分析

在双闭环调速系统中，电网电压的扰动处在电流环内，当电网扰动引起电流变化时，可以通过电流负反馈进行调节，由于$\tau_d<\tau_m$，则电流环的动态响应很快，不等影响到转速的变化，电网电压扰动的影响已被抑制。因此，在双闭环调速系统中，由电网电压扰动引起的动态速降比单闭环系统小得多。对于负载扰动，由于处在电流环之外，靠速度环进行调节，实现转速无静差，其抗扰性能与单闭环系统基本相同。

第五节　可逆直流调速系统

一、实现可逆运行的电路

由直流电动机的工作原理可知，要改变直流电动机的转向，必须改变电动机电磁转矩的方向。由电动机的电磁转矩公式$T_d=K_T\Phi I_d$可知，改变电动机电磁转矩的方向有两种方法：一是改变电动机电枢电流I_d的方向，亦即改变电动机电枢电压U_d的极性；二是改变电动机励磁磁通Φ的方向，亦即改变电动机磁场电流的方向，也就是改变励磁电压的极性。因此，实现直流电动机可逆运行的电路有两种方式：一种是电枢可逆电路；另一种是磁场可逆电路。

1. 电枢可逆电路

一般中大功率的可逆调速系统均采用两组晶闸管装置组成可逆电路。采用正反两组晶闸管装置构成的可逆电路如图10-15所示。正转时，由正组晶闸管装置VF提供正向电枢电流；反转时，由反组晶闸管装置VR提供反向电枢电流。

两组晶闸管装置组成的可逆电路有两种接线方式。其中，图10-15a为反并联连接电路，正反两组晶闸管装置采用同一个交流电源；图10-15b为交叉连接电路，正反两组晶闸管装置的交流电源是相互独立的，它们分别来自两台整流变压器或是同一台整流变压器的两组不同的二次侧。关于反并联电路与交叉连接电路的特点，将在可逆系统中的环流部分介绍。

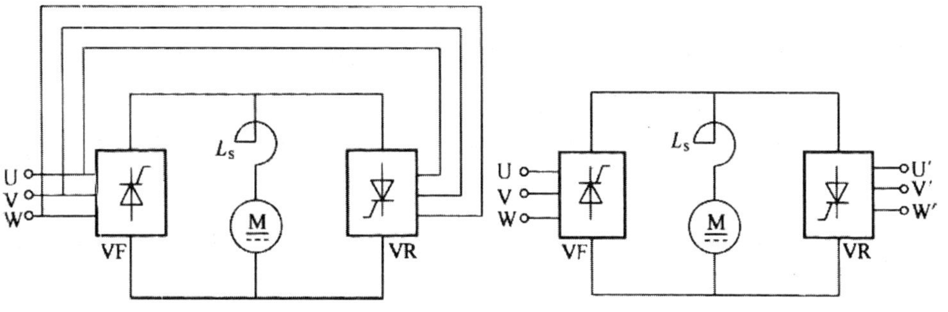

(a) 反并联连接 (b) 交叉连接

图10-15 采用两组晶闸管装置构成的电枢可逆电路

2. *磁场可逆电路*

在磁场可逆电路中，电动机的电枢回路用一组晶闸管装置供电，而磁场绕组采用另一组晶闸管装置供电，利用晶闸管作为开关进行磁场电流的切换，也可在磁场绕组中采用正反两组晶闸管装置供电，分别提供正反向的磁场电流，从而达到改变电动机转向的目的。

电枢可逆电路与磁场可逆电路比较，各有其优缺点。

在电枢可逆电路中，由于电枢回路容量大，若采用正反两组晶闸管装置，所用晶闸管功率大，数量多，投资较大。但电枢回路电感小，切换速度快，适用于中小容量、要求过渡过程时间短且起制动频繁的生产机械中，如乳钢机、龙门刨床等。

在磁场可逆电路中，由于磁场回路容量较小（一般为电动机额定容量的1% ~ 5%），若采用正反两组晶闸管装置进行切换，投资较小。但电动机的磁场回路电感较大，磁场的反向过程要慢得多。另外，在磁场反向过程中，当磁通Φ变化时，应使电枢电压U_d为零，以防止电动机在反向过程中因磁通减弱而出现弱磁升速，甚至“飞车”的现象。这样不仅增加了反向过程的死区，也增加了控制系统逻辑关系的复杂性。因此，磁场可逆电路只适用于正反转不太频繁的大容量生产机械中，如卷扬机、电力机车等。

3. *可逆系统的四种工作状态*

由一组晶闸管装置供电的直流电动机系统，当控制角α<90° 时，晶闸管装置处于整流状态，输出电压为正，电动机正常运行，将电能转换成机械能；当α>90° 时，晶闸管装置处于逆变状态，输出电压为负，因受晶闸管单向导电性的限制，电流不能反向，那么在电动机制动时，就不能把能量回馈电网。

采用两组晶闸管装置供电的可逆系统，正组VF处在整流状态时，电动机工作在正转电动状态。在电动机正向制动时，可让反组VR处于逆变状态，当其逆变电压U_d小于电动机反电动势E时，则可通过VR将电动机旋转的机械能回馈电网，这种制动方式称为回馈制动。回馈制动可以节约大量能量，特别是对大功率的拖动系统，即使是不可逆运行，为了实现回馈制动，也需采用可逆电路。可逆系统有以下四种工作状态。

（1）正向运行。正组VF处于整流状态（$\alpha_F<90°$），反组VR处于阻断状态，整流电压U_{dF}状大于电动机的反电动势E，电流I_d按U_{dF}的方向流动，电能转换成机械能，电动机工作在正转电动状态，如图10–16a所示。

（2）正向制动。如果电动机由正转电动状态进入制动状态，可让正组VF处于阻断状态，而让反组VR处于逆变状态$\alpha_R>90°$），且使逆变电压U_{dR}小于电动机的反电动势E，电流I_d按E的方向流动，把制动过程的机械能回馈电网，如图10–16b所示。

（3）反向运行。电动机的反向运行与正向运行类似，只是两组晶闸管装置的工作状态互相交换，正组VF处于阻断状态，反组VR处于整流状态，如图10–16c所示。

（4）反向制动。如果电动机由反转电动状态进入制动状态，则让反组VR阻断，正组VF处于逆变状态，制动过程的机械能通过正组VF回馈电网，如图10–16d所示。

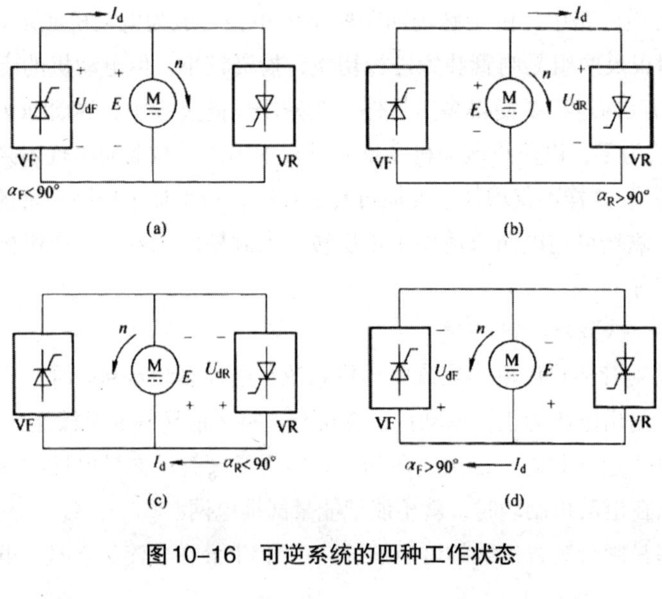

图10–16　可逆系统的四种工作状态

二、可逆系统中的环流及其控制方法

采用两组晶闸管装置供电的可逆系统存在着环流问题。环流是指不经过负载，而在两组晶闸管装置中流过的电流。在这样的可逆系统中，对环流采取不同的控制方法加以限制，就构成了各种可逆调速系统。那么，环流是如何产生又是如何控制的呢？下面就来学习相关内容。

1. 可逆系统中的环流

（1）直流环流。如图10–17所示，如果正组VF和反组VR均处于整流状态，即$\alpha_F<90°$，$\alpha_R<90'$这样输出电压U_{dF}状与U_{dR}形成顺极性串联，这将在两组晶闸管装置中产生很大的短路电流，足以烧坏晶闸管，这是不允许的。所以两组晶闸管装置组成的可逆系统不能同时处于整流状态。

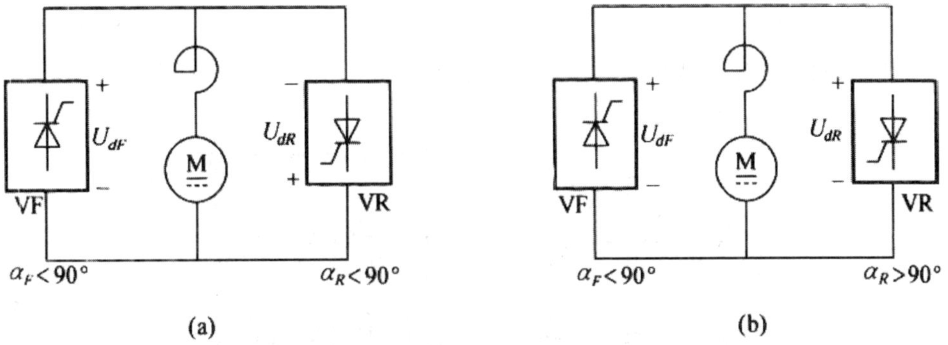

图10–17　环流的产生

如果正组VF处于整流状态，即$\alpha_F<90°$，反组VR处于逆变状态，$\alpha_R>90°$，则整流装置输出电压的极性如图6–17b所示。这时，如果$U_{dF}>U_{dR}$，两组晶闸管装置之间存在直流电压差$\Delta U_d=U_{dF}-U_{dR}$，由于回路直流电阻很小，将在两组晶闸管装置之间引起很大的环流，这种由两组晶闸管装置之间直流电压差引起的环流，称为直流环流。如果$U_{dF}\leqslant U_{dR}$，则直流电压差$\Delta U_d=U_{dF}-U_{dR}\leqslant 0$，受晶闸管单向导电性的限制，直流环流等于零。对于三相全控桥，$U_{dF}=2.34u^2\cos\alpha_F$，$U_{dR}=2.34w^2\cos\beta_R$，所以有

$$\cos\alpha_F\leqslant\cos\beta_R$$

即$\alpha_F\geqslant\beta_R$

如果两组晶闸管装置的控制角满足上式，则两组晶闸管装置之间的直流电压差小于等于零，直流环流为零。这种控制方式称为配合控制，典型的配合控制是使

$\alpha_F=\beta_R$，又称为$\alpha=0$工作制。该工作制能限制可逆系统的直流环流。

（2）脉动环流。采用$\alpha=\beta$工作制后，正、反两组晶闸管装置的直流电压差等于零，但由于两组晶闸管装置的输出电压是脉动的，并不能保证瞬时正向电压差为零，因此，由瞬时正向电压差也会引起不流经负载的环流，瞬时电压差引起的环流称为脉动环流。脉动环流不一定连续，环流的幅值也不一样，反并联电路在$\alpha=\beta=60°$时，环流电压幅值最大；而交叉连接电路在$\alpha=\beta=90°$时，环流电压幅值最大。

图10–18a为三相桥式反并联电路在$\alpha=\beta=30°$时的环流波形。由于两组晶闸管整流装置输出电压的瞬时值不同，从而产生了平均值不为零的交流环流电压ΔU_d，环流电压的频率为电源电压频率的三倍，在这个电压作用下，产生了环流电流I_c，但由于晶闸管的单向导电性，因此环流电流是脉动的，存在直流分量。

图10–18b为三相桥式交叉连接电路在$\alpha=\beta=90°$时的环流波形，环流电压频率为电源电压频率的6倍。

为限制脉动环流，可在环流经过的路径中串入平衡电抗器。

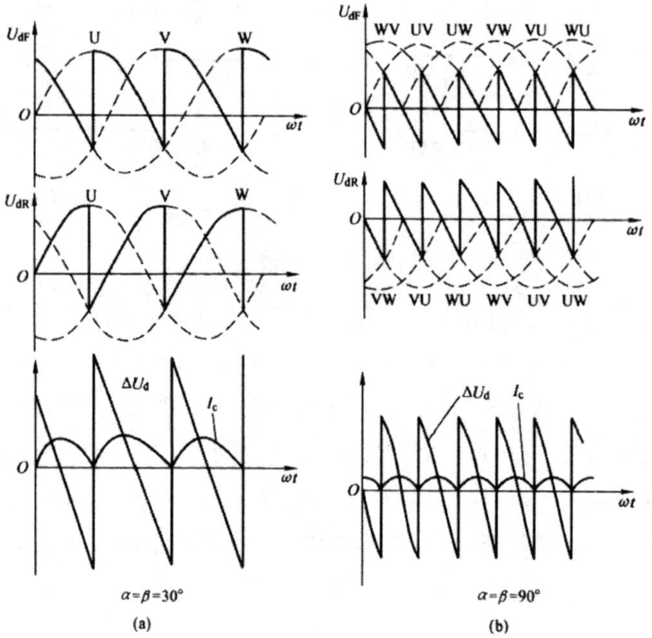

图10–18　脉动环流的电压电流波形

2. 反并联电路和交叉连接电路的环流路径

三相桥式反并联电路如图10–19所示。由于正组VF和反组VR采用同一交流电源，形成了两条环流路径，环流电流分别为I_{c1}和I_{c2}。为限制脉动环流，串入四个平衡电抗器，因为正组VF工作时电动机正转，平衡电抗器L_{e1}和L_{e3}流过较大的负载电流，电抗器铁心饱和，失去限制脉动环流的作用，这时只有靠没有流过负载电流的平衡电抗器L_{c2}和L_{c4}来限制脉动环流。同理，当电动机反转时，反组VR工作，靠L_{e2}和L_{e3}来限制脉动环流。这样，反并联电路为限制脉动环流就需要四个平衡电抗器。

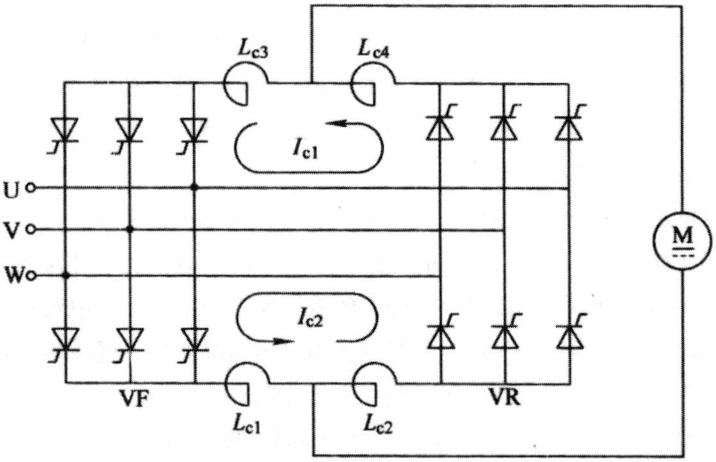

图10-19　反并联电路

三相桥式交叉连接电路如图10-20所示。由于正组VF和反组VR的交流电源是相互独立的，所以只有一条环流路径，环流电流为I_c，这样，为限制脉动环流只需两个平衡电抗器就够了。

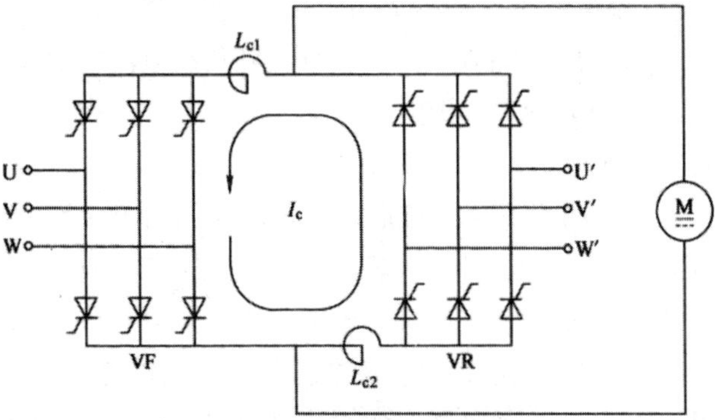

图10-20　交叉连接电路

反并联电路与交叉连接电路相比，各有优缺点。反并联电路只需一个交流电源，有两条环流路径，需要四个限制脉动环流的电抗器；而交叉连接电路需要两个独立的交流电源，只有一条环流路径，只需两个限制脉动环流的电抗器，而且交叉连接电路采用两个独立的交流电源，避免了两组晶闸管装置的相互干扰，提高了系统的可靠性。

3. 控制环流的方法

环流的存在有利有弊。如果有适当大小的环流作为晶闸管装置的基本负载，可以使晶闸管装置避开电流断续区，使系统过渡过程进行得比较平稳与迅速，工作状态的转换几乎没有死区，这是环流存在的优点。但环流的存在加重了晶闸管装置和变压器的负担，消耗功率，是很大的浪费。根据对环流处理方法的不同，可以构成有环流可逆系统和无环流可逆系统。

有环流可逆系统分为自然环流可逆系统和可控环流可逆系统。自然环流可逆系统是指采用$\alpha=\beta$工作制，限制了直流环流，加平衡电抗器把脉动环流的平均值限制在额定负载电流的5% ~ 10%以内；可控环流可逆系统是当负载电流很小时，有适当的直流环流存在于系统中，使晶闸管装置避开电流断续区，随着负载电流的不断增大，环流逐渐减小，当负载电流达到一定程度时环流消失，这样既改善了系统的性能又不用增加晶闸管和变压器的容量，但控制装置较复杂。

无环流可逆系统是采取一定的措施，从根本上切断环流的路径，使系统既无直流环流，也无脉动环流。

三、可控环流可逆调速系统

图10–21是可控环流可逆调速系统的电路原理图。其工作特点是：当负载电流很小或为零时，让环流给定环节提供较大的环流，保证晶闸管装置的电流连续；随着负载电流的增加，利用环流控制环节，让环流随负载电流的增大而减小；当负载电流达到连续状态时，让环流完全消失。

1. 系统的基本组成

（1）主电路。主电路采用交叉连接形式，串有两个限制脉动环流的平衡电抗器。

（2）控制电路。控制电路是典型的转速、电流双闭环系统。增设了环流给定环节以提供环流给定电压U_{sc}，增设了两个环流调节器$ACCR_1$和$ACCR_2$，实现不同转向下环流大小的自动调节。同时，电流调节器的输入端接有两个电流反馈信号U_{fiF}和U_{fiR}它们分别由正反两组晶闸管装置的交流侧取得。$ACCR_1$和$ACCR_2$均为比例调节器，$ACCR_1$的比例系数为+1，$ACCR_2$的比例系数为–1。环流调节器的输入端有

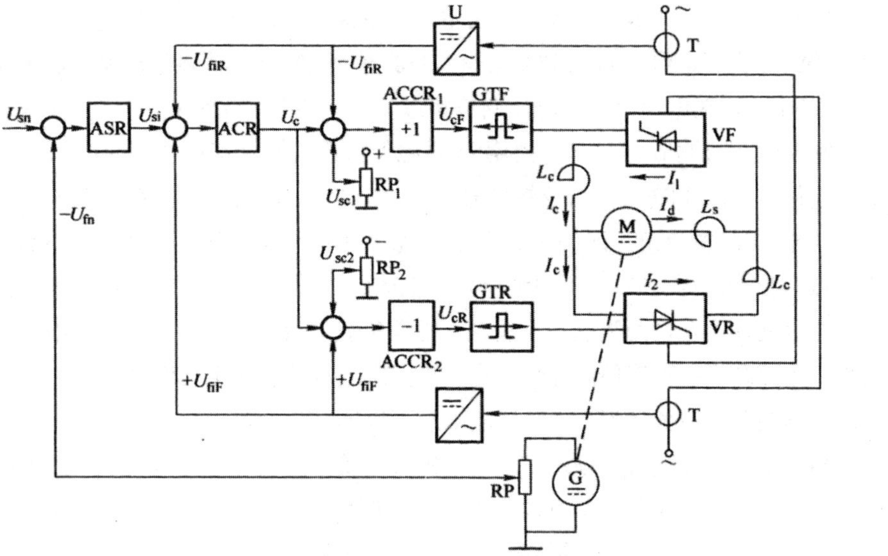

图10–21　可控环流可逆调速系统示意图

三个输入信号，第一个是电流调节器的输出信号 U_c，第二个是环流给定信号 U_{sc1} 和 U_{se2}，第三个是交叉电流反馈信号 U_{flF} 和 U_{flR}。反组的电流反馈信号t/riR加到正组环流调节器的输入端，而正组的电流反馈信号 U_{flF} 加到反组环流调节器的输入端。

2. 系统的工作原理

（1）当时，环流给定电压 $+U_{se1}-U_{se2}$ 始终加在环流调节器的输入端，正组和反组触发器 $ACCR_1$ 和 $ACCR_2$ 的移相信号 U_{cF} 和 U_{cR} 均为正值，因而使正反两组晶闸管装置的控制角都稍小于90°，正组VF和反组VR均处于微导通的整流状态，输出相等的直流环流，此时电动机的电枢电压及电枢电流均为零。调节环流给定电压，使直流环流和脉动环流的平均值为电动机额定电流的5% ~ 10%。

（2）设电动机处于正转运行状态，正组VF工作在整流状态，反组VR处于待逆变状态。这时，流过正组VF的电流 I_1，为电枢电流 I_d 和环流 I_c 之和，即

$$I_1=I_d+I_c$$

而流过反组的电流 $I_2=I_c$

设正反两组的电流反馈系数均为 a_i，此时总的电流反馈信号为

$$U_{fi}=U_{fiF}-U_{fiR}=a_iI_1-a_iI_2=a_i(I_d+I_c)-a_iI_c=a_iI_d$$

所以，电流反馈信号反映了电动机负载电流 I_d 的大小和极性。

电流调节器的输入信号 U_{si}（即转速调节器的输出信号）与电流反馈信号 U_{fi} 进行

比较，加在电流调节器的输入端，对主电路电流进行调节，加在环流调节器ACCR$_1$输入端的环流给定信号$+U_{se1}$和交叉电流反馈信号U_{fiR}对这个调节过程影响极小，因此正组VF工作在电动机负载电流调节状态。与此同时，反组VR工作在环流调节状态，在反组环流调节器AC-CR$_2$的输入端除保持系统基本工作状态的U_e外，还有环流给定信号$-U_{se2}$和交叉电流反馈信号$+U_{flF}$，这样，%的作用是使反组VR的逆变角等于正组VF的整流角（即$\alpha=\beta$），保证系统无直流环流。而$-U_{se2}$和$+U_{flF}$的作用是：当负载电流为零时，$+U_{flF}=0$，环流调节器ACCR$_2$只输入它使反组VR处在微整流状态，有直流环流流过两组晶闸管装置；随着负载电流的不断增大，$+U_{flF}$增大，$-U_{se2}$的作用逐渐减小，直流环流逐渐减小；当负载电流达到一定程度时，$-U_{se2}$的作用完全被$+U_{flF}$抵消，直流环流消失，实现了对直流环流的控制。

相对于自然环流可逆系统，由于环流在系统工作中可自动调节，因而限制环流的平衡电抗器的体积和价格可以大大降低。具有交叉反馈的可控环流可逆系统是有环流系统中比较合理的结构形式，它的环流调节器和负载电流调节器是独立的，其各自参数的选择与调整可按照各自控制对象的规律进行。

可控环流可逆系统具有明显的优点，所以当对系统调节过程特性的平滑性要求十分严格时，均采用可控环流可逆系统，如冷乳机主传动装置等。

四、逻辑无环流可逆调速系统

逻辑无环流可逆调速系统是当一组晶闸管装置工作时，用逻辑电路封锁另一组晶闸管装置的触发脉冲，使它完全处于阻断状态，从根本上切断了产生环流的通路。

1. 系统的组成

图10-22是逻辑无环流可逆调速系统的原理图。主电路采用反并联连接，由于没有环流，可省去平衡电抗器。为保证系统正常运行时不发生电流断续的现象，电枢回路仍串有平波电抗器控制电路是典型的转速、电流双闭环系统，设有转速调节器ASR和两个电流调节器ACR$_1$和ACR$_2$。转速调节器ASR的输出$-U_{si}$，一路接在电流调节器ACR$_1$，用来控制正组VF的触发装置；另一路经反相器接在电流调节器ACR$_2$上，用来控制反组VR的触发装置。系统采用$a=\beta$工作制，零位整定为$a_o=\beta_o=90\%$利用逻辑装置LC，对正反两组触发装置进行移相脉冲的释放和封锁控制，从而实现无环流。

2. 逻辑装置

逻辑装置的任务是根据系统的工作情况正确地发出逻辑指令，送到相应的触发电路。当电动机正转时，释放正组脉冲，封锁反组脉冲；而当电动机反转时，封锁正组脉冲，释放反组脉冲。但是根据什么信息来指挥逻辑装置的动作呢？即满足什么条件，系统才能进行正反两组晶闸管装置的切换呢？

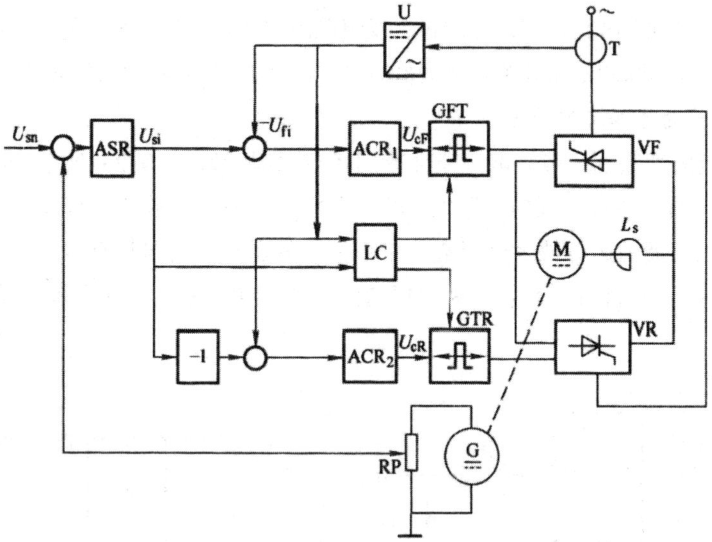

图10-22　逻辑无环流可逆调速系统原理图

当系统的运行状态要求电动机产生正向电磁转矩，即要求电枢电流为正时，逻辑装置应释放正组触发器的脉冲，去触发正组晶闸管装置，使电动机正转，同时应封锁反组触发器的脉冲，使反组晶闸管装置不工作。相反，当要求电动机产生反向电磁转矩，即要求电枢电流为负时，逻辑装置要能进行正确的切换，将正组触发脉冲封锁，反组触发脉冲释放。所以，电动机电枢电流的极性反映系统运行状态的需要，显然是系统切换的必要条件。而系统中转速调节器的输出，即电流给定信号U_{si}，可以反映电枢电流的大小和极性，故逻辑装置应首先对电流给定信号U_{si}进行极性鉴别，以决定应该释放哪一组脉冲，封锁哪一组脉冲，也就是说，U_{si}可以作为逻辑装置的一个驱动信号。

电流给定信号极性的变化，是系统切换的必要条件，但并非充分条件。U_{si}的极性变化只是制动过程的开始，在实际负载电流过零之前，正组的触发脉冲不能封锁，以保证实现本桥逆变。如果强行封锁正组脉冲，势必造成逆变颠覆，引起严重后果，这是绝对不允许的。所以，只有当实际负载电流真正过零以后，逻辑装置才能发出切换指令，即负载电流过零是逻辑装置切换的充分条件。电流反馈信号U_{fi}可以正确反映负载电流的有无，即U_{fi}可以作为逻辑装置的另一个驱动信号。

这样，逻辑装置的输入信号应为U_{si}和U_{fi}。U_{si}经电流极性鉴别环节（或称为转矩极性鉴别），而U_{fi}经过零电流检测环节，均转换成逻辑量“0”或“1”，经过必要的逻辑判断，即可发出切换指令。逻辑装置的输出是两个相反的开关信号U_{c1}和U_{c2}分别送到正、反组触发电路，用来控制正、反组晶闸管装置。当开关信号为高电平“1”时，释放触发器的脉冲；而开关信号为低电平“0”时，封锁触发器的脉冲。

3. 各环节的基本工作原理

（1）电流极性鉴别环节。电流极性鉴别环节原理图如图10–23a所示，其功能是将电流给定信号U_{si}的正负转换成以逻辑量“1”和“0”表示的转矩极性信号U_{IC}。该环节由带正反馈的运算放大器组成。带正反馈的运算放大器具有继电器特性，如图10–23b所示。电流极性信号U_{IC}为“1”表示正向转矩，U_{IC}为“0”表示反向转矩。

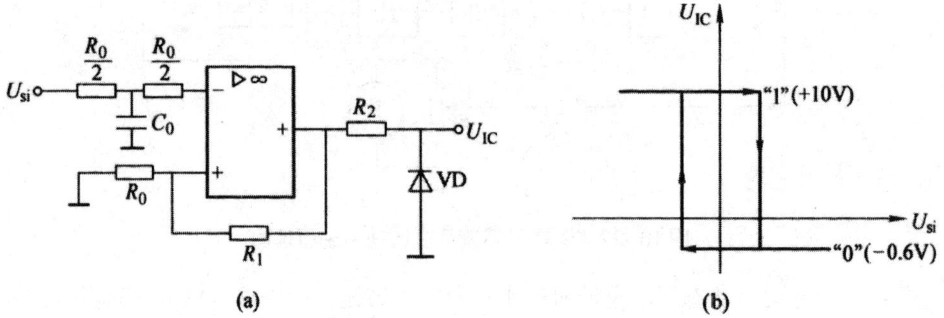

图10–23 电流极性鉴别环节

（2）零电流检测环节。零电流检测环节的功能是将电枢电流I_d的有无转换成以逻辑量“0”和“1”表示的零电流信号U_{10}，其原理图如图10–24a所示。它是在图10–24a电路图的基础上在运算放大器反相端附加一个负偏移电压–Up，因此相应的输入输出特性出现了右移的结果，如图10–24b所示。U_{10}为“1”表示电流为零；U_{10}为“0”表示电流不为零。

采用一定环宽的继电器输入输出特性可以提高电路的抗干扰能力。在可逆系统中，环宽一般取0.2 ~ 0.3V，且可通过反馈电阻R_0进行调节。回环不宜过宽或过窄，回环过宽翻转迟缓容易引起振荡，回环过窄会降低抗干扰能力。

（3）逻辑判断环节。逻辑判断环节的任务是对上述两个检测环节输出的逻辑量U_{1c}与U_{10}进行逻辑运算，并判断是否需要进行切换及切换条件是否具备。当需要进行切换且条件满足时，发出逻辑切换指令U'_{e1}与U'_{e2}或封锁正组触发器，或封锁反组触发器。

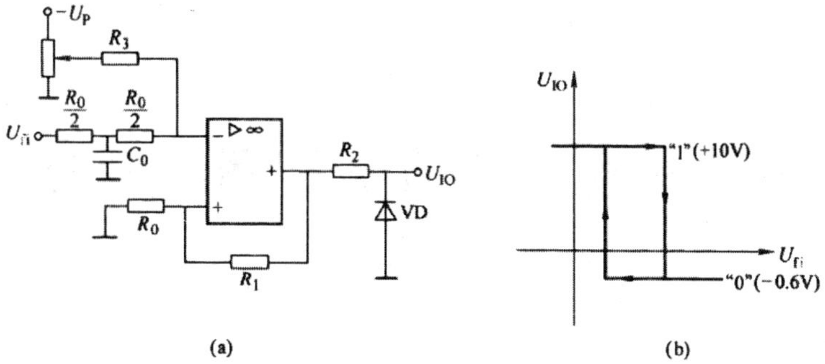

图10–24　零电流检测环节

根据可逆系统电动机各种运行状态（正反向起动、运行、制动）的情况，可以得出逻辑判断环节输入信号U_{1c}和U_{10}与输出信号U'_{e1}和U'_{e2}之间的逻辑关系及其逻辑电路。为了使逻辑电路具有较强的抗干扰能力，常采用HTL组件的与非门电路。

（4）延时环节。为确保正反两组晶闸管装置之间的安全切换，必须对逻辑判断电路发出的切换指令进行延时处理，才能执行切换指令，即经过“关断等待时间”t_1才能关断原导通组的触发脉冲，再经过“导通等待时间”t_2才能触发应该开放组的触发脉冲。t_1的作用是：确保原开放组的电流已断续，防止系统在切换过程中发生逆变颠覆。t_2的作用是：确保原来导通组的晶闸管真正关断后，再触发另一组晶闸管使之导通，不致造成两组晶闸管装置同时导通，发生电源短路事故。工程上，关断等待时间一般为2ms，导通等待时间一般为7ms。

用与非门组成的逻辑判断电路，在与非门的输入端接入二极管和电容器，可以达到延时目的。调节电容的大小可调节延时时间。

（5）逻辑保护环节。在正常工作时，逻辑装置的输出U''_{c1}与U''_{c2}总是相反的。一个为高电平，另一个必为低电平。一旦电路发生故障，使U''_{c1}与U''_{c2}同时为高电平“1”，将造成正反两组晶闸管装置同时开放，形成短路。为避免这种事故发生，应增设逻辑保护环节。

如果发生U''_{c1}与U''_{c2}全为高电平“1”的故障时，B点电位立即变为“0”，把U_{c1}与U_{c2}都拉到低电平“0”，使正反两组触发脉冲同时封锁，并发出“逻辑故障”停机显示，以便检查故障原因。

逻辑无环流系统的主要优点是，不需要限制脉动环流的平衡电抗器，没有附加的环流损耗，从而节省了主电路的设备容量；缺点是具有电流换向死区，影响系统的快速性。其改进方案可参考有关文献。

第十一章　直流脉宽调速系统

第一节　基础内容

直流脉宽调速系统是通过脉宽调制（Pulse Width Modulation，PWM）变换器对直流电动机电枢电压进行调节的自动调速系统。脉宽调制变换器是一种直流斩波器，能够通过调节占空比，改变输出直流电压的平均值。脉宽调制变换器的基本原理在电力电子技术课程中已详细阐述。

与普通晶闸管相控式整流装置供电的直流调速系统相比，直流脉宽调速系统有以下优点：

（1）由于采用高频斩波技术，仅靠电枢电感的滤波作用，就可获得脉动很小的直流电流，电流连续容易，谐波少，电动机损耗及发热都较小。

（2）若与快速响应的电动机配合，则系统频带宽，动态响应快，动态抗干扰能力强。

（3）低速性能好，稳速精度高，调速范围宽，可达1∶10000左右。

（4）直流电源采用不可控整流，对电网影响小，功率因数和效率相对提高；主电路线路简单，所用功率器件少，性价比较高。

基于上述优点，直流脉宽调速系统的应用日益广泛，特别是在中、小容量的高动态性能系统中，已经完全取代了晶闸管相控式直流调速系统。

直流脉宽调速系统和直流相控调速系统的主要区别在主电路和PWM控制电路。它们的闭环控制方式，以及静、动态特性分析和校正方法基本相同。本章主要介绍直流脉宽调制电路及其主要控制方式、双闭环直流脉宽调速系统的组成及系统的数学模型，最后对直流脉宽调速系统进行仿真分析。

第二节　直流脉宽调制电路

直流脉宽调制电路分为不可逆运行直流脉宽调制电路和可逆运行直流脉宽调制电路两类。

一、不可逆运行直流脉宽调制电路

不可逆运行直流脉宽调制电路又分为无制动作用的直流脉宽调制电路和带制动作用的直流脉宽调制电路两类，这里只分析常用的带制动作用的直流脉宽调制电路。

带制动作用的直流脉宽调制电路如图11–1a所示。这种电路组成的PWM调速系统可在一、二两个象限中运行。

电压和电流波形有三种不同情况，如图11–1b ~ 图11–1d所示。无论何种状态，功率开关器件VT_1和VT_2的驱动电压都是大小相等、极性相反的，即U_{g1}=–U_{g2}。当电动机在电动状态下运行时，平均电流应为正值，一个周期内分两段变化。在$0 \leqslant t \leqslant t_{on}$、其间，$U_{g1}$为正，$VT_1$饱和导通；$U_{g2}$为负，$VT_2$截止。此时，电源电压$U_s$加到电枢两端，电流$i_d$沿着图中的回路1通流。$t_{on} \leqslant t < T$在期间，$U_{g1}$和$U_{g2}$都变换极性，$VT_1$截止，但$VT_2$却不能导通。因为电感Ls释放能量，使$i_d$沿回路2经二极管$VD_2$两端产生的压降，其极性示于图11–1a，给$VT_2$施加反向电压，使它失去导通的可能。因此，实际上是$VT_1$、$VD_2$交替导通，而$VT_2$始终不通，其电压和电流波形如图11–1b所示。

在轻载电动状态时，由于负载电流较小，以至于当VT_1关断后I_d的续流很快就衰减到零，如图11–1c中$t_{on} \leqslant t < T$、其间的t=0时刻。参见图11–1a，这时二极管VD_2两端的压降也降为零并开始承受反向压降，使得以导通，反向电动势E产生的反向电流–i_d沿回路3流通，作为局部时间内的能耗制动。待到t=T，相当于t=0时刻，VT_2关断，–i_d又只能沿着回路4经VDi续流，尽管VT的控制信号U_{g1}为正，但这时VT_1却不能导通。直到t=t_4时，–i_d衰减到零，VT_1才开始导通，一个开关周期内4个管子VT_1、VD_2、VT_2、VD_1轮流导通。其电流波形如图11–1c所示。

在电动运行中要降低转速（或停车），应首先减小控制电压，使U_{g1}的正脉冲变窄，负脉冲变宽，从而使平均电枢电压U_d降低。由于惯性的作用，转速和反电动势都还没有变化，从而有$E>U_d$。这时VT_2开始发挥作用。先考虑后一阶段，在$t_{on} \leqslant t < T$期间，由于U_{g2}变正，VT_2导通，由E产生的反向电流–i_d沿回路3通过VT_2流通，

产生能耗制动，直到$t=T$为止。在$T \leqslant t < +t_{on}$（也就是$0 \leqslant t < T$）期间，VT_2截止，$-i_d$沿回路4通过VD_1续流，对电源回馈制动，电流值有所衰减，同时VD_1上的压降使VT_1不能导通。在整个制动过程中，VT_2、VD_1轮流导通，而VT_1始终截止，相应的电压和电流波形如图11–1d所示。随着转速的降落，E逐渐减小，如图11–1d的电流波形向上移动，反向电流的制动作用使电动机转速进一步下降，当E不再大于U_d后，电流i_d过零变正，恢复到电动状态，直到新的转速稳定。图11–1d中的电流波形只不过是制动状态时的几个短暂状态而已，并不是整个过渡过程。

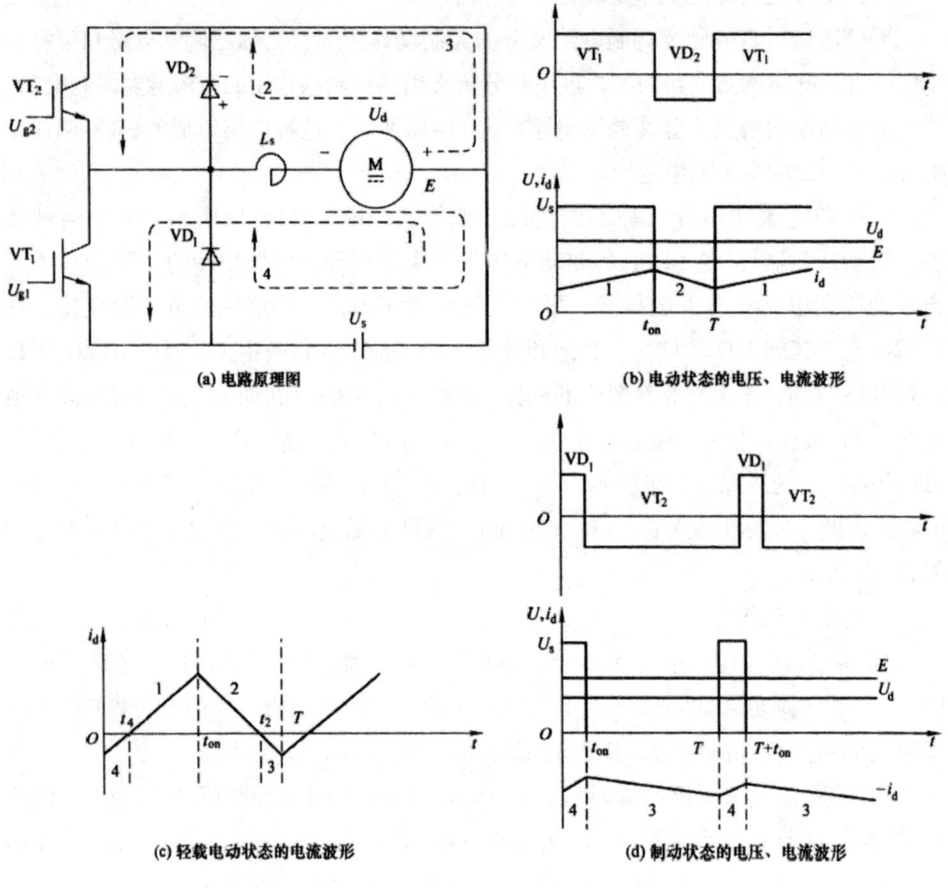

图11–1　带制动作用的直流脉宽调制电路

二、可逆运行直流脉宽调制电路

可逆运行直流脉宽调制电路有H形、T形等不同的结构形式。这里主要分析常用的H形变换器。它是由4个IGBT（VT_1-VT_4）以及4个续流二极管（VD_1-VD_4）组成的桥式电路，如图11-2所示。这时，电动机M两端电压U_{AB}的极性随开关器件驱动电压极性的变化而改变，其控制方式有双极式、单极式、受限单极式等多种，这里着重分析最常用的双极式控制和单极式控制的可逆PWM变换器。

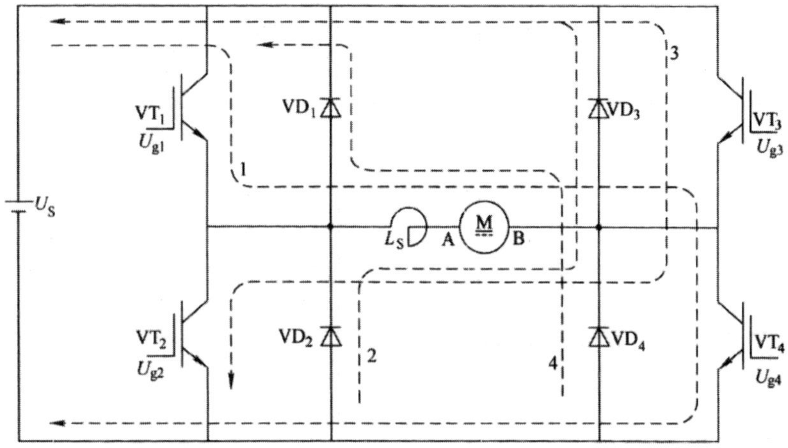

图11-2　H形变换器

1. 双极式H形可逆PWM变换器

双极式控制可逆PWM变换器的4个驱动电压波形如图11-3所示，它们的关系是：$U_{g1}=U_{g4}=-U_{g2}=-U_{g3}$在一个开关周期内，当$0\leqslant t<+t_{on}$时，$U_{AB}=U_S$，电枢电流$i_d$沿回路1流通；当$t_{on}\leqslant t<T$时，驱动电压反相，$i_d$沿回路2经二极管续流，$U_{AB}=-U_s$。因此，$U_{AB}$在一个周期内具有正负相间的脉冲波形，这就是双极式名称的由来。

i_{d1}相当于一般负载的情况，脉动电流的方向始终为正；i_{d2}相当于轻载情况，电流可在正负方向之间脉动，但平均值仍为正，等于负载电流。在不同情况下，器件的导通、电流的方向与回路都和有制动作用的直流脉宽调制电路相似。电动机的正反转则体现在驱动电压正、负脉冲的宽窄上。当正脉冲较宽时，$t_{on}>\dfrac{T}{2}$则U_{AB}的平均值为正，电动机正转，反之则反转；如果正、负脉冲相等，$t_{on}=\dfrac{T}{2}$，平均输出电压为零，则电动机停止。

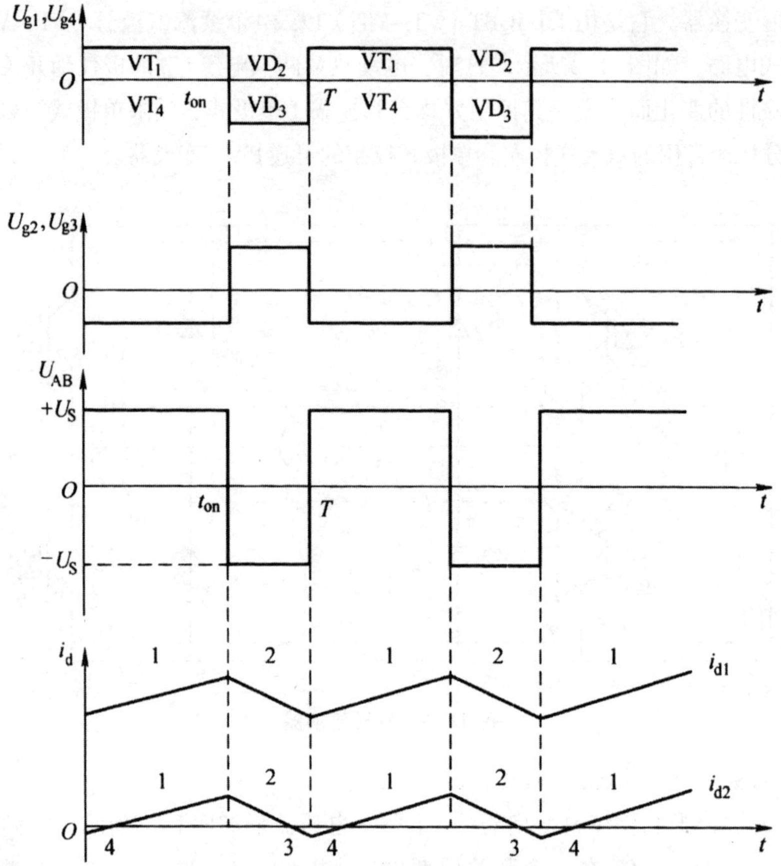

图11-3　驱动电压、输出电压和电流波形

双极式控制可逆PWM变换器的输出平均电压为

$$U_d = \frac{t_{on}}{T}U_s - \frac{T-t_{on}}{T}U_s = \left(\frac{2t_{on}}{T} - 1\right)U_s$$

若令$P=\dfrac{t_{on}}{T}$为PWM波的占空比，$\gamma = \dfrac{U_d}{U_s}$为PWM波的电压系数，则在双极式控制的可逆变换器中，有

$$\gamma = 2p - 1$$

调速时，P的可调范围为0 ~ 1，相应地，γ=-1 ~ +1。当$P > \dfrac{1}{2}$时，γ为正，电

动机正转；当$P<\frac{1}{2}$时，γ为负，电动机反转；当$P=\frac{1}{2}$时，$\gamma=0$，电动机停止但电动机停止时电枢电压并不等于零，而是正负脉宽相等的交变脉冲电压，因而电流也是交变的。这个交变电流的平均值为零，不产生平均转矩，徒然增大电动机的损耗，这是双极式控制的缺点。但它也有好处，在电动机停止时仍有高频微振电流，从而消除了正、反向时的静摩擦死区，起着所谓“动力润滑”的作用。

双极式控制的桥式可逆PWM变换器有下列优点：

电流一定连续；可使电动机在四象限运行；电动机停止时有微振电流，能消除静摩擦死区；低速平稳性好，系统调速范围可达1∶20000左右；低速时，每个开关器件的驱动脉冲仍较宽，有利于保证器件的可靠导通。

双极式控制方式的不足之处是：在工作过程中，4个开关器件都处于开关状态，除开关损耗外，容易发生上、下两管同时导通，即直通的事故，降低了装置的可靠性。为了防止直通，在上、下桥臂的驱动脉冲之间，应设置逻辑延时。

2. 单极式可逆PWM变换器

为了克服双极式变换器的上述缺点，对静、动态性能要求低一些的系统，可采用单极式PWM变换器。其主电路仍和双极式变换器相同，如图11-2所示。不同之处仅在于开关管的驱动脉冲信号。在单极式变换器中，左边两个管子的驱动脉冲$U_{g1}=-U_{g2}$，具有和双极式相同的正负交替脉冲波形，使替导通。不同的是右边两管VT_3和VT_4的驱动信号，改成与电动机转向相关的直流控制信号。当电动机正转时，使U_{g3}恒为负，U_{g4}恒为正，VT_3截止而VT_4常通。当电动机反转时，则U_{g3}恒为正而U_{g4}恒为负，使VT_3常通而VT_4截止。这种驱动信号的变化显然不同于双极式PWM变换器，主要表现在各阶段开关管的开关状况与电流流通的回路。其特点是：当电动机正转且带较大负载时，在$0\leq t<T$。其间，VT_1导通，VT_2关断，而VT_4常通，所以$U_{AB}U_s$，电流i_d沿回路1流通；在$t_{on}\leq t<T$期间，关断，切断电源，但VT_4仍导通，i_d沿VD_2→M→WT_4续流，这时$t/A_3=0$，如果忽略管压降，电动机反电动势与电感A感应电动势相平衡。当电动机反转时，驱动电压相反，则U_{AB}在$-U_s$和0之间交替变化。因此，电动机虽然可逆，但所承受的电压波形却和不可逆PWM变换器相同，如图11-1b所示。当电动机朝一个方向旋转时，U_{AB}只在某一个极性的电压U_s和0之间变化，所以称作“单极式变换器。

由于单极式变换器的开关管VT_3和VT_4二者之中总有一个常通，另一个常截止，运行中无须频繁交替导通，因此与双极式变换器相比，开关损耗可以减少，装置的可靠性有所提高。

第三节　直流脉宽调速控制系统

一、系统组成

一般要求动、静态性能较好的调速系统都采用转速、电流双闭环控制方案，脉宽调速也不例外。双闭环脉宽调速系统原理框图如图11-4所示。图中，ASR为转速调节器，ACR为电流调节器，H为霍尔电流传感器，G为测速发电机。其中，属于脉宽调速系统特有的部分是脉宽调制器UPW、调制波发生器GM、逻辑延时环节DLD和电力电子器件的驱动器GD。其中最关键的部件是脉宽调制器。FA为限流保护环节。

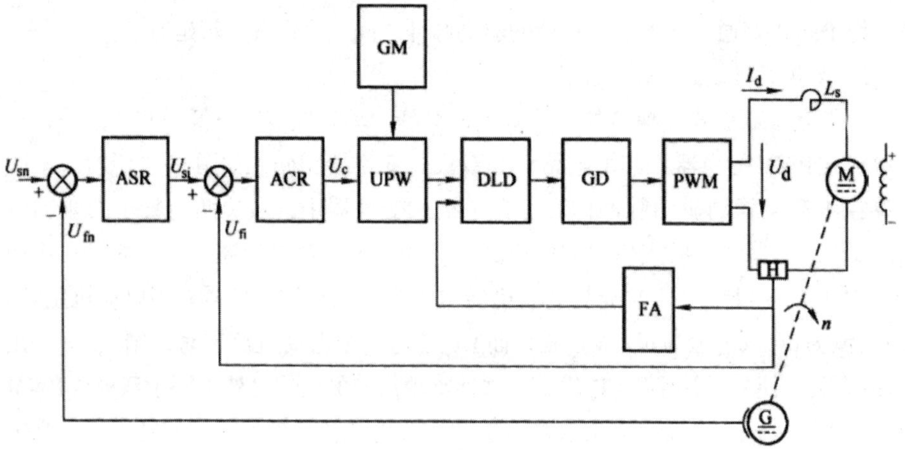

图11-4　双闭环脉宽调速控制系统原理框图

二、脉宽调制器

脉宽调制器U_{PW}是一个电压-脉冲变换装置，由电流调节器ACR输出的控制电压U_c进行控制，为PWM装置提供所需的脉冲信号，其脉冲宽度与U_c成正比。常用的脉宽调制器有用锯齿波作调制信号的脉宽调制器、用三角波作调制信号的脉宽调制器、用多谐振荡器和单稳态触发器组成的脉宽调制器和数字控制的脉宽调制器等几种。下面仅以图11-5所示的一种锯齿波脉宽调制器为例，来分析脉宽调制器的原理。

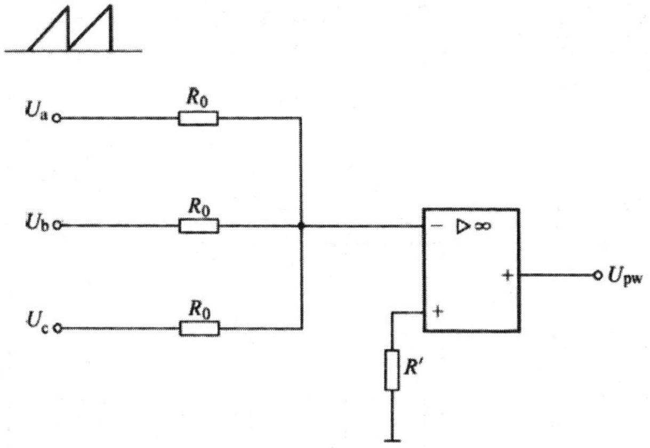

图11-5　锯齿波脉宽调制器示意图

脉宽调制器本身是一个由运算放大器和几个输入信号组成的开关式电压比较器。运算放大器工作在开环状态，只要有很小的输入电压就可以使其输出电压饱和。当输入电压极性改变时，输出电压在正、负饱和值之间翻转，从而实现了将连续信号变成脉冲信号的转换作用。加在运算放大器反相输入端的信号共有三个：锯齿波调制信号U_a、控制信号U_c和负偏移电压U_b。U_a由锯齿波发生器GM提供，其频率是PWM电压所需的开关频率。改变控制电压U_c的大小和极性，在输出端就能得到周期不变、宽度可调的PWM脉冲系列电压U_{pw}。

如前所述，不同形式的PWM变换器所给出的PWM电压波形是不一样的。以双极式可逆变换器为例，希望在控制电压U_c=0时，系统输出的平均电压U_d也为零，这时锯齿波脉宽调制器的输出电压U_{pw}应为正、负脉冲宽度相等的脉冲系列电压。为此，引入负偏移电压U_d，使$U_d=-\dfrac{1}{2}U_a\max$，得到如图11-6a所示的U_{pw}波形。

当U_e>0时，U_e的作用和U_b相减（即与U_a相加），则运算放大器的三个输入信号加在一起，正电压的宽度增大，经运算放大器倒相后，输出PWM脉冲系列电压U_{pw}的正半波变窄，平均电压U_d为负值，如图11-6b所示。

当U_e<0时，R的作用和U_b相加，则情况相反，输出、的正半波增宽，U_{pw}为正值，如图11-6c所示。

这样，改变控制电压U_e的极性，也就改变了双极式PWM变换器输出平均电压的极性，因而改变了电动机的转向。改变U_e的大小，则可调节输出脉冲电压的宽度，从而调节电动机的转速。只要锯齿波的线性度足够好，输出脉冲的宽度就与控制电压U_e的大小成正比。

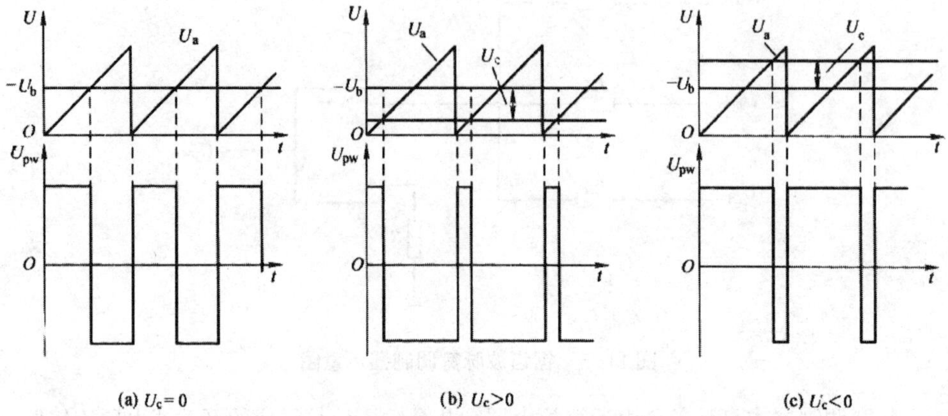

图12-6　锯齿波脉宽调制波形图

其他类型脉宽调制器的具体线路不同，但原理与此相仿。近年来，越来越多的脉宽调速系统的控制器都采用数字式的，可使用专用的PWM芯片实现，常用的有SG3525系列等集成脉宽调制器。由于目前大多数调速系统都采用计算机控制，可以由微控制器直接生成PWM控制信号。

三、逻辑延时环节

在可逆PWM变换器中，跨接在电源两端的上、下两个电力电子器件是频繁交替工作的。由于器件的关断过程需要一段关断时间t_{oof}，在这段时间内器件尚未完全关断。如果在此期间另一器件导通，则会造成上、下两管直通，使电源短路。为了避免发生这种事故，特设置了由逻辑电路（本书略去了具体电路构成）或由计算机软件实现的逻辑延时环节DLD，保证在对一个器件发出关闭脉冲后，如图11-7中的U_{g1}负脉冲，延时t_{d1}后再发出对另一器件的开通脉冲（见U_{g2}正脉冲）。反之亦然，U_{g2}变负后，延时t_{d1}化使U_{g1}变正。

在逻辑延时环节中还可以引入保护信号，如图11-7所示瞬时动作的限流保护FA。一旦出现桥臂电流超过允许最大电流值时，使VT_1、VT_4（或VT_2、VT_3）同时封锁，以保护大功率器件免受损坏。

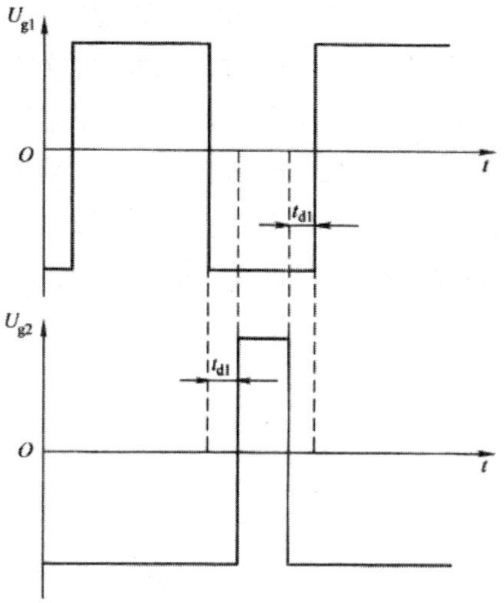

图11-7　虑延时开通的驱动电压信号

四、系统数学模型

直流脉宽调速系统的控制规律和数学模型与晶闸管－电动机调速系统基本一致，前几章的分析和设计方法都可以采用，唯一的区别是PWM控制和变换器。

PWM控制与变换器（简称PWM装置）的数学模型和晶闸管触发的整流装置基本一致。按照上述对PWM变换器工作原理和波形的分析，不难看出，当控制电压U_c改变时，PWM变换器输出平均电压U_d按线性规律变化，但其响应会有延迟，最大的时延是一个开关周期T。因此，PWM装置也可以被看成一个滞后环节，其传递函数可以写成

$$G_{PWM}(s)=\frac{U_d(s)}{U_c(s)}=K_{PWM}e^{-\tau\text{PWM}s}$$

式中K_{PWM}——PWM装置的放大系数；

τpwm——PWM装置的延迟时间，τpwm ≤ T。

当开关频率为10kHz时，T=0.1ms。在一般的电力拖动自动控制系统中，时间常数这么小的滞后环节可以近似看成是一个一阶惯性环节，因此

$$G_{PWM}(s)\approx\frac{K_{PWM}}{\tau\text{PWM}s+1}$$

简化传递函数形式与晶闸管装置传递函数完全一致。但应注意，上式是近似的传递函数，实际上PWM变换器不是一个线性环节，而是具有继电特性的非线性环节。继电控制系统在一定条件下会产生自激振荡，这是采用线性控制理论的传递函数不能分析出来的。如果在实际系统中遇到这类问题，简单的解决方法是改变调节器或控制器的结构和参数，如果这样做不能奏效，可以在系统某一处施加高频的周期信号，人为地造成高频强制振荡，抑制系统中的自激振荡，使继电环节的特性线性化。

第十二章　位置随动控制系统

第一节　基础内容

位置随动控制系统又称为跟随系统或伺服系统，可用来实现对机械运动的位置控制，如数控机床的定位控制和工件轮廓的加工控制，连轧机压下装置的压下量控制，以及机器人控制，雷达天线和电子望远镜的方位瞄准等控制。在现代计算机集成制造系统（CIMS）、柔性制造系统（FMS）等领域，位置随动控制系统得到越来越广泛的应用。

典型位置随动控制系统框图如图12-1所示。该系统有位置环、速度环和电流环三个反馈回路。其中，位置环为主环，主要起消除位置偏差的作用；速度环和电流环为副环，速度环起稳定转速和限制加速度的作用，电流环起稳定电流和限制电流过大的作用。在位置控制精度要求较高且驱动力矩较大的场合，多采用闭环位置随动控制系统。位置环是必需的，而速度环和电流环可根据需要设置。伺服电动机一般采用宽调速范围的直流或交流伺服电动机，小功率位置随动控制系统中多采用永磁式直流伺服电动机、直流无刷伺服电动机，永磁式交流伺服电动机等。

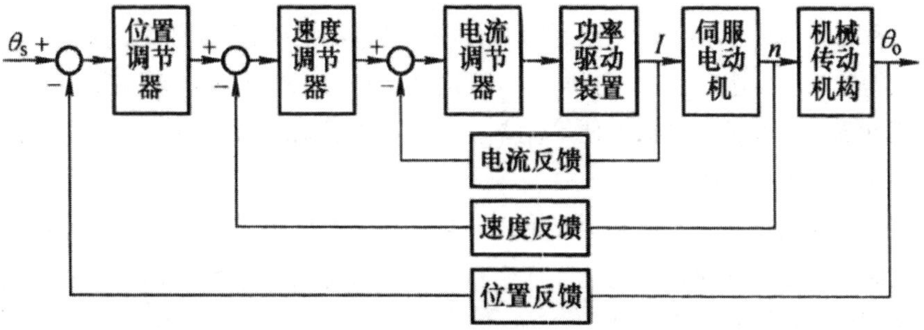

图12-1　位置随动控制系统框图

位置随动控制系统和调速系统的控制原理相同，但两者性能指标要求不同。对调速系统而言，给定量通常为恒值，要求系统维持恒速，所以抗干扰性能作为其主要指标。对随动系统而言，给定量通常是变化的，要求输出准确跟踪，因而跟随性能成为它的主要指标。位置检测装置、位置调节器，以及速度调节器和电流调节器是位置随动控制系统的关键所在。

位置随动控制系统又可分为模拟式和数字式两类。随着计算机控制技术的发展，模拟式位置随动控制系统逐步被计算机数字控制所取代，现在计算机数字控制的位置随动控制系统已占据主导地位。

位置随动控制系统中如果没有任何反馈回路，则称为开环位置随动控制系统。开环位置随动控制系统的伺服电动机一般采用步进电动机，控制器将指令信号转变成与步进电动机步进角对应的脉冲，通过功率放大装置将脉冲信号变换成步进电动机的驱动信号。开环控制系统没有位置检测，结构简单，成本较低，但控制精度有限，所以开环位置随动控制系统主要用于对位置控制精度要求不高的场合，如简易数控机床、水轮机导叶控制等。

第二节　位置检测装置

位置检测装置主要用于检测长度、角度、直线位移和角位移，是位置随动系统的重要部件，它对控制系统的精度和工作效率有很大的影响。位置随动系统中常用的位移检测装置有感应同步器（直线和圆盘）、光电编码盘和光电编码器等。

一、感应同步器

感应同步器是一种测量位移的平面形状变压器式检测元件，按其结构特点分为直线式和圆盘式两种。前者用于直线位移测量，后者用于角位移测量。感应同步器具有检测精度高（可达1μm）、分辨力高（可达0.2μm）、测量速率高（可达50m/min）、抗干扰性强、寿命长、维护方便等优点。这里以直线感应同步器为例，对其结构特点和工作原理进行叙述。

直线感应同步器由定尺和滑尺组成。它是利用滑尺和定尺上的励磁绕组和感应绕组之间随着它们相对位置变化而产生互感系数的变化，从而发出相应的位移电信号，达到位置测量的目的。

感应同步器的定尺和滑尺上均粘有用印制电路的方法制成的矩形绕组，如

图12-2所示。通常定尺装在固定部件上（如机床床身），滑尺装在运动部件上（如机床工作台），面对面安装，它们之间只有很小的空气隙（0.25mm ± 0.05mm）。定尺的长度一般为250mm，绕组的节距（s）为2mm滑尺上刻有两套励磁绕组：一套称为正弦绕组，另一套称为余弦绕组。当正弦绕组的每一只线圈和定尺对准时，余弦绕组的每只线圈和定尺相差$s/4$的距离，如$s=2\pi$的电角度，则两者就差$\frac{\pi}{2}$的电角度。说明这两个绕组在平面上是相交的。按工作状态，感应同步器可分为鉴相型和鉴幅型两类。现以鉴相型说明其工作原理。鉴相测量方式是在滑尺的两个励磁绕组上分别加上幅值相等、频率相同，相位相差$\frac{\pi}{2}$的正弦励磁电压U_s，U_c。其中以

$U_s=U_m\sin\omega_t$，$U_c=U_m\cos\omega_t$。

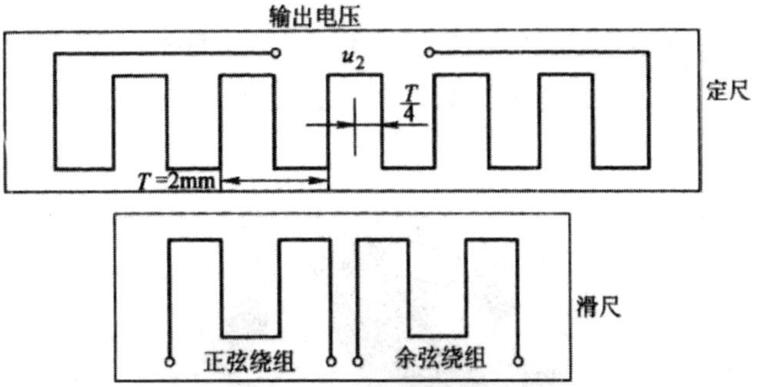

图12-2　直线式感应同步器

若起始时供给U_s的绕组与定尺的感应绕组重合，这时定尺上的感应电压最大，当滑尺移动时，滑尺和定尺的绕组不重合，则在定尺上感应电压为

$$u'_2=kU_s\cos\theta-kU_m\sin\omega_t\cos\theta$$

式中k——耦合系数；

θ——滑尺绕组相对于定尺绕组的空间相位角，$\theta=\frac{2\pi x}{s}$，x为滑尺直线位移值。

同理可得另一绕组的感应电压，由于它和定尺绕组相差1/4极距，在定尺上感应电压为

$$u''_2=kU_s\cos\left(\theta+\frac{\pi}{2}\right)-kU_m\sin\theta_t\cos\omega_t$$

根据叠加定理，定尺上感应产生的电压为两者之和，即

$$u_2=u'_2+u''_2=kU_m\sin\omega_t\cos\theta-kU_m\cos\omega_t\sin\theta=kU_m\sin(w_t-\theta)$$

从上式可见，定尺感应总电压U_2和滑尺的位移有严格的关系，所以可以通过鉴别定尺感应电动势的相位θ的大小测得滑尺和定尺的相对位移量x。

二、光电编码盘

编码盘是将被测转角直接转换成相应代码的检测元件。编码盘有光电式、接触式和电磁式三种。

光电式编码盘是目前应用较多的一种位置和速度测量装置。它是在用透明材料制成的圆盘上精确地印制上二进制编码。图12–3所示为4位二进制的编码盘，编码盘上各圆圈环分别代表1位二进制的数字码道，在同一码道上印制黑白等间隔图案，形成一套编码。黑色不透光区和白色透光区分别代表二进制的“0”和“1”。在一个4位光电编码盘上，有4圈数字码道，在360°范围内可编数码数为$2^4=16$个。不难看出，码道的圈数就是二进制的位数。若是n位二进制编码盘，就有n圈码道，且圆周均匀分成2^n等份，即共有2^n个数据分别表示其不同位置，所能分辨的角度为$a=360°/2^n$分辨率为$1/2^n$。

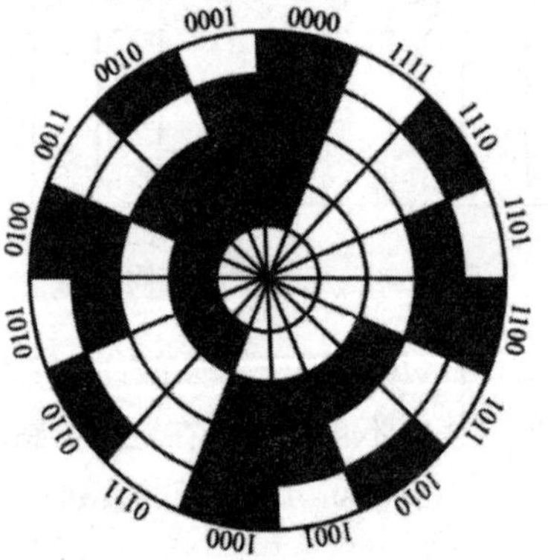

图12–3　4位二进制编码盘

工作时，编码盘的一侧放置电源，另一侧放置光电接收装置，每个数位都对应一个光电管及放大、整形电路。编码盘转到不同位置，光电元件接受光信号，并转换成相应的电信号，经放大整形后，成为相应数码电信号。编码盘的刻划和光电元件的安装要求十分严格，否则容易引起阅读误差。即当光电管安装位置不准时，在编码盘回转在两码段交替过程中，就会有一些光电管越过分界线，而另一些尚未越过，于是产生阅读误差。例如，当编码盘顺时针方向旋转，由位置“0111”变为

"1000"时，这4位数要同时都变化，可能将数码误读成16种代码中的任意一种（这取决于光电管位置的偏离情况），如读成1111、1011、1101、…、0001等，产生了无法估计的很大的数值误差，这种误差称为非单值性误差。

为消除非单值性误差，可采用以下方法。

（1）循环编码盘（或称格雷编码盘）。图12–4所示为4位二进制循环编码盘。这种编码的特点是任意相邻的两个代码间只有一位代码变化，即"0"变为"1"或"1"变为"0"。因此，在两数变换过程中，因光电管安装不准确等产生的阅读误差，最多不超过"1"，只可能读成相邻两个数中的一个数，即产生的误差最多也只是一位数。所以，它是消除非单值性误差的一种有效方法。

（2）带判位光电装置的二进制循环编码盘。这种编码盘是在二进制循环编码盘的最外圈再增加一圈信号位，如图12–5所示。该编码盘最外圈上的信号位的位置正好与状态交线错开，只有当信号位处的光电元件有信号时才读数，这样就不会产生非单值性误差。粗精结合的编码盘分辨率已能做到$1/2^{20}$，如果编码盘制造非常精确，则编码精度可达到量化误差。可见，光电编码盘用作位置检测可以大大提高测量精度。

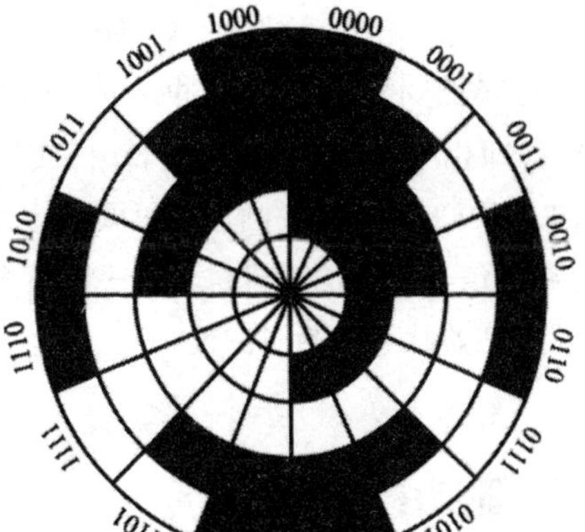

图12–4　4位二进制循环编码盘

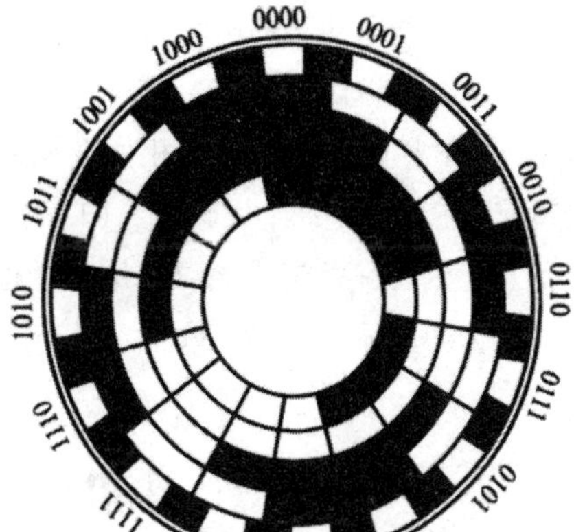

图12–5　带判位光电装置的二进制循环编码盘

三、光电编码器

光电编码器又称为位移码盘。光电编码器属于增量式编码器，即转过一个角度就有数个脉冲发出，进而换算出对应的角度，且每次反映的都是相对于上次角度的增量，旋转轴的具体坐标位置并不确定。

光电编码器实际上是由两个偏圆盘组成的，圆盘的边缘上刻有相等角距的缝隙（分成透光部分和不透光部分），其中相邻的透光与不透光缝隙构成一个节距，用τ表示。一个圆盘安装在电动机的轴上，与电动机以相同的速度旋转；另一个圆盘是固定不转的，与旋转的圆盘平行放置，在平行的圆盘两侧分别安装光源和光敏元件。当旋转的圆盘随电动机轴一起转动时，每转过一个缝隙就发生一次光线的明暗变化，经过光敏元件，就产生一个近似正弦的电信号。此信号经放大、整形电路的处理，可以得到一定幅值和功率的电脉冲输出信号。如将上述脉冲信号送到计数器中进行计数，则计数码就能反映圆盘转过的角度。测出脉冲的变化率，即单位时间脉冲的数目，就可求出旋转速度。

光电编码器的测量精度取决于它能分辨的最小角度，而这与码盘圆周所分的缝隙条数有关，即

$$分辨率=\frac{360^0}{缝隙数}$$

$$分辨率=\frac{1}{缝隙数}$$

为了判断电动机的旋转方向，在固定圆盘缝隙群中制出两个错开1/4节距的相邻缝隙。这两个缝隙各对应一套光电转换装置，得到两组不同的光电脉冲，分别称为FTA与FTB相脉冲。它们在相位上相差1/4周期，即相差90° 电角度。正转时，FTA相超前于FTB相90° ；反转时，FTB相超前于FTA相90° 。通常在圆盘的里圈不透光圆环上还刻有一条透光条纹，用来产生一转脉冲的信号，即电动机每转过一转就发出一个脉冲，称之为FTF脉冲，用于找出电动机在初始状态的绝对位置。

第三节　步进电动机位置随动控制系统

典型步进电动机位置随动控制系统组成框图如图12–6所示。它主要由三部分组成：环形分频器、功率驱动装置和步进电动机。指令脉冲可以来自单片机、数字信号处理器（DSP）和可编程序控制器（PLC）等。环形分频器将指令脉冲按照所要求的配电方式自动地循环地提供给步进电动机各相绕组。环形分频器输出信号脉冲电流一般只有几毫安，需经功率驱动装置将脉冲电流放大至几至十几安培，从而驱动步进电动机运转。机械传动机构为齿轮箱或丝杠螺母机构等，它将电动机的旋转运

动转换为工作台的角位移θ_o或直线位移x_L。

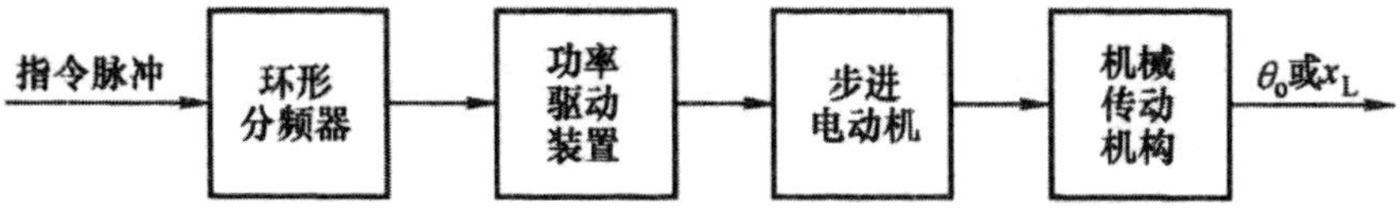

图12-6　步进电动机位置随动控制系统组成框图

一、步进电动机的工作原理

步进电动机按励磁方式可分为反应式、永磁式和混合式三种。其中，反应式步进电动机具有惯性小、转速高、响应快和结构简单等特点，应用比较普遍。下面以反应式步进电动机为例来介绍其工作原理。

步进电动机电源一般都采用单极性直流电源。要使步进电动机转动，就必须对步进电动机的定子各相绕组按适当的时序进行通电。三相反应式步进电动机结构简图如图12-7所示。定子上有三对磁极，磁极上有若干个小齿，每两个相对磁极组成一相，即U、V、W三相，磁极上缠绕励磁绕组，即U、V、W绕组。

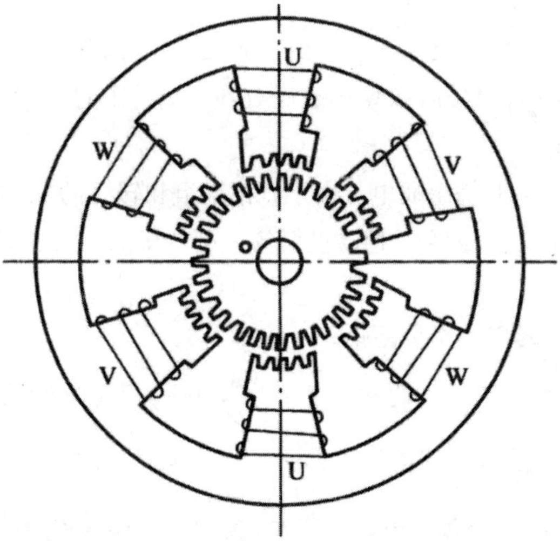

图12-7　步进电动机结构示意图

步进电动机的工作原理如图12-8所示。定子的每相都有一对磁极，每个磁极只有一个齿，即磁极本身；转子由软磁材料构成，转子有四个齿，分别称为0、1、2、3齿。初始状态时，U相绕组通电，则U相磁极和转子的0、2号齿对齐，同时转子的

1、3号齿和V、W相磁极形成错齿状态。

当U相绕组断电，V相绕组通电，由于V相绕组和转子的1、3号齿之间的磁力线作用，使得转子的1、3号齿和V相磁极对齐，则转子的0、2号齿就和U、W相绕组磁极形成错齿状态。

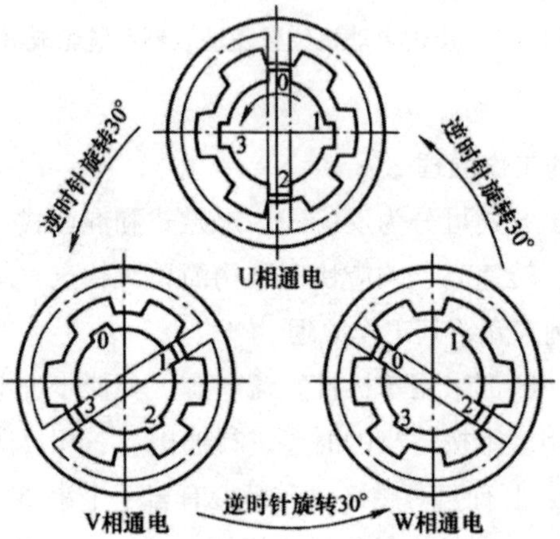

图12-8 步进电动机工作原理图

当V相绕组断电，W相绕组通电，由于W相绕组和转子的0、2号齿之间的磁力线作用，使得转子的0、2号齿和W相磁极对齐，则转子的1、3号齿就和U、V相绕组磁极形成错齿状态。

此后W绕组断电，U绕组通电，由于U相绕组和转子的1、3号齿之间的磁力线作用，使得转子的1、3号齿和U相磁极对齐，则转子的0、2号齿就和V、W相绕组磁极形成错齿状态。

可以看出，转子转了一个齿距角。

如果转子的齿数为它的齿距角为$\theta_z=\frac{360^\circ}{Z}$从一相通电换到另一相通电称为一拍。步进电动机每一拍执行一次步进，所以步进电动机的步距角θ_z可以表示如下：$\theta=\frac{\theta_z}{N}=\frac{360^\circ}{N_Z}$，其中，$N$是步进电动机工作拍数。对于转子有4个齿且采用三拍方式的步进电动机，则它的步距角是$\theta_z=\frac{360^\circ}{3\times 4}=30^\circ$对于转子有40个齿且采用三拍方式的步进电动机，其步距角是$\theta_z=\frac{360^\circ}{3\times 40}=3^\circ$。

二、步进电动机的工作方式与特性

1. 工作方式

三相步进电动机可以工作于单相通电方式，也可工作于双相通电方式和单、双相交叉通电方式。选用不同的工作方式，可使步进电动机具有不同的工作性能，如减少步距，提高定位精度和工作稳定性等。下面以转子有4个齿的步进电动机为例进行说明。

（1）单相三拍工作方式。步进电动机正向旋转时，各相的通电顺序为U→V→W→U→…，各相通电的电压波形如图12-9所示。若要反向旋转，则通电顺序相反。这种方式的步距角为30^0。

（2）双相三拍工作方式。双相三拍工作方式各相的通电顺序为UV→VW→WU→UY→…，各相通电的电压波形如图12-10所示。这种方式步距角与单相三拍方式一样，依然是30°，但工作稳定性比单相三拍好。

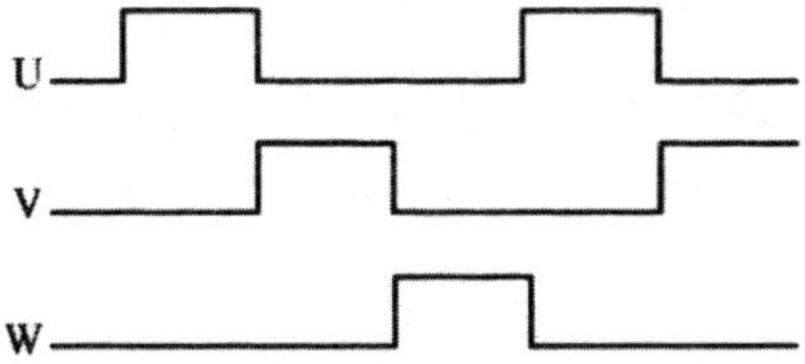

图12-9　单相三拍工作电压波形

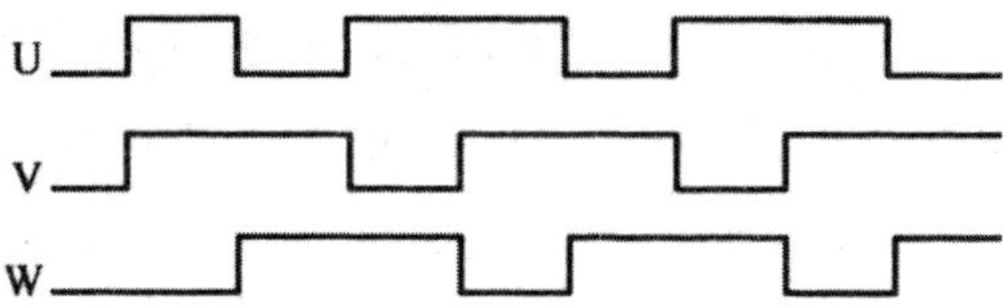

图12-10　双相三拍工作电压波形

三相六拍工作方式。三相六拍工作方式各相的通电顺序为U→UV→V→VW→W→WU→…，各相通电的电压波形如图12-11所示。这种方式步距角为15°，定位精度提高1倍。步距角越小，步进电动机分辨力越高。

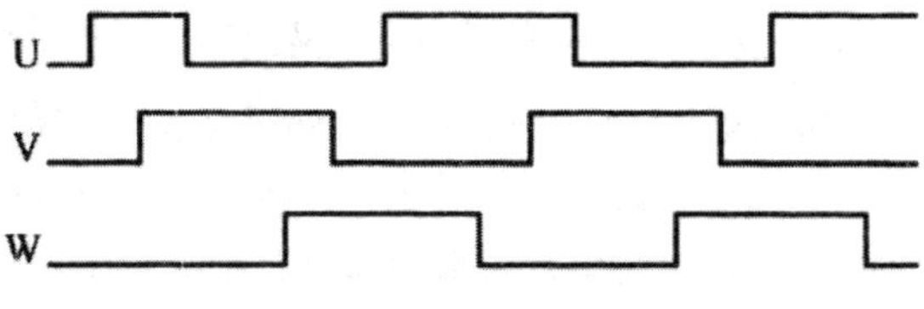

图12-11　三相六拍工作电压波形

2. 转矩—频率特性

步进电动机的动态特性直接影响到系统的快速响应及工作的可靠性，动态转矩与脉冲频率的关系简称为矩频特性，如图12-12所示。

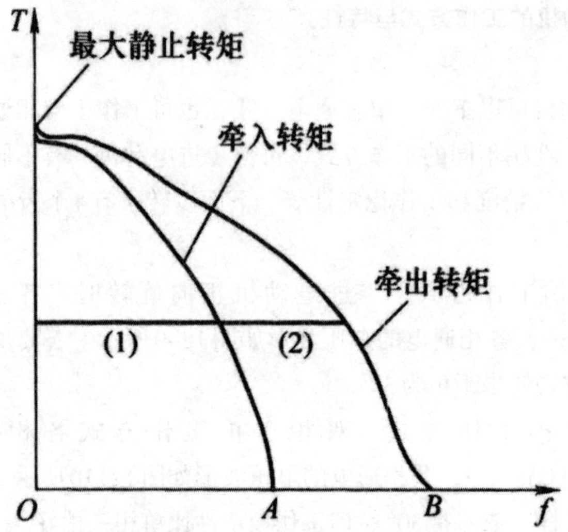

图12-12　步进电动机的矩频特性

从图12-12可以看出，脉冲频率增加，动态转矩减少。A点为最大起动频率点，B点为最大频率运行点。图中（1）为自起动区域；（2）为运行区域。运行频率与负载转矩大小有关。

提高运行频率对于提高生产效率和系统的快速性具有很大的实际意义。由于运行频率比起动频率高得多，所以使用时常通过变速方式控制。在低频下使电动机起动，起动中间频率高，控制到位前再降低频率。对于开环控制的步进电动机位置伺服系统，起动频率过高或负载过大易出现丢步或堵转的现象，停止时转速过高易出现过冲的现象。为保证其控制精度，应处理好升、降速问题。

3. 细分控制技术

步进电动机细分控制技术主要是利用计算机数字处理技术和D-A转换控制技术，将各相励磁绕组电流通过PWM控制，获得按规律改变其幅值的大小和方向，实现将步进电动机一个整步均匀分为若干个更细的微步。细分技术的应用可以避开步进电动机传动机构的共振区，改善电动机低速振动，提高每个脉冲运行的精度，提升电动机的输出性能，因而在高级别控制系统中获得广泛应用。

4. 驱动电压

步进电动机对电压没有做硬性的规定，但是步进电动机的驱动电压、相电阻、相电感与保持转矩之间有着很大的联系。对于高速大转矩的应用场合，驱动电压的大小将决定电动机的最大输出转矩。

三、PLC控制的步进电动机位置随动控制系统

借助于PLC的集成脉冲输出，通过控制步进电动机来实现相对位置控制即为PLC控制的步进电动机位置随动控制系统。由提供指令脉冲的PLC、专用集成驱动模块组成的三相步进电动机位置随动控制系统如图12-13所示。SB_1、SB_2、SB_3和SB_4分别是起动、停止和电动机方向选择按钮。PLC根据控制要求输出某频率的脉冲信号、方向信号、脱机信号等给步进电动机的驱动模块，再由驱动模块控制步进电动机的运行。

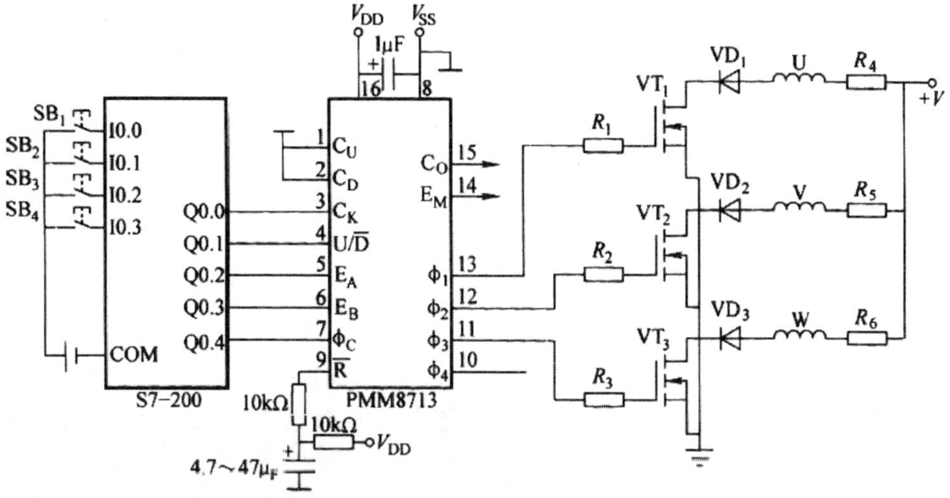

图12-13　PLC控制的步进电动机位置随动控制系统

PLC采用S7-200系列可编程序控制器。S7-200系列可编程序控制器的Q0.0和Q0.1可以产生高速脉冲序列输出，可方便地应用于步进电动机的控制。S7-200系列PLC通常仅仅指其CPU22X系列产品，它提供了四个不同的基本型号CPU模块，即CPU221、CPU222、CPU224和CPU226。根据输入/输出点数来具体选择CPU型号。

PMM8713是三洋（Sanyo）公司生产的步进电动机专用控制芯片，适用于三相和四相步进电动机，可选择单相、双相和单/双相工作方式。使用电源电压VDD=4 ~ 18V，相输入（或输出）电流为 ± 20mAQCu、CD、CK为脉冲输入方式选择信号，CK连接PLC的Q0.0意味着单p钟输入方式。U/万为步进电动机正反转控制信号输入端，U/D端输入1，电动机正转；U/D端输入0，电动机反转。EA和EB为步进电动工作方式选择信号端，EA端输入1且EB端输入1为单双拍工作方式；EA端输入1且EB端输入0或EA端输入0且EB端输入1为单三拍工作方式，EA端输入0且EB端输

入0为双三拍工作方式。Co为步进电动机相数选择输入端，ϕc端输入0，则如ϕ1、ϕ2、ϕ3有输出，接四相步进电动机；ϕc端输入0，则ϕ1、ϕ2、ϕ3有输出，接三相步进电动机。Co为输入脉冲监视信号端,Em为步进电动机工作方式监视信号端。R为复位端，低电平有效。

VT_1、VT_2、VT3为功率放大电路，这里采用P-MOSFET，R_1、R_2、R_3为栅极限流电阻。U、V、W为三相步进电动机励磁绕组，R_4、R_5、R_6用来限定励磁绕组电流。为了隔离各相通路，在P-MOSFET管漏极上串联了二极管VD_1、VD_2、VD_3。

参考文献

［1］陈扬．电力工程质量管理研究［J］．建筑设计管理，2008（5）：26-28.

［2］姚千里．电力工程施工技术与管理［J］．企业导报，2010（4）：290.

［3］刘华敏，杨丽霞，肖红．电力工程造价的管理和控制［J］．泰州职业技术学院学报，2002，23（3）：13-15.

［4］张殿生．电力工程高压送电线路设计手册［M］．中国电力出版社，2003.

［5］陈立新．电力工程技术经济知识［M］．北京：中国电力出版社，1999.

［6］陈庆．电力工程技术问题及施工安全探讨［J］．广东科技，2013（22）：37.

［7］蒋宗记．浅谈电力工程施工技术与管理［J］．科技创新导报，2009（14）：75.

［8］文华．如何加强电力工程施工质量管理［J］．广东科技，2009，18（24）：159-160.

［9］庞南生．电力工程施工技术与管理［M］．北京：知识产权出版社，2013.

［10］孟祥泽，王德珠．电力工程施工禁忌手册［M］．北京：中国水利水电出版社，2008.

［11］佚名．电气施工技术［M］．上海：上海交通大学出版社，2015.

［12］李英姿．建筑电气施工技术［M］．北京：机械工业出版社，2003.

［13］薛超锋．浅析建筑电气施工技术［J］．技术与市场，2011，1（7）：250-251.

［14］江峻．浅谈建筑电气施工技术与应用研究［J］．中国新技术新产品，2012（2）：184-185.

［15］岳海波．浅析建筑电气施工技术［J］．科技创新与应用，2014（19）：246.

［16］窦连霞．建筑电气施工管理及质量控制措施［J］．科技创新导报，2012（28）：69.

［17］王舰锋．加强建筑电气施工管理提高建筑电气工程质量［J］．科学技术创新，2015，5（14）：50.

[18] 张勇，唐金贵. 建筑电气施工管理及质量控制 [J]. 城市建筑，2013（14）：117.

[19] 易恒明. 建筑电气施工管理探析 [J]. 中国新技术新产品，2010（16）：155.

[20] 卢璐，林凯. 浅析建筑电气施工管理 [J]. 民营科技，2010（8）：164.